U0040171

數學女孩

×

[伽羅瓦理論]

日本數學會出版貢獻獎得主

結城 浩 ——著

前師範大學數學系教授兼主任
洪萬生 ——審訂

陳冠貴 ——譯

数学ガールガロア理論

導讀
數學女孩與伽羅瓦理論

洪萬生　前師範大學數學系教授兼主任

　　本書延續「數學女孩系列」前四本的一貫風格，亦即，為了普及遠遠超乎高中數學層次的這些知識，作者顯然事先擬定好了數學「旅行地圖」，由最基本的中學數學題材開始討論，一步一步地由書中的數學女孩與男孩帶領，探索數學的奇妙世界。同時，作者利用十分討喜的數學趣味話題（本書利用的是一開始的畫鬼腳遊戲）引發讀者的閱讀興趣，而且敘事不厭其煩，唯恐討論不夠深入。此外，在人物個性的塑造與故事情節的安排上，這些小說都相當成功地結合數學知識活動中的提問與解題。這種高中或國中學生為主角的「現身說法」，無疑地發揮了極大的親和力，甚至讓數學沒那麼機伶的一般學生，也容易產生共鳴。此外，它們所提供的解題或證明活動，也總是充分地配合人物個性與數學經驗，而呈現多元面向的進路或方法，讓讀者可以從容分享。

　　另一方面，這系列的小說也經常基於「知識結構的高觀點」或「數學史的洞察」，來提示或規劃前述的「旅行地圖」，藉以強調相關的數學結構意義，使讀者不至於迷失在瑣碎的解題迷魂陣或錯綜複雜的符號操作之中，而無從察覺自己參與論證時，究竟「身在何處」。還有，作者也仿效類似網路「超連結」資訊的手法，鼓勵

讀者進行形式推論，即使不知道個別命題或定理之內容，也不必在意而能繼續走下去。而這，當然也是再一次地凸顯數學知識的結構面向之意義。

專就本書來說，它除了擁有「數學女孩系列」前四本的共同特色，還深入相關的數學史脈絡，譬如拉格朗日（Lagrange）的預解式（resolvent），以及伽羅瓦第一論文的介紹與討論，為我們具體還原了伽羅瓦短暫一生、璀璨不朽的數學豐功偉業。事實上，除了專門討論伽羅瓦理論的數學史專著之外，一般的數學通史類著述，包括頗受歡迎的 Victor Katz 之 *A History of Mathematics: An Introduction*，也難以全面關照拉格朗日預解式之意義，及其與伽羅瓦理論之連結。

在結城浩已經出版的數學女孩系列中，本書是最新的一本，同時，在數學知識內容方面，它也最為紮實與完整。換句話說，如果任何讀者想要具體理解伽羅瓦理論的主要內容與意義，甚至國中數學所熟悉的二次方程的判別式，以及根與係數關係（連同其對稱多項式概念）有哪些特殊「意義」等等，那麼，除了大學數學系的代數學教科書之外，恐怕沒有任何數學普及著作比本書更容易讓一般讀者入手了。

譬如說吧，馬里歐・李維歐（Mario Livio）的《無解方程式》（*The Equation That Couldn't Be solved*）與伊恩・史都華（Ian Stewart）的《對稱的歷史》（*Why Beauty is Truth: A History of Symmetry*）都涉及伽羅瓦理論，然而，這兩本普及著作的（英文）編輯似乎都自我設限，無法讓這兩位滿有聲望的科普作家「暢所欲言」，而提供足夠的數學知識質感，因此，讀者要是想從這兩本著作掌握五次方程根式求解（solved by radicals）之實質知識，不啻是緣木求魚，真是辜負了他們的科普盛名，令人遺憾。

上述這些書寫與出版現象，根本不會在結城浩的案例上發生。

事實上，數學女孩系列中的兩本已有英文版發行，評價與銷售情況都相當令人驚豔。本書於 2012 年 5 月 31 日出版發行，不到兩個月時間，隨即在 2012 年 7 月 14 日發行第二刷。這固然可能是作者的「人氣」有以致之，然而，數學女孩的一貫風格乃至本書非常獨到的數學敘事，應該也是受廣大讀者喜愛的主要因素吧。

　　最後，我非常期待讀者翻閱本書之前，先好好想想二次方程式的判別式，以及根與係數關係的意義何在。如果你十分在乎這個提問，那麼，看完本書之後你一定會有豁然開朗的感覺。當然，如果你比較喜歡數學遊戲，那就開始畫鬼腳吧！

給讀者

本書出現各式各樣的數學問題，困難的程度橫跨小學生知識範圍，到即使是大學生都不會的程度。

除了用語言、圖形以及程式，來表現書中人物的思考脈絡，還會用算式來解說。

如果讀者不明白算式的意義，請忽略算式的部分，暫時隨故事發展看下去。蒂蒂與由梨會陪伴你，一起向前。

擅長數學的讀者，除了故事，請務必搭配並跟隨算式的解說，來閱讀本書。如此一來，你將更能掌握本書的全貌。

C O N T E N T S

序章

> 夏則夜。
> 有月的時候自不待言，無月的暗夜，
> 也有群螢交飛。
> ——清少納言《枕草子》

我有無法忘懷的夜晚。

星空的夜晚、暴風雨的夜晚。很多人的夜晚、兩人獨處的夜晚。

孤零零的夜晚。

各式各樣的夜晚。

來談談她吧。

我遇見數學，又透過數學遇見她。

然後透過她——我遇見自己。

　　對我來說，無可替代之物是什麼？

　　對我來說，無可替代之人是誰？

無論要付出多大的代價，都不願放開的東西。

不管拿什麼東西也無法交換的——

到底是什麼呢？

她、她的身影、她的笑容。

支持我一生的，那一瞬間。

無法用外形、大小或言語形容的那一瞬間。

來談談他吧。

他留級後遇見數學。

逞強應試失敗兩次。

遇見數學幾年之後，解開最難的難題，
創造新的數學。

可是——

　　雖然才能得天獨厚，卻不得命運垂憐。
　　雖然受到師長看重，卻不受時代眷顧。

他已不在世上。
英年早逝的他，度過燃燒般的一生。

決鬥的前夕，他寫著信。
想用剩餘時光傳達的話語，
成為新時代的數學。

對他來說，無可替代之物是——
對數學來說，無可替代的東西。

來談談我吧。
我在這裡。
我現在在這裡。
過去已逝，而未來還沒來臨。
既然如此——讓我活在今天吧。

　　他的生命他揮灑過。
　　我的生命則由我來掌握。

我們時代不同，能力固然也不同。
我只想像他一樣，將無可替代之物，
拚命傳達出去。

新的事物總是從小地方開始，
例如，始於狂妄表妹提出的小測驗——

第 1 章
有趣的畫鬼腳

當然，為未知的事物命名，
有助於引起注意。
可是，如果命名還是讓人覺得意義不明，
反而有害。
——馬文・閔斯基(Marvin Lee Minsky)[1]

1.1　交錯的畫鬼腳

1.1.1　兩端交換

「哥哥，你可以畫這種畫鬼腳嗎？」由梨說。

「什麼意思？」我看著她畫的圖。

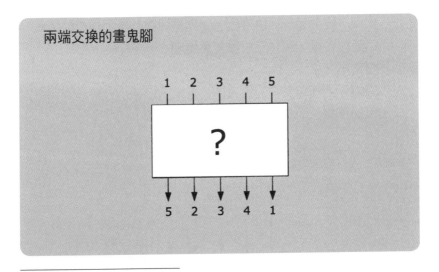

兩端交換的畫鬼腳

「用直線與橫線填滿空白處，使上方的數連接到下方相應的數。」由梨說。

「呃……」我看著箭頭的末端，「右端的5降到左端；2,3,4筆直從上降下來；左端的1降到右端……左右兩端的數字交換，但中間三個數降到正下方，妳要我畫這種『畫鬼腳』吧？」

「對對對，哥哥你應該很懂畫鬼腳吧。」

「由梨，妳是國三，說話別像高三。」

由梨是我的表妹。她是國中三年級的考生，住在我家附近，週末會來我的房間聊天、玩小測驗，或讀書、解數學題目……總之是跟我感情不錯的表妹。我們從小像親兄妹般玩在一起，所以由梨總是叫我「哥哥」。

暑假將近，今天是期末考前的星期六。

這裡是我的房間，我正在書桌前念書，由梨砰一聲把自己的筆記本放在我的書桌上。

她一身牛仔褲配T恤，平常總是把栗色的頭髮綁成馬尾，今天卻很稀奇，綁三股辮。辮子編得很整齊，兩條辮子垂在左右，看起來真是幼稚啊。

「由梨，妳今天綁三股辮呢。」她聽我說，馬上捏起髮尾轉。

「這是復古風，叫作三股編雙馬尾喔——」

「雙馬尾？」

「對啦，『兩端交換的畫鬼腳』怎麼畫？」

「很簡單啊。」我快速地在筆記本上畫圖。

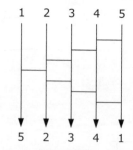

「兩端交換的畫鬼腳」我的畫法

「這麼快！好無聊喵嗚～」由梨使用貓語。

「妳要這麼想喔。像『往左下的樓梯』，畫四條橫線，右端的 5 可以帶到左端，接著像『往右下的樓梯』，畫三條線，把 1 帶到右端，使 1 與 5 交換，而不移動到其他數字，其他數字維持固定。」

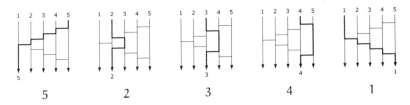

「嗯，沒錯。不過這和我的畫法有點不同。」

由梨說著，給我看這樣的圖。

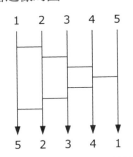

「兩端交換的畫鬼腳」由梨的畫法

「原來如此。」我說：「這的確是兩端交換的畫鬼腳。」

「是吧？這樣也可以。」

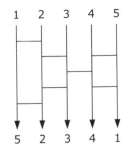

「兩端交換的畫鬼腳」由梨的其他畫法

1.2　溢出的畫鬼腳

1.2.1　計算數量

「那麼，這次換哥哥來出小測驗。」我說。

(畫鬼腳的總數)

五條直線的「畫鬼腳」總共有幾種？

「什麼意思？」

「『計算數量』是數學愛好者的基本。既然提到畫鬼腳，思考它總共有幾種，很自然吧。」

「畫鬼腳不是有無限多種嗎？因為不管加幾條橫線，都是畫鬼腳，即使加上幾萬條橫線……」

「不不不，由梨。」我苦笑，「的確是這樣沒錯，但橫線的畫法不一樣，結果卻一樣的畫鬼腳，沒有意義。例如剛才的——

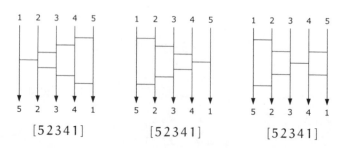

——這三種橫線畫法不同，但視為一樣的畫鬼腳。因為不管哪張圖，結果都是 5,2,3,4,1。這三個畫鬼腳可以命名為相同名稱——[52341]。」

「喔——」

「下方結果的排列模式一樣，就算成一種。畢竟畫鬼腳的本質不是橫線的畫法，而是結果的排列模式。」

「我懂了——不愧是大學考生。」

「別挖苦我。」

我是高中三年級——大學考生。

暑假……應該是考生決勝負的關鍵。

我一直都很喜歡練習數學，所以數學考試沒什麼問題，但這個暑假我得將重點放在其他科目。雖然我為了準備考試，不能念喜歡的書，但為了考上大學也沒辦法吧——不，我仍然很難接受，我想要持續鑽研數學。

期末考結束便是結業式，接著是暑假。為了保持念書的步調，我計畫參加補習班為應屆考生設計的暑期課程。一天的課程結束，我會在學校的圖書室努力做練習題，用補習班的模擬測驗卷確認自己的實力；高三的暑假要做的事非常多。

「嗯……畫鬼腳的個數，只要求一般的『情況數』嗎？」由梨說。

「嗯，是啊。」

「既然這樣，很簡單，有 120 種！」

「嗯，正解，五條直線的畫鬼腳一共有 120 種。了不起，妳可以解釋怎麼算出來嗎？」

「可以啊——考慮畫完鬼腳所得到的數字排法。降到左端的數字有 1,2,3,4,5 的五種可能，五個數字的其中之一會降到此處。這五種可能分別會有以下情況——除了降到左端的那個數字，降到左邊數來第二處的數字有四種可能。依此類推，三種、二種，最後降到右端的數字只有一種可能。把這些全部乘起來，變成 5 的**階乘**，答案是 5!。」

$$5! = 5 \times 4 \times 3 \times 2 \times 1 = 120$$

「沒錯，妳會強調『分別』的情況呢。」

「嘿嘿——這不是你以前教我的嘛。情況數，要注意順序，所

以是『屬於排列』。」

「沒錯。」

1.2.2　由梨的疑問

「嗯，哥哥，等一下！」由梨栗色的頭髮發出金光，「畫鬼腳的總數真的是 120 種嗎？」

「對啊。五條直線的畫鬼腳，所有情況是 5 的階乘，120 種。」

「可是啊——」她說：「畫鬼腳真的可以畫出所有的排列模式嗎？沒有畫不出來的模式嗎？」

我略為一驚。

不愧是由梨。

她很善於發現條件欠缺或邏輯等問題。

「原來如此，由梨的疑問我懂，確實是這樣，必須好好考慮排列的所有模式是否都能畫出來。畫鬼腳有『只有相鄰的直線才能畫橫線』的限制。有這種限制，我們便不能斷定 120 種都能畫出來。」

「對對對……雖然我覺得全部的排列模式都能畫出來，但還是要確認。是由梨表達得不夠清楚。」

「由梨的疑問——

可以用畫鬼腳畫出所有的排列模式嗎？

——要回答這個問題，其實並不困難。」

「是嗎？可是我完全不懂。」

「我知道，一起來想想看吧。」

「嗯！」由梨戴上膠框眼鏡。

「孩子們！要喝涼的嗎？」廚房傳來母親的呼喊聲。

「我要喝！」由梨迅速拉著我的手起身，「哥哥，一邊喝果汁一邊畫吧！」

1.3　理所當然的畫鬼腳

1.3.1　冰沙

　　我們移動到客廳，母親拿來的大玻璃杯裝著色彩鮮艷的飲料，插著粗吸管。

　　「這是什麼？」

　　「冰沙啊。」母親回答：「把結凍的水果，香蕉、藍莓、覆盆子、草莓放進果汁機，再加上優格和少許冰塊，旋轉攪拌做成的冰沙，很好吃喔！」

　　「好涼，好好吃──」由梨說。

　　「小由梨真是乖孩子呢。」母親說。

　　「喔，真的……」這冰冷微甜的味道，真是美好啊。

　　「妳決定學校志願了嗎？」母親問。她說的是由梨考高中的事。

　　「決定了，是哥哥就讀的高中。」

　　「這樣啊，小由梨很優秀，我不擔心。」

　　「哪裡哪裡，沒這回事──」

　　「你要好好教人家喔。」母親對我說。

　　「我知道啦。」

　　「那就好。」母親說，返回廚房。

1.3.2　無可替代之物

　　「欸……這麼說來，妳『男友』要上哪所高中？」我問。

　　由梨有位就讀別所國中的男朋友。

　　「咦，他？呃……」她說出某所升學高中。

　　「咦？妳男友不來讀我們高中啊。」

　　「這又沒什麼，而且……他不是我男友啦！」

「妳們還在『交換數學』嗎？」我問。

交換數學，指兩人互相提出數學問題，給對方解題。他們如何來往，詳情我不清楚，不過好像是兩本筆記本在兩人之間傳遞，互相提問，對照彼此的答案，依據對方的解答發表感想或吐槽——由梨以前是這麼告訴我的。

「算有吧。」由梨用吸管戳著剩下的碎冰塊說：「哥哥……你知道『無可替代之物』的意思嗎？」

「我知道啊，是『重要到無法和其他東西交換』的意思。」

「……那哥哥的『無可替代之物』是什麼？」

「時間吧，時間很寶貴。」

實際上確是如此。對考生來說，時間的流逝非常可怕。逝去的時間不再回來，任何人都沒有辦法挽回逝去的時間。不管交出什麼，都無法換回逝去的時間。不能交換的價值，就是時間的價值。

「重要到無法和其他東西交換……」

由梨一臉認真地思考。

1.3.3　可以畫出畫鬼腳所有的排列模式嗎？

「啊！哥哥，我們來解剛才的問題吧。」

「嗯，我們先把問題變明確吧。」

> **（畫鬼腳可以畫出的排列模式）**
> 五條直線的畫鬼腳，真的可以畫出 120 種排列模式嗎？

「即使問題很明確，不懂的還是不懂啊——」

「無論哪種排列模式的畫鬼腳，只要能一條一條老實地畫，便可以畫出來。」

「嗯……我想所有的排列模式一定都能畫出來，像 1,2,3,4,5 變

成 3,5,1,4,2 的畫鬼腳等。可是,總共有 120 種吧?要畫這麼多種,很累啊──」

「的確很累,但如果是蒂蒂應該會去試。」

「我希望你不要拿我和蒂德菈同學比較──」

「不需要實際畫出這麼多種畫鬼腳,我的意思是,所有畫鬼腳都能畫出來。換句話說,我們要思考的是,怎麼作法明確地畫出來。」

「……哥哥知道?」

「嗯,我大概知道。由梨剛才的說明是提示。」

1,2,3,4,5 這五個數,其中之一會降到左端。

「這是提示?」

「首先,只要能做到『五個數的其中之一會降到左端』,事情便會有所進展。任意數都可以降到左端嗎?」

「從 1 到 5 的任意數字都可以降到左端嗎?……可以啊!」

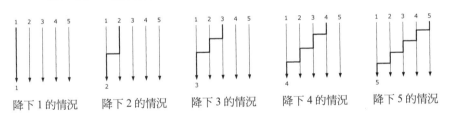

降下 1 的情況　　降下 2 的情況　　降下 3 的情況　　降下 4 的情況　　降下 5 的情況

任意數都可以降到左端

「嗯,可以。只要畫『往左下的樓梯』便可以。」

「嗯,然後呢?」

「然後──重覆相同的動作即可。避免影響已經降到左端的數,並且把任意數降到左邊數來第二個位置。妳可以辦到這個動作嗎?」

「啊!只要畫『往左下的樓梯』嗎?可以啊!」

「沒錯，妳先畫畫看[35142]吧。」

我拿起自動鉛筆，按照順序畫圖。

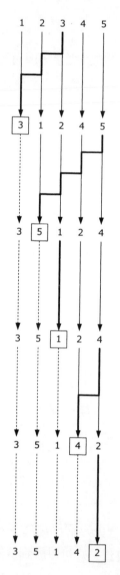

把 3 降到左邊數來第一個位置

把 5 降到左邊數來第二個位置

把 1 降到左邊數來第三個位置

把 4 降到左邊數來第四個位置

把 2 降到左邊數來第五個位置

製作[35142]的畫鬼腳

「[35142]的畫鬼腳完成！」

「仔細看剛才的做法，妳會發現有三種畫鬼腳接在一起。連接[31245]、[15234]與[12354]完成[35142]排列模式。」

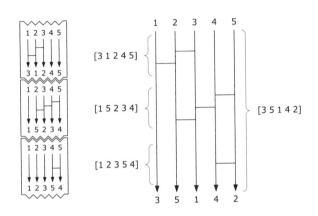

製作[35142]的畫鬼腳

「嗯嗯……連接三種畫鬼腳，形成『往左下的樓梯』，得到[35142]——是這個意思？」

「沒錯。」我點頭。

「不對，不是三個吧。」由梨嘻皮笑臉地說。

「咦？」

「按照剛才哥哥的說明，是五個！」

[31245],[15234],[12345],[12345],[12345]

「啊……對，什麼都沒畫，排列順序不變的畫鬼腳算進[12345]。」

「對對對！數學的嚴謹度很重要喔，華生先生。」

由梨擺出名偵探的架子。

「的確……福爾摩斯。」我附和她，「但是不管有幾個畫鬼腳

算進[12345]都一樣。」

　　「[12345]是『撲通向下』的畫鬼腳吧。」由梨說。

　　「撲通向下？」

　　「對，我們把[12345]叫作『撲通向下』吧！」

　　「……好吧，總之是這樣。」我下結論：「所以，只要交換相鄰的數字，便能得到所有的排列模式。」

　　於是。

　　此時。

　　我發現了。

　　「什麼事，哥哥？」

　　「由梨！這個是──泡沫排序的相反！」

　　「泡沫排序？」

　　「泡沫排序是蒂蒂教我的排序演算法，比較相鄰的數字，要是數字的排序混亂，就反覆交換數字。」我興奮地說：「泡沫排序是交換毗鄰數字，『將任意排序的數字，改排成由小到大的順序』的演算法。畫鬼腳的作法和泡沫排序相反。畫鬼腳交換毗鄰的數字『將由小到大排序的數字，改排成任意順序』！」

　　泡沫排序　「將任意排序的數字，改排成由小到大的順序」

　　畫鬼腳　　「將由小到大排序的數字，改排成任意順序」

　　「蒂德菈同學教你的，嗯……」由梨無視我的興奮，一臉冷淡，「好吧，先別說這個──畫鬼腳比由梨想的複雜許多。我想嘗試畫更多種模式……不過五條直線有 120 種啊──」

　　「我們減少直線，具體地玩玩看吧。」

　　「對喔，我們試試看三條直線吧？」

1.4　有趣的畫鬼腳

1.4.1　三條直線

「妳完成三條直線的畫鬼腳了嗎？」我問。

「嗯！哥哥，全部只有六種吧。」

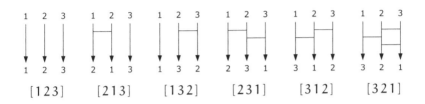

三條直線的畫鬼腳

「是啊，因為 3!=3 × 2 × 1 =6。」

「把這些畫鬼腳排在一起很有趣呢。好像可以用橫線的數量來分組。」

「分組？」

「『計算數量』是數學愛好者的基本！計算橫線的數量……

- 有 0 條橫線的是[123]
- 有 1 條橫線的是[213]與[132]
- 有 2 條橫線的是[231]與[312]
- 有 3 條橫線的是[321]

……這好像蘊含某種祕密！哥哥會怎麼分析呢？華生先生。」

「別再扮演福爾摩斯了吧……由梨，我覺得與其考慮[321]的三條橫線來分組，不如將它與[213]、[132]分成同組。」

「把三條橫線與一條橫線放成一組嗎？」

「由梨很在意橫線的數量呢。但是，用妳的心之眼看穿結構

吧。

- [213]是 1 與 2 的交換。
- [132]是 2 與 3 的交換。
- [321]是 3 與 1 的交換。

這些都交換兩個數字，所以[213],[132],[321]分成同組吧！」

「喔！原來如此喵嗚～」由梨點頭，「它們是『**迅速轉換**』！」

「迅速轉換？」

「忍者的『迅速變換場景、瞬間移動』——兩個位置交換！」

「原來如此。交換兩個數字是『迅速轉換』嗎？那剩下的[231]與[312]呢？」我笑著問。

「嗯……『**繞圈圈**』喵嗚。你看，這不是三個數字按順序旋轉，變換位置嗎？」

「繞圈圈……」我苦笑。

「嗯！所以三條直線的畫鬼腳是這樣吧。」

- [123]是『撲通向下』，直直下降，數字排序不變的畫鬼腳
- [213],[132],[321]是『迅速轉換』，數字兩相交換的畫鬼腳
- [231],[312]是『繞圈圈』，數字旋轉，變換位置的畫鬼腳

「『撲通向下』、『迅速轉換』以及『繞圈圈』啊……原來如此。既然這樣，不要像畫鬼腳一樣畫橫線，改成畫交叉曲線。如此一來，應該不會被橫線的數量所迷惑。」

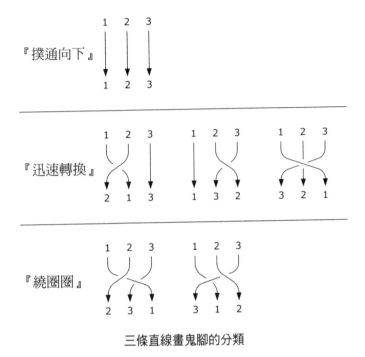

三條直線畫鬼腳的分類

1.4.2 畫鬼腳的二次方

因為由梨取了有趣的名字，我冒出一個想法：

「由梨，把交換兩個數字的畫鬼腳——」

「『迅速轉換』。」

「嗯，試著連接兩個『迅速轉換』，把連接兩個相同畫鬼腳的形式稱為『二次方』。」

「二次方？」

「如此一來，『迅速轉換』的二次方會變成『撲通向下』！」

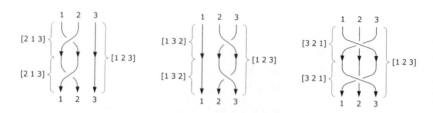

「迅速轉換」的二次方是「撲通向下」

- 把[213]接上[213]是[123]。
- 把[132]接上[132]是[123]。
- 把[321]接上[321]是[123]。

「好厲害……對啊，這是理所當然的！交換過的東西，再次交換，會恢復原樣！」

「好吧，是理所當然啦……我只是想把這個寫成算式。連接兩個相同的畫鬼腳，寫成**畫鬼腳**^{2}的形式，變成畫鬼腳的二次方。」

$$[2\,1\,3]^2 = [1\,2\,3]$$

$$[1\,3\,2]^2 = [1\,2\,3]$$

$$[3\,2\,1]^2 = [1\,2\,3]$$

「模式相同的畫鬼腳用＝連接。這樣寫我心情會變好。」

「算式狂熱者現身啦。」

「除了『迅速轉換』，其他畫鬼腳的二次方——連接兩個相同的畫鬼腳——是怎樣呢？」

「喔！好像很有趣……」

由梨迅速在筆記本上作畫。

「好棒！『繞圈圈』的二次方變成另一個『繞圈圈』！」

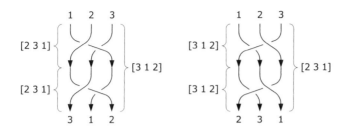

「繞圈圈」二次方變成另一個「繞圈圈」

「的確，『繞圈圈』[231]二次方以後，會變成另一個『繞圈圈』[312]。」我說。

「對！反之，[312]的二次方會變成[231]。」

$$[2\,3\,1]^2 = [3\,1\,2]$$

$$[3\,1\,2]^2 = [2\,3\,1]$$

「『迅速轉換』的二次方變成『撲通向下』；『繞圈圈』的二次方變成另一個『繞圈圈』⋯⋯」由梨一邊撥弄頭髮，一邊思考，「啊！好厲害！」

「『繞圈圈』的三次方⋯⋯」

1.4.3 畫鬼腳的三次方

「『繞圈圈』的三次方是『撲通向下』！」由梨大叫。

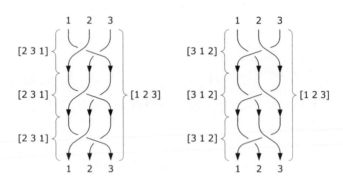

「繞圈圈」的三次方是「撲通向下」

$$[2\,3\,1]^3 = [1\,2\,3]$$

$$[3\,1\,2]^3 = [1\,2\,3]$$

「的確……原來如此，有的畫鬼腳二次方會變成『撲通向下』，有的畫鬼腳三次方會變成『撲通向下』。」我說：「而『撲通向下』的畫鬼腳[123]，一次方當然是『撲通向下』。」

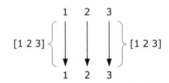

「撲通向下」的一次方是「撲通向下」

$$[1\,2\,3]^1 = [1\,2\,3]$$

「啊！哥哥，等一下，由梨想試一件事！」由梨這麼說著，開始在筆記本上畫圖。我想要偷看筆記本，她卻遮住，要我等她完成。

我等了好一陣子，她卻陷入畫鬼腳的世界，難以回到現實世界。我靜靜收拾玻璃杯，決定在桌上讀世界史。

若有人陷入沉思，請不要貿然出聲打擾。

為了好好思考，對方需要「沉默的尊重」。

1.4.4　繪圖

「完成！」將近一小時後，由梨終於回到現實世界。

「歡迎回來。」我放下參考書。

「你看！『撲通向下』、『迅速轉換』以及『繞圈圈』可以畫在一張圖上！好棒！」

由梨給我看畫著不可思議圖案的筆記本。

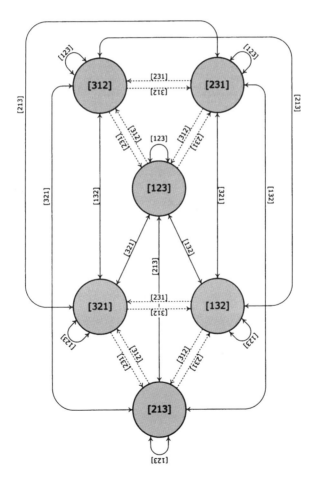

三條直線畫鬼腳的圖

「由梨，這是什麼？」

「你看，這個是『迅速轉換』，這兩個是『繞圈圈』！由梨超興奮！……啊，對了，把這個當成暑假作業的報告吧。」

「這是什麼圖？」

「咦，你不懂嗎？」

◎　○　◎

這些圓形也是畫鬼腳。把畫鬼腳與畫鬼腳用線條連接起來，形成另一個畫鬼腳。

例如，[312]接上[321]變成[213]，反過來，[213]接上[321]變成[312]。換句話說，[321]可以往返。交纏很多條線會難以看懂，我們把它們合成一條線吧。

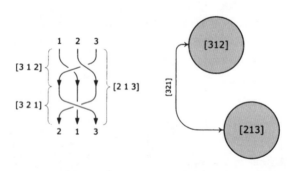

[312]接上[321]變成[213]

接著，把「繞圈圈」[231]接上[321]變成[213]，這個動作用虛線來畫。連接「迅速轉換」用實線；連接「繞圈圈」用虛線，以此做出區別。

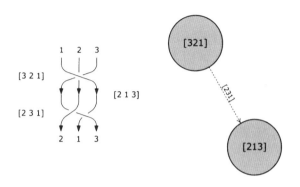

[321]接上[231]變成[213]

「繞圈圈」接上三個相同的畫鬼腳，會恢復原狀——形成三角形！你看，這是[231]「繞圈圈」形成的三角形！

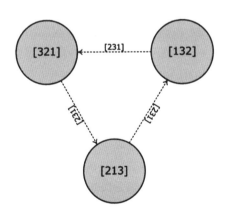

[231]「繞圈圈」形成的三角形

1.4.5　解開進一步的謎題

「哥哥！這張圖很有趣吧？」

我真心佩服由梨畫的圖。

「由梨……這張圖好有趣喔，真的很有趣。」

「『畫圖』是數學愛好者的基本！嘿嘿——」

「如果是蒂蒂應該會說『感覺懂了』。」

「又是蒂德菈同學，夠了。」

「這張圖非常有趣，妳看——」

「啊！」由梨大叫打斷我，「欸欸欸！哥哥！三條直線畫鬼腳的一次方、二次方、三次方都是『撲通向下』，那麼五條直線的一次方、二次方、三次方、四次方、五次方也是『撲通向下』嗎？」

「我們畫畫看吧！」

「咦——可是有 120 種耶！」

「用四條直線畫吧，$4! = 24$，只有二十四種。」

「二十四種也很多啊，真麻煩——」

「若是蒂蒂，她會很有耐心地試。」

「哥哥！你從剛才開始就滿嘴蒂蒂蒂蒂……」

由梨嘟起嘴。

「哥哥被蒂蒂化了！」

「什麼啊，什麼『被蒂蒂化』。」

因此，從所有元素依序排列的狀態開始，
適當交換兩個相鄰的元素，
類似「逆向進行泡沫排序」，
便能得到你想要的排列。
——高德納(Donald Ervin Knuth)[2]

2　"The Art of Computer Programming", Volume 4, Fascicle 2, 7.2.1.2.

第 2 章
睡美人的二次方程式

百年間，

公主殿下陷入沉睡。

百年後，王子殿下現身，

喚醒公主。

——《睡美人》

2.1 平方根

2.1.1 由梨

「哥哥，歡迎回來！」

「由梨，怎麼了？」

我從學校回到家，表妹由梨立刻到玄關迎接我。為什麼由梨會在我家，還穿著圍裙呢？

現在是星期六的傍晚，今天期末考結束，明天是結業式。

「嘿嘿──」由梨笑嘻嘻地說：「我爸媽因為辦喪事，要可愛的小由梨在這住一宿，我正在幫忙阿姨大人做晚餐喔。」

「妳的敬語好怪。」

「意思通就好！」

「小由梨，我這邊已經沒事了，謝謝。」母親來到玄關，「爸爸回來再開飯吧，我們先休息一下。」

「好──對了，哥哥，我有問題！」

2.1.2　負數×負數

由梨穿著圍裙到我房間。

「哥哥，i 的二次方是 -1 吧？」

「對啊，**虛數** i，$i^2 = -1$。」

「那個……-3 的二次方是 9。」

「嗯，沒錯。$(-3)^2 = (-3) \times (-3) = 9$。」

「負數×負數變成正數，而正數×正數本是正數。所以，無論如何二次方都不能變成負數，不是嗎？但是 i 的二次方卻變成 -1，這是怎麼回事？我以前沒問過你。」

我緩慢地回答：

「像由梨說的，正數×正數是正數；負數×負數是正數。所以，二次方的確一定是正的。但是，這只發生在**實數**的情況。」

「實數？」

「對，比起『沒有二次方會變成負的數』，『沒有二次方會變成負的實數』比較正確。」

「嗯……意思是，虛數 i 不是實數！」

「沒錯，由梨。沒有實數的二次方是負的，因此實數以外，擁有『二次方等於 -1』性質的數，有新的定義──虛數 i。」

「假設二次方等於 -1 的數存在──是這個意思嗎？」

「沒錯，而且不發生矛盾。實數加上虛數 i 所產生的數，稱為**複數**。」

「嗯，名稱我知道，複數。」

「實數加上 i 所產生的數是複數。複數與實數一樣可以加、減、乘、除。只追加一個新的數 i，數的世界就變廣。」

「變廣？」

「例如，$i + i$ 是 $2i$，與實數加起來變成 $3 + 2i$，虛數也可以和實數進行乘、除……製造出許多數，稱為複數。」

「所有實數的集合寫成 $\mathbb{R}$，所有複數的集合寫成 $\mathbb{C}$，不過只要撲通落下一滴 i 這個新的數，$\mathbb{R}$ 便會變成 $\mathbb{C}$。只要在加減乘除的計算摻進 i，數便輕輕地擴張。」

「一滴新的數……」由梨嘟囔。她穿著圍裙，認真地思考。雖然由梨笑或繃著臉很可愛，不過她認真思考的表情我不討厭。

「由梨，為了更了解複數，我們來談談複數平面吧。」

「複數平面？」

2.1.3　複數平面

為了更了解複數，來談談複數平面吧。

由梨知道數線吧？所有實數都可以用數線上的一點來表示。以直線上的一點為 0，左側是負的實數(負數)；右側是正的實數(正數)。這條數線稱為**實軸**。

縱向標示虛數的軸，稱為**虛軸**。

實軸與虛軸交叉形成的平面，稱為**複數平面**。

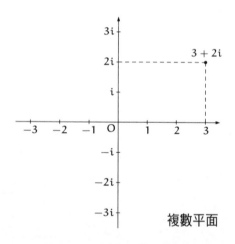

複數平面

「所有實數都可以用數線上的一點來表示；同樣地，所有複數也都可以用複數平面上的一點來表示。」

「實數是數線上的一點；複數是複數平面上的一點……」

「全部複數的集合 $\mathbb{C}$ 是非常厲害的集合喔。由梨知道二次方程式吧，解二次方程式光用實數來思考，會有『無解』的情況。」

「『無解』的意思是沒有解？」

「嗯，不過二次方程式的『無解』指實數中不存在解，若將範圍擴大到複數則另當別論。無論多複雜的二次方程式，都有解！真讓人興奮！解數學的時候，是實數或複數——釐清『數的範圍』很重要，由梨。」

「數的範圍……」

「孩子們！爸爸回來了，吃飯吧！」

2.2 公式解

2.2.1 二次方程式

用餐結束，父親窩進書房。

我洗完澡，在客廳舒服地坐著。期末考結束，我的心情有點悠哉，但我還是考生。我在桌子前望著英文單字卡：abandon、ancient、determined、individual……

這時穿著睡衣的由梨現身。

「洗澡真舒服～」

「小由梨，要喝麥茶嗎？」母親問。

「好～」由梨用毛巾擦拭頭髮，「欸，哥哥，剛才的繼續繼續！替我解說二次方程式吧。」

我在桌上攤開筆記本，由梨坐到我身邊，散發剛洗完澡的香氣。

「二次方程式是這種形式。」我開始說。

$$ax^2 + bx + c = 0 \quad (a \neq 0)$$

「$a \neq 0$ 這個條件是必要條件嗎？」

「是必要條件。因為如果 $a=0$，x^2 項消失，就不是二次方程式。」

「只有這個條件？」

「只有這個條件。妳知道 a, b, c 是係數吧？」

「知道。」

「$ax^2+bx+c=0$ 稱為『 x 的二次方程式』，x 是未知數，也是解方程式所求的數，在函數稱為**變數**，在多項式則單純地稱為**文字**。」

「好的。」由梨擦完頭髮，托著腮聽我說明。

「所謂『解二次方程式』是——

$$ax^2 + bx + c = 0$$

——求滿足此式的 x 值。」

「嗯嗯。」

「接著，假設 α 滿足此二次方程式，α 稱為二次方程式的**根**。」

「根——我知道。這個 α 是數字吧？」

「沒錯。若給予具體的二次方程式，會產生具體的根，例如 3 或 7.5 等。但是現在談的是一般式，沒有具體的根，因此用 α 這種文字來說明。」

「OK——OK——」

「『滿足方程式』這句話妳懂吧？數字 α 滿足方程式 $ax^2+bx+c=0$ 的意思，是把 α 帶入 x ——

$$a\alpha^2 + b\alpha + c = 0$$

——會成立。」

「沒問題，我懂啦。」

「二次方程式的根有兩個，所以通常使用 α 與 β 這兩個文字，

不過也有 $\alpha = \beta$ 的重根情形。」

「這個 β 是數字吧？」

「沒錯。若係數 a, b, c 是數字，根 α, β 便是數字。根 β 會滿足方程式 $ax^2 + bx + c = 0$，所以以下的式子成立——」

$$a\beta^2 + b\beta + c = 0$$

「β 是根，當然會滿足此式啊！」

2.2.2　方程式與多項式

「我來出小測驗。」

> $x^2 - 3x + 2$ 是——

「我知道！這個二次方程式很好解！」

「嗶嗶——」我發出猜謎節目的答錯音效。

「咦？」

「由梨，問題還沒說完，妳就回答，這樣不行喔。

> $x^2 - 3x + 2$ 是方程式嗎？

這才是問題。」

「咦……啊，這不是方程式啦。」

「對啊。這個式子 $x^2 - 3x + 2$ 並非方程式，而是多項式。」

「這問題是陷阱！」由梨臭臉，「討厭……」

「抱歉抱歉，我只是希望妳注意多項式與方程式的差異。多項式 $x^2 - 3x + 2$ 與主張此多項式等於 0 的方程式不同。」

$$x^2 - 3x + 2 \qquad x \text{ 的} \underline{\text{多項式}}$$
$$x^2 - 3x + 2 = 0 \qquad x \text{ 的} \underline{\text{方程式}}$$

「討厭──這我知道啦──」

「下個小測驗，請解這個方程式。」

$$x^2 - 3x + 2 = 0$$

「……」由梨沉默，沒有反應。

「怎麼了？」

「我在想你的問題說完沒。」由梨露出一抹笑容。

「……說完了。」

「好好好，很簡單啊，$x = 1, 2$。」

「好快喔，妳怎麼解？」

「$x^2 - 3x + 2$ 可以因式分解！」

$$x^2 - 3x + 2 = (x - 1)(x - 2)$$

接著，解 $(x - 1)(x - 2) = 0$，得到 $x = 1, 2$。」

「很好。$x = 1, 2$，在這裡是指 $x = 1$ 或 $x = 2$。簡單的二次方程式，可以像由梨做的一樣，分解左邊多項式的因式得出解。但是，也有不知道該怎麼因式分解的情況。此時──」

「使用公式解。」

「妳說的沒錯，由梨。」

「糟糕！我又沒等你說完再回答。」

2.2.3　推導二次方程式的公式解

「來推導二次方程式的公式解吧，由梨會嗎？」

「不會。」由梨很乾脆地說：「老師上課在黑板做過，很亂我看不懂，但我有背起來。」

由梨以非常快的速度背誦：

二 A 分之負 B、
加減、
根號、B 平方減四 AC

「舌頭打結啦！」
「妳不用講得那麼急。」我笑著。
「別笑啦──根號那邊很複雜啊──」
「既然是二次方程式，不管怎樣都會出現 $\sqrt{}$ 吧。推導或導出公式解的時候，如何處理根號很重要。妳仔細看，推導公式解的目標是這種形式。」

「含有 x 的式子」^{2} =「不含 x 的式子」　目標形式

「喔？」由梨挺直身子，「左邊是『含有 x 的式子』的二次方；右邊則是『不含 x 的式子』？」
「沒錯，妳先記住這個『目標形式』。導成這個形式以後，取平方根，剩下的妳一定能靠自己的力量理解。來吧，我們一起來推導公式解吧！」
「我好興奮喔！」
「給定的二次方程式是……」

$$ax^2 + bx + c = 0 \qquad 給定的二次方程式（a \neq 0）$$

「好。」
「把含有 x 的項留在左邊，不含 x 的項移到右邊。」

$$ax^2 + bx = -c \qquad 把\ c\ 項移到右邊$$

「嗯？……」

「兩邊乘以 $4a$，x^2 的項是 $4a^2x^2$，亦即 $(2ax)^2$。」

$$4a^2x^2 + 4abx = -4ac \qquad \text{兩邊乘以 } 4a$$

$$(2ax)^2 + 4abx = -4ac \qquad \text{因為 } 4a^2x^2 = (2ax)^2$$

「欸——哥哥。」

「兩邊加上 b^2，如此一來，只差一步便能變成目標形式。」

$$(2ax)^2 + 4abx + b^2 = b^2 - 4ac \qquad \text{兩邊加上 } b^2\text{，差一步便能達到目標}$$

「欸！等一下，哥哥！從乘以 $4a$ 和加上 b^2 開始⋯⋯你劈哩啪啦一直說下去，我還是不懂。」

「由梨，妳仔細看左邊。」我說。

$$\underset{\sim\sim\sim\sim\sim\sim\sim\sim\sim\sim\sim\sim}{(2ax)^2 + 4abx + b^2} = b^2 - 4ac \qquad \text{差一步便能達到目標}$$

「嗯？」

「由梨，妳記得目標形式嗎？」

「目標形式？『含有 x 的式子』^{2} =『不含 x 的式子』？」

「對啊，我正想辦法讓左邊變成『含有 x 的式子』的二次方，如此一來，左邊的 $(2ax)^2 + 4abx + b^2$ 就能因式分解！」

「因式分解 $(2ax)^2 + 4abx + b^2$⋯⋯」

「$A^2 + 2AB + B^2 = (A + B)^2$ 的形式啊。」我說。

「啊，真的！變成 $(2ax + b)^2$！」

「對對對。因此能導出目標形式。」

$$(2ax)^2 + 4abx + b^2 = b^2 - 4ac \qquad \text{差一步便能達到目標}$$

$$(2ax + b)^2 = b^2 - 4ac \qquad \text{因式分解左邊，形成目標形式}$$

$$\underbrace{(2ax + b)^2}_{\text{「含有 } x \text{ 的式子」}^2} = \underbrace{b^2 - 4ac}_{\text{「不含 } x \text{ 的式子」}}$$

「這是目標形式！接下來交給由梨！求平方根！」

$$(2ax + b)^2 = b^2 - 4ac \qquad \text{目標形式}$$

$$2ax + b = \pm\sqrt{b^2 - 4ac} \qquad \text{求平方根}$$

$$2ax = -b \pm \sqrt{b^2 - 4ac} \qquad \text{把 } b \text{ 項移到右邊}$$

$$x = \frac{-b \pm \sqrt{b^2 - 4ac}}{2a} \qquad \begin{array}{l}\text{兩邊除以 } 2a \\ \text{（因為 } a \neq 0 \text{，可以用 } 2a \text{ 來除）}\end{array}$$

「完成。」

「我成功導出二次方程式的公式解！」

二次方程式的公式解

二次方程式 $ax^2 + bx + c = 0$ 的根可由以下式子得到：

$$x = \frac{-b \pm \sqrt{b^2 - 4ac}}{2a}$$

「很好，做得不錯，由梨。」

「嘿嘿……可是，一般人很難看出來如何因式分解 $(2ax + b)^2$，很容易忘記這樣的式子變形啊。」

「是啊，如果沒學過，哥哥也不會發現，妳只需記住公式解的 $b^2 - 4ac$。取平方根時，右邊應該會有 $b^2 - 4ac$，用這個當目標來變

形式子，乘以 $4a$、加上 b^2。」

「原來如此！記住 $b^2 - 4ac$，就不用背公式解！」

「不對不對，必須背起來。」

「不是只需學會推導嗎？」

「妳必須好好理解，才能夠變形式子導出公式解，這點很重要。但我們常常得求二次方程式的根，背公式解並沒損失。」

我說完，打了一個噴嚏。

「嗯……是誰提起哥哥嗎？喵嗚～」

「是冷氣太強啦。」

2.2.4　傳達心情

夜已深。

我還在桌上翻英文單字卡：permanent、significant、traditional ……

「欸。」由梨出聲。

「嗯？」

由梨不知何時坐上沙發，盤著腿發呆。

「欸……哥哥，向他人傳達自己的心情很困難吧。」

「什麼意思？」

「為什麼做不到呢……明明是珍貴的時光，見面的時間越短，應該越珍貴，由梨卻只在這種時候無法好好說話，真是笨蛋。」

「什麼？」

母親走來。

「哎呀，你們還沒睡啊！時間不早，該睡了。」

「好──」

「客房已經鋪好被子。」

「啊！真不好意思，謝謝阿姨。」

「妳很久沒來家裡過夜了呢。」母親高興地說：「妳小學時常來我們家辦『住宿會』呢。」

「隔天早上妳還會哭著說『我不要回家』。」我說。

「我才沒哭呢——」由梨鼓起臉頰。

2.3　根與係數的關係

2.3.1　蒂蒂

第二天。

「昨晚由梨和我談論這些。」我說。

「這樣啊……真好，我好羨慕。」

這裡是高中的圖書室。結業式結束，學校已放學。

蒂蒂是小我一年級的學妹——高中二年級的女生。她有雙大眼睛，一頭短髮，個子嬌小，小步跟著人的模樣令人聯想到松鼠等小動物。

她入學時很不擅長數學，但她跟著我與米爾迦一起享受數學，逐漸喜歡上數學。她是個元氣少女，總是精力旺盛地埋頭研究數學。我有時會教蒂蒂數學，經常和她討論學習的方法。

「教由梨數學挺開心。」我說。

「好羨慕喔…… 能在學長的身邊。 」

「咦？」

「沒事！沒事沒事，什麼都沒有！」

蒂蒂用力搖晃雙手。

圖書室空蕩蕩，可以透過窗戶看見梧桐樹，聽見運動社團的練習聲。

明天是暑假的第一天。

2.3.2　根與係數的關係

「你們處理二次方程式呢。」

「是啊。虛數、複數平面、導出公式解。」

「我覺得——我能理解這些內容,但是我沒辦法像學長一樣,從零開始說明……『可以理解』到『能夠說明』之間,有相當大的距離。」

蒂蒂把雙手大張,比出一大段距離。

「是啊,對別人說明能反過來檢視自己,所以教由梨或蒂蒂是我的學習。」

「學長能這麼說我很高興!」

「昨天我們沒能說到根與係數的關係。」

「根與係數的關係嗎?」

「對,蒂蒂知道吧。」

「我知道……應該吧。啊!為了檢視自己,現在由我來說明吧!呃……」

蒂蒂一邊寫算式,一邊開始說明。

◎　◎　◎

呃……好的,我要說明二次方程式「根與係數的關係」。

假設給定一個 x 的二次方程式:

$$ax^2 + bx + c = 0 \qquad (a \neq 0)$$

這個二次方程式有兩個根,令它們為 α 與 β。

這時,係數 a, b, c 與根 α, β 之間有以下關係:

$$\alpha + \beta = -\frac{b}{a}, \quad \alpha\beta = \frac{c}{a}$$

這兩個式子稱為二次方程式「根與係數的關係」。

學長,我的解說怎麼樣?

◎　◎　◎

「學長,我的解說怎麼樣?」

「不錯啊。」我回答:「蒂蒂,妳可以用一句話,說明『公式解』與『根與係數的關係』嗎?」

「一句話?『公式解』是用來求根的公式;『根與係數的關係』用來表示根與係數的關係⋯⋯這樣講很糟糕嗎?」

「不,不糟糕。可是,整理一下會更簡潔!」

- 『公式解』是用係數表示根。
- 『根與係數的關係』是用係數表示根的和與積。

「咦?對喔!用『公式解』可以這樣表示根——

$$\alpha = \frac{-b + \sqrt{b^2 - 4ac}}{2a}, \quad \beta = \frac{-b - \sqrt{b^2 - 4ac}}{2a}$$

——所以,用係數 a, b, c 的確可以表示根 α, β!」

「對啊。」

「而『根與係數的關係』是——

$$\alpha + \beta = -\frac{b}{a}, \quad \alpha\beta = \frac{c}{a}$$

——所以,用係數 a, b, c 可以表示根的和 $\alpha + \beta$ 與積 $\alpha\beta$!」

「沒錯。」

「用係數表示根是『公式解』;用係數表示根的和與積則是『根與係數的關係』。」

「對,剛才蒂蒂寫了『根與係數的關係』,妳知道如何導出『根與係數的關係』嗎?」

「啊……我沒什麼自信。」

「沒那麼難啦。二次方程式 $ax^2+bx+c=0$ 的解是 $x=\alpha,\beta$，正確地說，是 $x=\alpha$ 或 β，所以……」

$$x = \alpha, \beta$$
$$\iff \quad x = \alpha \lor x = \beta$$
$$\iff \quad x - \alpha = 0 \lor x - \beta = 0$$
$$\iff \quad (x - \alpha)(x - \beta) = 0$$
$$\iff \quad a(x - \alpha)(x - \beta) = 0$$
$$\iff \quad a\big(x^2 - (\alpha + \beta)x + \alpha\beta\big) = 0$$
$$\iff \quad ax^2 - a(\alpha + \beta)x + a\alpha\beta = 0$$

「因此以下式子成立——」

$$ax^2 - a(\alpha + \beta)x + a\alpha\beta = 0 \quad \iff \quad ax^2 + bx + c = 0$$

「接著比較係數，導出『根與係數的關係』。」

二次方程式根與係數的關係

假設二次方程式 $ax^2+bx+c=0$ 的兩個根是 α,β，則以下式子成立：

$$\alpha + \beta = -\frac{b}{a}, \quad \alpha\beta = \frac{c}{a}$$

「當然，從公式解可以求得兩個根，也可以直接計算和與積。」我說。

$$\alpha + \beta = \frac{-b + \sqrt{b^2 - 4ac}}{2a} + \frac{-b - \sqrt{b^2 - 4ac}}{2a}$$

$$= \frac{(-b + \sqrt{b^2 - 4ac}) + (-b - \sqrt{b^2 - 4ac})}{2a}$$

$$= -\frac{2b}{2a}$$

$$= -\frac{b}{a}$$

$$\alpha\beta = \frac{-b + \sqrt{b^2 - 4ac}}{2a} \cdot \frac{-b - \sqrt{b^2 - 4ac}}{2a}$$

$$= \frac{(-b)^2 - (\sqrt{b^2 - 4ac})^2}{(2a)^2}$$

$$= \frac{b^2 - (b^2 - 4ac)}{4a^2}$$

$$= \frac{4ac}{4a^2}$$

$$= \frac{c}{a}$$

「原來如此！」蒂蒂說。

2.3.3　整理思緒

「聽學長說明，我原本糊成一團的腦袋立刻清楚了起來。」

「是嗎？」

「沒錯！『公式解』和『根與係數的關係』我在課堂上學過，也會解題目，卻總是無法徹底搞清楚，可是學長說──

- 『公式解』是用係數表示<u>根</u>。
- 『根與係數的關係』是用係數表示<u>根的和與積</u>。

——這樣整理，我便能搞清楚，因為學長有強調『這裡很重要』。」蒂蒂迷人的大眼睛閃閃發光，「我想要這種書，若有不懂的地方，會『咻』地出現手指指出重點，告訴我這裡很重要！」

「這樣有點可怕吧。」

我們相視而笑。

「……對了學長，根的和與積是 $\alpha+\beta$ 與 $\alpha\beta$ 吧，為什麼很重要呢？」

「咦？」

面對蒂蒂單純的提問，我啞口無言。

她這麼一問我才想到，為什麼根的和與積很重要呢？

「根與係數的關係？」

我們背後響起凜然的嗓音。

是米爾迦。

2.4　對稱多項式與體的觀點

2.4.1　米爾迦

關於米爾迦有很多可以說的。

她是我的同班同學，高中三年級。她擁有一頭黑長髮，散發柑橘的香氣，站姿優雅。數學能力出眾，是個會對我們「講課」、能言善道的才女，但具些微的攻擊性。

米爾迦喜歡——數學、書、巧克力、轉筆。

米爾迦討厭——膽小鬼。

但是，這些只是表象，我覺得並不是她的「真面目」，香氣是不會騙人的。

在放學後的圖書室，我與米爾迦環遊數學的世界。

即使是高大的巨龍，米爾迦也不畏懼；即使是深邃的森林，米爾迦也不迷失。不，她深入森林，發現寶物。

我對這樣的米爾迦……

2.4.2　再訪：根與係數的關係

「根與係數的關係？」

米爾迦看著我與蒂蒂寫的算式。

「對！沒錯！」蒂蒂精神抖擻地回答：「『公式解』是用係數表示根；『根與係數的關係』是用係數表示根的和與積——我們談到這裡。」

「我們已導出式子。」我說。

「嗯。」米爾迦發出煞有介事的聲音，「根的和與積——」

米爾迦輕輕閉上眼睛，臉稍微朝上。她的黑髮微微晃動，露出美麗的下顎線條。

我與蒂蒂保持沉默。

三秒後，能言善道的才女宣布：

「來談談對稱多項式吧。」

◎　◎　◎

來談談**對稱多項式**吧。

「α 與 β 的對稱多項式」是「即使調換 α 與 β，也不變的式子」。

$\alpha+\beta$ 是對稱多項式，因為調換 α 與 β 變成 $\beta+\alpha$，恆等於原本的式子 $\alpha+\beta$——維持不變。

$$\alpha+\beta \quad \text{（是 } \alpha \text{ 與 } \beta \text{ 的對稱多項式）}$$

相對於此，$\alpha-\beta$ 則非對稱多項式，因為調換 α 與 β 變成 $\beta-\alpha$，

不一定等於 $\alpha - \beta$ ——並非維持不變。

$$\alpha - \beta \quad (不是 \alpha 與 \beta 的對稱多項式)$$

可是，$\alpha - \beta$ 只要變成二次方，即成對稱多項式，因為 $(\beta - \alpha)^2 = (\alpha - \beta)^2$，調換 α 與 β 後，式子維持不變。

$$(\alpha - \beta)^2 \quad (是 \alpha 與 \beta 的對稱多項式)$$

還有更複雜的例子，以下的式子即是對稱多項式。

$$\alpha\beta + (\alpha - \beta)^2 + 2\alpha^3\beta^2 + 2\alpha^2\beta^3 \quad (是 \alpha 與 \beta 的對稱多項式)$$

「根與係數的關係」出現的 $\alpha + \beta$ 與 $\alpha\beta$，都是 α 與 β 的對稱多項式，而且這兩個對稱多項式，稱為基本對稱多項式。

$$\alpha + \beta, \alpha\beta \quad (是 \alpha 與 \beta 的基本對稱多項式)$$

所以，我們可以說——

● 「根與係數的關係」是用係數表示根的基本對稱多項式。

蒂德菈，什麼事？

◎　◎　◎

「蒂德菈，什麼事？」米爾迦問。

蒂蒂舉手提問。

「為什麼要用『對稱』這個詞呢？我以為對稱是針對圖形，像是點對稱或線對稱。我不懂調換文字與對稱的關係。」

「蒂德菈很在意語言呢。」米爾迦微笑，「像蒂德菈所說，對稱這個詞是針對有形狀的東西，但算式也有形狀，所以使用對稱一詞並不奇怪。」

「是這樣嗎……形狀？」蒂蒂詫異地說。

「進一步解釋。」米爾迦繼續說:「對稱性是『沒有變化』的性質,與不變性有關。

『對稱性指一種維持不變的性質』

幾乎可以這樣斷定。」

「這樣啊……我還是不太懂。對稱性應該用在左右邊形狀相同的情況,而不變性是不變化的意思吧?這兩個一樣?」

「想想左右對稱的圖形吧,例如等腰三角形——

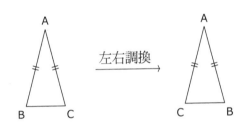

——左右是對稱的,來調換這個圖形的左右側吧。調換後,形狀完全不改變,維持不變。『對稱性指一種維持不變的性質』是這個意思。」

「啊……我有點懂。對稱的圖形,是調換後維持不變的形狀——是這個意思嗎?」

「對。」米爾迦點頭,「不限於調換位置,置換、旋轉……在某些作用下,形狀不變稱為對稱。多用於圖形的『對稱』,也可以用於其他情況。」

「原來如此。」蒂蒂一邊點頭一邊寫筆記,「調換 $\alpha+\beta$ 的 α 與 β 變成 $\beta+\alpha$,和 $\alpha+\beta$ 一樣——維持不變。」

$$\alpha + \beta \xrightarrow{\text{調換 }\alpha\text{ 與 }\beta} \beta + \alpha$$

「沒錯。」米爾迦輕輕點頭。

聽著兩人的對話，我心深處彷彿燃起火焰。對稱性是一種維持不變的性質——米爾迦的這句話，好像有更深的意義。

「回到對稱多項式吧。」米爾迦的食指像指揮棒般地揮動，繼續「講課」。

◎　◎　◎

回到對稱多項式吧。

對稱多項式通常可以用基本對稱多項式來表示。例如，對稱多項式 $(\alpha - \beta)^2$，能用以下的基本對稱多項式來表示——

$$\underbrace{(\alpha - \beta)^2}_{\text{對稱多項式}} = (\underbrace{\alpha + \beta}_{\text{基本對稱多項式}})^2 - 4 \underbrace{\alpha\beta}_{\text{基本對稱多項式}}$$

這個式子的變形，可以用以下式子確認。

$$
\begin{aligned}
(\alpha - \beta)^2 &= \alpha^2 - 2\alpha\beta + \beta^2 & &\text{展開} \\
&= \alpha^2 + 2\alpha\beta + \beta^2 - 4\alpha\beta & &\text{準備變成二次方的形式} \\
&= (\alpha^2 + 2\alpha\beta + \beta^2) - 4\alpha\beta & &\text{要變成二次方式子的部分，用括弧括起來} \\
&= (\alpha + \beta)^2 - 4\alpha\beta & &\text{整理成二次方的式子}
\end{aligned}
$$

「對稱多項式可以用基本對稱多項式來表示」是**對稱多項式的基本定理**。由此可知，只要是根的對稱多項式，不管怎樣的式子都可以用根的基本對稱多項式 $\alpha + \beta, \alpha\beta$ 來表示。

　根的對稱多項式可以用根的基本對稱多項式來表示。(根據對稱多項式的基本定理)

一如我們由根與係數的關係得知，根的基本對稱多項式可以用係數來表示。

　　根的基本對稱多項式可以用係數來表示(根據根與係數的關係)，因此——

　　根的對稱多項式可以用係數來表示。

而且，二次方程式根的對稱多項式，因為調換根式子仍維持不變，所以——

　　調換根仍維持不變的式子，可以用係數來表示。

——蒂德菈，妳又有什麼問題？

◎　◎　◎

　　「蒂德菈，妳又有什麼問題？」米爾迦說。

　　「抱、抱歉。」蒂蒂大聲說：「我完全不懂——

　　調換根仍維持不變的式子，可以用係數來表示。

有沒有例子……」

　　「妳問他。」米爾迦指我。

　　「是這個意思，蒂蒂。」我回答：「假設二次方程式 $ax^2+bx+c=0$ 的根是 α, β，我們思考它的對稱多項式，用剛才米爾迦的例子吧。

$$\alpha\beta + (\alpha - \beta)^2 + 2\alpha^3\beta^2 + 2\alpha^2\beta^3 \qquad (\alpha 與 \beta 的對稱多項式)$$

這個對稱多項式的係數可以用 a, b, c 來表示，米爾迦是這麼說的，實際試試看吧。」

$$\alpha\beta + \underline{(\alpha - \beta)^2} + 2\alpha^3\beta^2 + 2\alpha^2\beta^3 \qquad \text{α 與 β 的對稱多項式}$$

$$= \alpha\beta + \underline{\alpha^2 - 2\alpha\beta + \beta^2} + 2\alpha^3\beta^2 + 2\alpha^2\beta^3 \qquad \text{展開}$$

$$= \alpha\beta + \underline{(\alpha^2 + 2\alpha\beta + \beta^2)} - 4\alpha\beta + 2\alpha^3\beta^2 + 2\alpha^2\beta^3 \qquad \text{準備變成二次方的形式}$$

$$= \alpha\beta + \underline{(\alpha + \beta)^2} - 4\alpha\beta + 2\alpha^3\beta^2 + 2\alpha^2\beta^3 \qquad \text{以 $\alpha + \beta$ 與 $\alpha\beta$ 來表示}$$

$$= (\alpha + \beta)^2 - 3\alpha\beta + 2\alpha^3\beta^2 + 2\alpha^2\beta^3 \qquad \text{整理 $\alpha\beta$ 項}$$

$$= (\alpha + \beta)^2 - 3\alpha\beta + 2(\alpha\beta)^2(\alpha + \beta) \qquad \text{提出 $2(\alpha\beta)^2$}$$

$$= \left(-\frac{b}{a}\right)^2 - 3\left(\frac{c}{a}\right) + 2\left(\frac{c}{a}\right)^2\left(-\frac{b}{a}\right) \qquad \text{用根與係數的關係，代入係數}$$

「原來如此！對稱多項式的確可以用係數來表示。」蒂蒂確認式子，「無論何時，對稱多項式都可以用係數來表示……雖然我恍然大悟，但靠我自己想不出這種式子變形。怎樣才能辦到呢？」

「練習。」米爾迦立刻回答。

「是嗎……」蒂蒂說：「尤其是把 $\alpha^2 - 2\alpha\beta + \beta^2$ 變成 $(\alpha^2 + 2\alpha\beta + \beta^2) - 4\alpha\beta$ 這種變形，我想不到。」

「重點在於看出式子變形的方向。」我補充：「在剛才舉的例子，整理式子，使之變成基本對稱多項式，試圖用係數來表示對稱多項式的進程，便是式子變形的方向。」

「式子變形的方向嗎──」蒂蒂一邊寫筆記一邊說。

「更重要的是……」我很著急。

我到底在著急什麼？

米爾迦停下揮舞的食指，似乎正要重整凌亂的數學概念，唱出新的旋律，但我只覺得模糊。

「解方程式」與「交換根」有什麼關係……

「好著急……」我不經意發出聲音。

「方程式——係數——解——以及對稱多項式。」米爾迦宛如詠唱，「數學家拉格朗日連結這一切，詳細研究公式解，看透解方程式與交換根的密切關係。然後，學習拉格朗日的**伽羅瓦解開方程式的謎**。」

「伽羅瓦先生……」

「方程式與『體』有關，可是研究體很困難。」米爾迦的說話速度逐漸加快，「伽羅瓦發現，艱澀的體可以和淺顯的群對應，這就是**伽羅瓦對應**。」

米爾迦站起身，手輕輕放上我與蒂蒂的肩。

「伽羅瓦在『體的世界』與『群的世界』，架起『伽羅瓦對應』這座橋，完成數學最美的理論之一——**伽羅瓦理論**。」

2.4.3　再訪：公式解

「那個……體是什麼？」蒂蒂問，「我以前好像聽過。」

「請把體想成可以四則運算的『數的集合』，屬於體的數可以加減乘除($x+y, x-y, x×y, x÷y$)。例如『所有有理數的集合』是體，『所有實數的集合』是體，『所有複數的集合』也是體。」

「可以計算的『數的集合』——這麼想可以嗎？」

「可以，可是必須精確理解『計算』的意思。體的定義限於加減乘除的四則運算，不包含開根號的運算，並非開根號不好，只是開根號與體沒關係。」

「開根號的意思是？」

「求平方根，例如計算 $+\sqrt{9}$ 與 $-\sqrt{9}$，得到 $±3$。」米爾迦回答：「開根號也出現於二次方程式的公式解。」

二次方程式的公式解

二次方程式 $ax^2 + bx + c = 0$ 的根可由以下式子得出：

$$\frac{-b \pm \sqrt{b^2 - 4ac}}{2a}$$

「呃——沒錯，$\pm\sqrt{b^2 - 4ac}$ 有開根號。」

「我們來觀察公式解的運算吧。」

米爾迦說著，仔細地寫下式子：

$$\left(0 - b \pm \sqrt{b \times b - 4 \times a \times c}\right) \div (2 \times a)$$

原來如此……一般寫算式，乘法的記號不會寫出來，除法則使用分數。但是，米爾迦用×與÷來寫公式解，我想一定是為了讓人意識到運算吧。

「二次方程式公式解的運算是……」米爾迦說：「加(＋)、減(－)、乘(×)、除(÷)，以及開根號(±√)。不管給怎樣的二次方程式，只要有『加減乘除與開根號』，即能由係數求根。」

「是沒錯啦，但這個……」蒂蒂支支吾吾。

「是理所當然。」米爾迦豎起食指說：「那麼，讓我們從這個理所當然開始，重新從體的觀點來看二次方程式吧。」

米爾迦的眼睛發光，似乎非常開心。

「舉二次方程式的例子：

$$x^2 - 2x - 4 = 0$$

我們來解它吧。$x^2 - 2x - 4 = 0$，用公式解得到 $a=1$, $b=-2$, $c=-4$，解是……

$$x = \frac{-b \pm \sqrt{b^2 - 4ac}}{2a}$$

$$= \left(0 - b \pm \sqrt{b \times b - 4 \times a \times c}\right) \div (2 \times a)$$

$$= \left(0 - (-2) \pm \sqrt{(-2) \times (-2) - 4 \times 1 \times (-4)}\right) \div (2 \times 1)$$

$$= \left(2 \pm \sqrt{4 + 16}\right) \div 2$$

$$= \left(2 \pm \sqrt{20}\right) \div 2$$

$$= \left(2 \pm \sqrt{2^2 \times 5}\right) \div 2$$

$$= \left(2 \pm 2\sqrt{5}\right) \div 2$$

$$= 1 \pm \sqrt{5}$$

所以，方程式 $x^2 - 2x - 4 = 0$ 的根是 $1 + \sqrt{5}$ 與 $1 - \sqrt{5}$，到這裡沒有任何問題。」

米爾迦暫時中斷話題，指向蒂蒂。

「蒂蒂，方程式 $x^2 - 2x - 4 = 0$ 的係數是？」

「係數是 $1, -2, -4$。」

「對，妳定出這些係數屬於哪種體吧。」

「呃……$1, -2, -4$，是整數的體嗎？」

「不，所有整數的集合不是體，舉例來說，$1 \div (-2)$ 所得的值不是整數，所以不是體。」

「啊——這樣啊，不能加減乘除，不能算同一個體呢。」

「對，同屬於一個體的數，彼此加減乘除，得出的解必須屬於相同的體。體的四則運算為封閉狀態。」

「好的。」

「係數 $1, -2, -4$ 所屬的最小的體是**有理數體** $\mathbb{Q}$，用有理數體 $\mathbb{Q}$ 來思考**係數體**吧。」

「係數體是什麼？」

「係數體指方程式係數所屬的體，係數 $1, -2, -4$ 全部屬於有理數體 $\mathbb{Q}$。」

$1 \in \mathbb{Q}, -2 \in \mathbb{Q}, -4 \in \mathbb{Q}$　（係數全部屬於有理數體 $\mathbb{Q}$）

「因為 $1, -2, -4$ 屬於整數，也屬於有理數。」我說。

「方程式 $x^2 - 2x - 4 = 0$ 的係數 $1, -2, -4$ 全部屬於 $\mathbb{Q}$。可是，這個方程式的根 $1 + \sqrt{5}, 1 - \sqrt{5}$ 都不屬於 $\mathbb{Q}$。」

$1 + \sqrt{5} \notin \mathbb{Q}, 1 - \sqrt{5} \notin \mathbb{Q}$　（所有根都不屬於有理數體 $\mathbb{Q}$）

「意思是，這個方程式的<u>係數是有理數</u>，但<u>根不是有理數</u>。」蒂蒂說。

「換句話說，在 $\mathbb{Q}$ 的範圍，方程式 $x^2 - 2x - 4 = 0$『無解』。」

「無解……確實如此。」我說。

「那麼，在這裡──」米爾迦公開秘密似地，忽然放低音量。我們不自覺把臉湊近這位黑髮才女。

◎　◎　◎

那麼，在這裡──

　　幫有理數體 $\mathbb{Q}$ 添加 $\sqrt{5}$，造出新的體 $\mathbb{Q}(\sqrt{5})$ 吧。

屬於 $\mathbb{Q}$ 的元素是有理數，我們用有理數與 $\sqrt{5}$，來製造所有數能彼此加減乘除的集合吧，這個集合是新的體。我們把這個體標記為 $\mathbb{Q}(\sqrt{5})$，稱為「在有理數體 $\mathbb{Q}$ 添加 $\sqrt{5}$ 的體」。

$\mathbb{Q}(\sqrt{5})$　在有理數體 $\mathbb{Q}$ 添加 $\sqrt{5}$ 的體

你可以想像怎樣的數屬於 $\mathbb{Q}(\sqrt{5})$ 嗎？

　　舉幾個屬於 $\mathbb{Q}(\sqrt{5})$ 的數吧。
　　所有的有理數屬於 $\mathbb{Q}(\sqrt{5})$。

例如：$1, 0, -1, 0.5, \frac{1}{3}$ 等。

有理數與 $\sqrt{5}$ 加減乘除得出的解屬於 $\mathbb{Q}(\sqrt{5})$。

例如：$1+\sqrt{5}, 1-\sqrt{5}, \frac{1}{3}+\sqrt{5}$，以及 $1+3\sqrt{5}, 2-7\sqrt{5}, \frac{1+\sqrt{5}}{3}, \frac{1+5}{1-\sqrt{5}}$ 等。

一般來說，$\mathbb{Q}(\sqrt{5})$ 的元素可以用有理數 p, q, r, s 寫成 $\frac{p+q\sqrt{5}}{r+s\sqrt{5}}$ 的形式，進一步**有理化**則可以寫成 $P+Q\sqrt{5}$ 的形式。

$$\frac{p+q\sqrt{5}}{r+s\sqrt{5}}$$

$$= \frac{p+q\sqrt{5}}{r+s\sqrt{5}} \cdot \frac{r-s\sqrt{5}}{r-s\sqrt{5}} \qquad \text{為了消去分母的 } \sqrt{5}\text{，乘以} \frac{r-s\sqrt{5}}{r-s\sqrt{5}}$$

$$= \frac{(p+q\sqrt{5})(r-s\sqrt{5})}{(r+s\sqrt{5})(r-s\sqrt{5})}$$

$$= \frac{pr-ps\sqrt{5}+qr\sqrt{5}-qs\sqrt{5}\sqrt{5}}{r^2-s^2\sqrt{5}\sqrt{5}} \qquad \text{分別計算分子與分母}$$

$$= \frac{pr-5qs+(qr-ps)\sqrt{5}}{r^2-5s^2} \qquad \text{分母的 } \sqrt{5} \text{ 消失}$$

$$= \frac{pr-5qs}{r^2-5s^2} + \frac{qr-ps}{r^2-5s^2}\sqrt{5} \qquad \text{把 } \sqrt{5} \text{ 提出來整理}$$

$\frac{pr-5qs}{r^2-5s^2} \in \mathbb{Q}$，$\frac{qr-ps}{r^2-5s^2} \in \mathbb{Q}$，所以 $P=\frac{pr-5qs}{r^2-5s^2}$，$Q=\frac{qr-ps}{r^2-5s^2}$，這麼設定 P, Q 即是有理數。

於是，$\mathbb{Q}(\sqrt{5})$ 的元素也可以寫成 $P+Q\sqrt{5}$ 的形式(P 與 Q 是有理數)。

有理數體 $\mathbb{Q}$ 包含於添加 $\sqrt{5}$ 的體 $\mathbb{Q}(\sqrt{5})$。換句話說，$\mathbb{Q} \subset \mathbb{Q}(\sqrt{5})$ 成立，$\mathbb{Q}(\sqrt{5})$ 稱為 $\mathbb{Q}$ 的**擴張體**。

回歸正題。

方程式 $x^2-2x-4=0$ 的根是 $1\pm\sqrt{5}$，不是有理數，在有理數體 $\mathbb{Q}$ 的範圍，這個方程式『無解』。

可是，如果在有理數體 $\mathbb{Q}$ 添加 $\sqrt{5}$，$\mathbb{Q}(\sqrt{5})$ 的範圍即改變。

在體 $\mathbb{Q}(\sqrt{5})$ 的範圍，二次方程式 $x^2 - 2x - 4 = 0$ 不是「無解」，因為 $1 + \sqrt{5}$ 與 $1 - \sqrt{5}$ 都屬於體 $\mathbb{Q}(\sqrt{5})$。

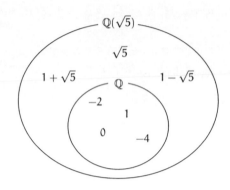

上述內容可以整理成：

方程式 $x^2 - 2x - 4 = 0$——

● 在體 $\mathbb{Q}$ 的範圍「無解」，可是——
● 在體 $\mathbb{Q}(\sqrt{5})$ 的範圍不是「無解」。

也可以這麼說，方程式 $x^2 - 2x - 4 = 0$——

● 在體 $\mathbb{Q}$ 的範圍不能解，可是——
● 在體 $\mathbb{Q}(\sqrt{5})$ 的範圍可以解。

明白如何用體的角度看方程式嗎？

到目前為止，我們都是用具體的方程式 $x^2 - 2x - 4 = 0$ 來思考。從現在開始，我們用一般化的方程式 $ax^2 + bx + c = 0$ 來思考。

為了避免「無解」，而加入 $\mathbb{Q}$ 的 $\sqrt{5}$，從哪來呢？

沒錯，$\sqrt{5}$ 是 $\sqrt{b^2 - 4ac}$。

把係數體設成 K，在 K 的範圍，方程式 $ax^2 + bx + c = 0$ 可能沒辦法解；是否可以解，決定於 $\sqrt{b^2 - 4ac}$ 是否屬於係數體 K。關鍵在

於 $b^2 - 4ac$ 是否為屬於係數體的數的二次方，這個關鍵的式子 $b^2 - 4ac$ 稱為二次方程式的**判別式**。

方程式 $ax^2 + bx + c = 0$——

- 在體 K 的範圍，有可能「無解」。
  可是，
- 在體 $K(\sqrt{b^2 - 4ac})$ 的範圍，不會「無解」。

也可以說：

- 在體 K 的範圍，方程式 $ax^2 + bx + c = 0$ 有可能沒辦法解。
  可是，
- 在體 $K(\sqrt{b^2 - 4ac})$ 的範圍，方程式 $ax^2 + bx + c = 0$ 可以解。

二次方程式的根必屬於這個體：

$$K(\sqrt{判別式})$$

好，這樣明白解方程式與體的關係嗎？

◎　◎　◎

「好，這樣明白解方程式與體的關係嗎？」

「這是……『一滴新的數』！」我說。

我想起自己對由梨說過：

只要撲通落下一滴 i 這個新的數，
$\mathbb{R}$ 便會變成 $\mathbb{C}$。

二次方程式的根和這個類似。

只要撲通落下一滴 $\sqrt{b^2 - 4ac}$ 這個新的數，
係數體 K 便會變成 $K(\sqrt{b^2 - 4ac})$。

在體 $K(\sqrt{b^2 - 4ac})$ 範圍內，二次方程式一定能解……

「放學時間到。」

圖書管理員瑞谷老師宣布。

我們的「數學之旅」中斷。

2.4.4　歸途

米爾迦、蒂蒂與我朝車站走去。

我的腦袋轉著今天的話題。

我認為根與係數的關係是「用係數表示根的和與積」。這是正確的，但是米爾迦卻表達為「用係數表示根的基本對稱多項式」，將係數的定義與「交換根」連結，讓「交換根」與「解方程式」產生連繫。

我認為公式解是「用係數表示根」並沒有錯，但是米爾迦則用體的觀點，重新掌握公式解。

體──可以加減乘除的數集合。

在係數體 K 的範圍內，二次方程式可能無解，因為無法運算 $\sqrt{b^2 - 4ac}$。

$$\sqrt{b^2 - 4ac} \text{ 屬於係數體嗎？}$$

由此觀點來看……$\sqrt{b^2 - 4ac}$ 如果屬於係數體，根也會屬於係數體，二次方程式才能在係數體 K 的範圍解開。

此外，米爾迦還談到在係數體添加 $\sqrt{b - 4ac}$。在係數體 K 添加 $\sqrt{b - 4ac}$ 所得到的體，寫為 $K(\sqrt{b - 4ac})$。二次方程式的根必屬於體 $K(\sqrt{b - 4ac})$，也就是說，在 $K(\sqrt{b - 4ac})$ 的範圍，二次方程式一定能解。

體的觀點……我還不太理解。不過，我知道這和強行解開方程式是不同的。

根與係數的關係。

公式解。

這兩個都是解方程式的基本概念。我原本以為自己已經理解這些觀念，可是如今看來沒那麼單純。如果我能站在更宏觀的觀點，看到新的視野，或許可以更深入理解。

「學長！」走在我前面的蒂蒂回頭說：「那個……學長暑假打算做什麼呢？」

暑假？

對啊，明天是暑假的第一天。我得用功準備考試，但是我好想盡情學習數學啊。

「做什麼——跟平常一樣，努力準備考試吧。我報名了補習班的暑期課程，上午應該會去上課；下午如果學校有開放，我或許會去圖書室做練習題。」

「暑期課程……這樣啊。」

「米爾迦呢？」我轉頭問：「米爾迦暑假要做什麼？」

「嗯？我要做很多事。」

「我！」蒂蒂大叫，「我聽了剛才的『體』，想重讀以前的筆記，再複習一次『體』與『群』。」

我打了噴嚏。

「你感冒了嗎？」

蒂蒂擔心地看著我，我回答：

「沒事啦。」

> 將判別式定義為「差積」的二次方
> 是因為二次方的判別式是對稱多項式……
> 可以用多項式的係數來表示。
> ——中島匠一《代數方程式與伽羅瓦理論》

No.

Date　．　．　．

「我」的筆記(配方法)

我在前面教由梨導出「二次方程式的公式解」的方法(p.31)，沒有出現分數，很容易變形式子，但必須意識到 $b^2 - 4ac$ 這個式子。

以下這個方法稱為配方法，雖然變形式子的部分有點困難，但可以自然導出目標形式：「含有 x 的式子」^{2}。

這是給定的二次方程式：

$$ax^2 + bx + c = 0$$

為了讓 x^2 的係數變成 1，兩邊除以係數 a。

$$x^2 + \frac{b}{a}x + \frac{c}{a} = 0$$

我們希望這個式子的左邊變形成：「含有 x 的式子」^{2}+「不含 x 的式子」。

要達到這個目標，一定要變成以下的形式。那麼，■是什麼呢？

$$x^2 + \frac{b}{a}x + \frac{c}{a} = \underbrace{\left(x + \blacksquare\right)^2}_{\text{「含有 } x \text{ 的式子」}^2} + \underbrace{\frac{c}{a} - \blacksquare^2}_{\text{「不含 } x \text{ 的式子」}}$$

$(x + \blacksquare)^2 = x^2 + 2\blacksquare x + \blacksquare^2$，$x$ 的係數等於 $\frac{b}{a}$，所以 $\blacksquare = \frac{b}{2a}$。

$$x^2 + \frac{b}{a}x + \frac{c}{a} = \left(x + \frac{b}{2a}\right)^2 + \frac{c}{a} - \blacksquare^2$$

No.

Date ・ ・ ・

因為 $\blacksquare = \dfrac{b}{2a}$，可以得到最後的項：

$$x^2 + \frac{b}{a}x + \frac{c}{a} = \left(x + \frac{b}{2a}\right)^2 + \frac{c}{a} - \left(\frac{b}{2a}\right)^2$$

接著，計算最後兩個項：

$$= \left(x + \frac{b}{2a}\right)^2 - \frac{b^2 - 4ac}{4a^2}$$

因為這個式子等於 0，所以可以導出以下式子：

$$\left(x + \frac{b}{2a}\right)^2 - \frac{b^2 - 4ac}{4a^2} = 0$$

因此，得到以下式子：

$$\left(x + \frac{b}{2a}\right)^2 = \frac{b^2 - 4ac}{4a^2}$$

如此一來，即導出二次方程式的公式解：

$$x = \frac{-b \pm \sqrt{b^2 - 4ac}}{2a}$$

配方法必須先做出 $(x + \blacksquare)^2$ 這個目標形式，展開後將出現 $\blacksquare^2$ 的項去掉，使左右一致。

第 3 章

探索形式

生命是什麼？
即使解剖軀體，也無法在其中找到生命。
心是什麼？
即使解剖腦袋，也無法在其中找到心。
生命與心遠超過「部分的和」，
尋找這樣的東西只是徒勞無功。
——馬文・閔斯基[1]

3.1　正三角形的形式

3.1.1　醫院

我才不是沒事。

當晚我發高燒，掛急診，辦理住院。持續一天的高燒退掉之後，我因為肺炎而無法馬上出院。

我在單人病房的床上，一個人昏昏沉沉地思考。

健康管理明明是考生的必修學分，我在幹什麼啊，真丟臉。

◎　◎　◎

「我來探病——」我聽到由梨的聲音，醒了過來。

「那個……你沒事吧？學長。」蒂蒂的聲音傳來。

「嗯……」我發出還沒睡醒的聲音。我的眼鏡放在邊桌上，視線很模糊，「妳們兩個一起來嗎？」

---

1 《心的社會》(安西祐一郎譯)

「不是！由梨先來的！」

「我在醫院的入口剛好遇到她。」蒂蒂說。

「哥哥，之前『撲通向下』的話題，我們談得好開心呢！」由梨攤開折疊椅坐下。

「『撲通向下』是什麼？」蒂蒂隔著床，坐在由梨的另一側。

我戴上眼鏡，看見兩人都戴著口罩。

「她在講『畫鬼腳』。」我起身說：「由梨，把那張圖給蒂蒂看，反正妳帶來了吧？」

「哥哥你要躺著才行啦。」

由梨拿出包包裡的筆記本，放在我床上。

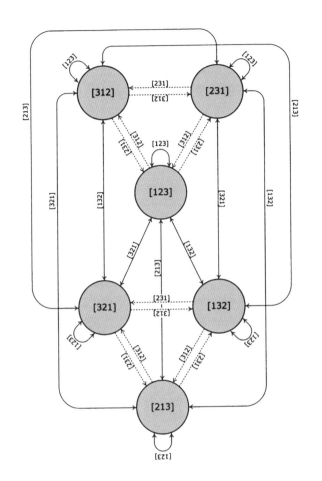

三條直線的畫鬼腳圖(由梨)

　　由梨隔著我的床，開始向蒂蒂說明這張圖。一開始由梨雖然解釋得不太流利，但善於傾聽的蒂蒂懂得插話助興，使氣氛熱絡起來。

　　「由梨想要深入研究這個！」

　　蒂蒂凝視著圖。

　　「小由梨，我可以說說我的發現嗎？」

　　元氣少女蒂蒂只要一面對由梨，就會變成姊姊模式，談吐優雅。

　　「咦？」由梨一臉詫異，「可以啊！」

　　「我覺得這個看起來像正三角形。」

　　「怎麼說？」

　　「首先，我用正三角形來表示畫鬼腳的[123]吧。」

◎　◎　◎

　　首先，我用正三角形 來表示畫鬼腳的[123]吧。頂點的名稱從上面逆時針下來，依序為1,2,3，為了讓方向清楚，正三角形裡面畫上「∠」。

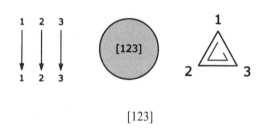

[123]

[231]的情形是這樣：

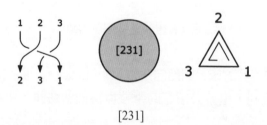

[231]

　　接著思考該怎麼把[123]變成[231]。當然，只要把正三角形往右旋轉120°即可。因此，畫個旋轉記號 ◯ 。此時，正三角形的三個

頂點全部移動,沒有位置維持不變的頂點。剛剛我聽到小由梨說「繞圈圈」時,冒出一個想法:「好像在旋轉正三角形」

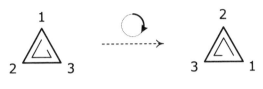

以「旋轉」,將[123]變成[231]

以兩次「旋轉」,將[123]變成[312]

不過,旋轉[123]能夠得到的只有[231]、[312]與[123]。不管怎麼旋轉[123],都沒辦法得到[132]、[213]、[321]。要得到它們,必須翻轉,像小由梨說的「迅速轉換」。翻轉取對稱軸的方式有三種,不管哪種,都會置換兩個頂點,而對稱軸上的頂點不變。

以「翻轉」,將[123]變成[132]

以「翻轉」,將[123]變成[213]

以「**翻轉**」，將[123]變成[321]

另外，「撲通向下」是「維持原樣」。正三角形的三個頂點都不動，維持原樣。

[123]維持[123]

如上所述，小由梨說明的畫鬼腳像正三角形。

◎　◎　◎

「小由梨，我可以把這個畫進去嗎？」
蒂蒂(姊姊模式)得到由梨的同意，畫起圖來。

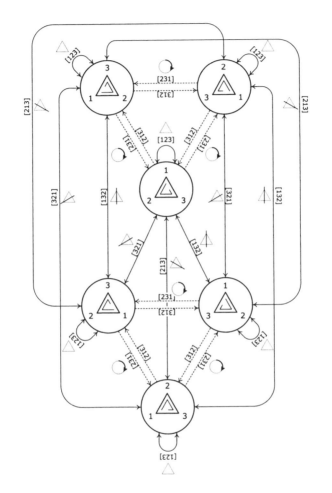

正三角形的圖(蒂蒂)

我看一眼由梨，暗自覺得她應該很討厭蒂蒂插手她的「研究」。

我栗色馬尾的表妹由梨小姐，一臉認真地盯著圖，接著說：

「蒂德菈同學……好厲害！真有趣！」

「謝謝，但是我不懂妳的意思。」蒂蒂側首，一臉疑惑。

　　「正三角形好厲害！完全吻合！」由梨大叫，在圖上標明對應關係，「畫鬼腳『撲通向下』與正三角形的『維持原樣』都有一種；『迅速轉換』與『翻轉』都有三種；『繞圈圈』與『旋轉』都有兩種，完全吻合！」

　　「是啊。」我說：「[312]也可以想成逆向旋轉。」

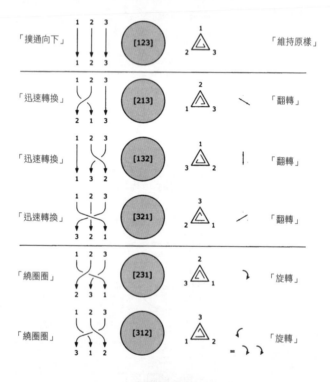

標記的對應

　　「米爾迦學姊說過『對稱性指一種維持不變的性質』。」蒂蒂緩慢地說：「我好像有點明白對稱性與不變性的關係了，『撲通向下』是3點不變；『迅速轉換』是1點不變；『繞圈圈』則是0點不變。」

　　「……哇！」我忘記自己發燒，非常激動。的確是這樣，對稱

性與不變性——這個呼應到底是什麼呢？

「『維持原樣』、『翻轉』、『旋轉』恰好對應於正三角形的所有對稱關係，也對應於三條直線畫鬼腳的『撲通向下』、『迅速轉換』、『繞圈圈』。所以，我有——

可以用正三角形來表示三條直線的畫鬼腳

——這種感覺。」

我忽然覺得蒂蒂好像手做精巧鑲嵌木工藝的少女。

「蒂德菈同學。」由梨說：「由梨想把這個當作暑假作業的報告。這張圖是三條直線的畫鬼腳，共有六種排列模式。由梨接下來想研究四條直線的畫鬼腳，4！＝24，總共有二十四種排列模式。我歸納好，我想請妳看……可以嗎？」

「咦？我嗎？」蒂蒂指著自己的鼻子說：「可是，小由梨不是有專任老師嗎……」

由梨的專任老師指的是我。

「但是哥哥一直說他要考試。」

「我是沒關係啦……」

不久，病房的會面時間結束。

「我還想再待一會兒喵嗚～」由梨說。

「但是學長會累。」蒂蒂說。

「這樣啊……再見吧，哥哥！」

由梨與蒂蒂，

$$1 \quad 1 \quad 2 \quad 3\cdots\cdots$$

一邊逐一豎起手指數，一邊揮手。

那是斐波那契手勢。

是蒂蒂想出的，數學愛好者的打招呼方式。

我將手攤開，回應她們。

……5

兩名少女離去。

討論數學讓我很開心，但我有點累。

3.1.2　再次發燒

「39.2°。」護士小姐說：「體溫突然升高。」

發燒好痛苦，喉嚨很痛。我在床上翻身幾次，但身體好像不是自己的。我很想入睡，卻難受到睡不著，而且無法完全保持清醒——感覺好奇怪。

然後，我做了夢。

我走進森林，樹上纏著藤蔓。好幾條藤蔓從地面往上攀爬、纏繞樹木，藤蔓有很多種攀爬與纏繞的方式。不行，我得解開。不對，不解開也沒關係，計算數量吧。

我不再思考藤蔓，改為思考樹木；接著我又放棄思考樹木，改為思考森林。只要知道森林的大小就能知道樹木的數量，只要知道樹木的數量就能明白模式的數量。啊啊，明明只要飛到空中我便能掌握森林的全貌。

松鼠與小貓竄過我腳邊，爬上一棵美麗的樹。

那棵樹對我說：

——待會再飛上空中。

咦？

——你發燒，先休息吧。

誰？

——好了，安靜。

隨著那道聲音淡去,我的嘴脣覆上一片柔軟的觸感。

(好溫暖)

我被寧靜包裹,陷入深深的睡眠。

3.1.3 夢的結局

「我拿換洗衣物來。」

母親的聲音喚醒我。

「嗯——退燒了。」

母親將手放在我的額頭,她的手冰冰涼涼的,好舒服。

「我好多了。」我說:「好像有做夢。」

「哎呀,你住院還做數學嗎?」母親看到床上的筆記本。

「由梨和蒂蒂來過……奇怪!媽媽,給我看筆記本。」

不知為何,筆記的內容竟然增加了!

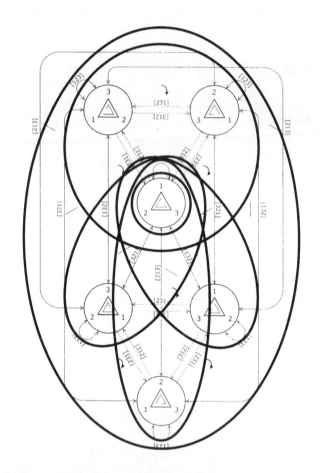

「小由梨她們來過吧？有三個人打電話來問候你，那些女孩子真可愛啊。欸，你要喝梅昆布茶嗎？」

這張圖是什麼……是誰畫的？

「等一下，媽媽，妳說三個人？」

「小由梨、蒂德菈同學──還有米爾迦同學。」

3.2　對稱群的形式

3.2.1　圖書室

「啊，是米爾迦大小姐！」由梨揮手。

這裡是高中的圖書室。

由梨央求我帶她去高中。圖書室裡，米爾迦正在和蒂蒂說話。

「身體沒事了嗎？」蒂蒂問。

「沒事，謝謝。」

我過四天才康復出院。

「米爾迦學姊前幾天也在打噴嚏。」蒂蒂說。

「我有嗎？」米爾迦反問。

「那件制服好讓人懷念。」蒂蒂看著由梨說。

「是嗎？」由梨看著自己的制服，「哥哥跟我說──絕對不可以穿便服！」

蒂蒂和由梨正在談國中的事情，我把那張留在病房的圖拿給米爾迦看。

「這張圖是米爾迦畫的吧，妳來過醫院，而我睡著了吧？」

「我不知道你在說什麼。」米爾迦一臉正經地說。

「嗯，我沒發現妳來過，或許我在做夢。」

「這張圖為什麼要用圓圈記號括起來？」

「啊……我不明白。」

「這是子群。」

「子群？」

「米爾迦大小姐！」由梨插話，「妳總是只和哥哥他們討論數學呢！在這難得的暑假，請讓由梨也聽得懂吧。」

由梨很崇拜米爾迦，叫她米爾迦大小姐，由梨今天也很期待可以被米爾迦教數學。

我們在圖書室角落的座位，圍著米爾迦坐下。

「我用由梨的畫鬼腳來談群論吧。」

高中三年級的米爾迦、我、高中二年級的蒂蒂，以及國中三年級的由梨——展開群論的夏季之旅。

3.2.2　群的公理

我用由梨的畫鬼腳來談群論吧。

三條直線的畫鬼腳共有六種排列模式。以 1,2,3 如何交換、排列的觀點來看，本質上相異的畫鬼腳有六個，我們將這個集合命名為 S_3 吧。

$$S_3 = \{[123], [132], [213], [231], [312], [321]\}$$

這很單純，只是排列畫鬼腳，用 { } 括起來。S_3 是三條直線畫鬼腳所有排列模式的集合。

這個集合的六個模式都有自己的特徵，且互相有關係。

由梨將畫鬼腳稱為「撲通向下」、「迅速轉換」、「繞圈圈」，是想表達它們的特徵，而由梨畫的圖，是想表達畫鬼腳的關係吧。

集合 S_3 的結構擁有數學性結構。這個數學性結構是我們想更加理解、把握，並記述的。

因此，我們使用一個基本的數學性結構——「群」。

讓我們把群的結構加入集合 S_3，來學習群的定義吧。

◎　◎　◎

「米爾迦學姊，為什麼叫作 S_3 呢？」蒂蒂問：「S_3 的 3 是『三條直線』的 3，那『S』是……」

「『S』是 Symmetry 的 S。」米爾迦回答。

「西米德利？」由梨說。

「日語發音成『西米德利』。」蒂蒂說：「是對稱的意思？」

「群 S_3 稱為三次的**對稱群**，英語是 Symmetric Group。」

「米爾迦大小姐，妳說的群論由梨能聽懂嗎？」

「能。」米爾迦說：「可是，一開始接觸群論的人，因為概念很抽象，會覺得很難，因而開始害怕群論的基礎——群的公理 G1, G2, G3, G4。」

群的定義(群的公理)

滿足以下公理的集合，稱為**群**。

G1　運算 ⋆ 具封閉性。

G2　對於任意的元素而言，**結合律**成立。

G3　存在**單位元素**。

G4　對於任意的元素，存在此元素的**反元素**。

「……好難。」由梨小聲說。

「沒關係，我們有具體的『畫鬼腳』。」米爾迦說：「畫鬼腳所有排列模式的集合，滿足群的公理，構成群。只要透過畫鬼腳來理解群論，便能突破最初的難關。群是——」

米爾迦放低聲音，把臉湊近由梨。

「群是——天才伽羅瓦留給我們的遺產。」

「遺產？」由梨說。

「對，遺產。為了掌握方程式的形式，伽羅瓦發表『群』的概念，這個遺產由後來的數學家整理歸納成公理。在現代，理解群的公理，是接收伽羅瓦遺產的關鍵。由梨最喜歡的哥哥和蒂德菈已經

接收伽羅瓦的遺產,由梨也要接收嗎?」

「是的,米爾迦大小姐。」由梨一臉認真地說。

群的公理 G1(運算 ★ 具封閉性)

首先,我們要定義運算 ★。

將「畫鬼腳 x 的下面接上畫鬼腳 y」表示為——

$$x \star y$$

如此一來,我們便能定義運算 ★。我們運用運算 ★,便能以算式的形式表達畫鬼腳的接合。

舉例來說,「[312]的下面接上[321],變成[213]」可以寫成以下式子:

$$[312] \star [321] = [213]$$

若 x 是三條直線畫鬼腳,y 也是三條直線畫鬼腳,接合這兩個畫鬼腳的 $x \star y$ 就是三條直線畫鬼腳。

換句話說,若 x 是集合 S_3 的**元素**,y 也是集合 S_3 的元素,$x \star y$ 就是集合 S_3 的元素。集合的元素也稱為集合的**元**,意思完全相同。

用算式來表示則為:$x \in S_3$,$y \in S_3$,$x \star y \in S_3$ 成立。

這特性稱為「封閉性」。

三條直線畫鬼腳的下面接上三條直線畫鬼腳,仍是三條直線畫鬼腳,不會突然變成五條直線畫鬼腳,S_3 所說的「運算 ★ 具封閉性」就是這個意思。這是第一個群的公理 G1。

群的公理 G1 主張「運算 ★ 具封閉性」。

◎　◎　◎

「這是運算 ★ 的運算表!」蒂蒂給我們看筆記本。

★	[123]	[132]	[213]	[231]	[312]	[321]
[123]	[123]	[132]	[213]	[231]	[312]	[321]
[132]	[132]	[123]	[312]	[321]	[213]	[231]
[213]	[213]	[231]	[123]	[132]	[321]	[312]
[231]	[231]	[213]	[321]	[312]	[123]	[132]
[312]	[312]	[321]	[132]	[123]	[231]	[213]
[321]	[321]	[312]	[231]	[213]	[132]	[123]

$x \star y$ 的運算表(灰色是[312]★[321]＝[213]的部分)

「咦……蒂德菈同學，這是妳剛才寫的？」由梨問。

「對，我邊聽米爾迦學姊的說明邊寫下的。」蒂蒂笑嘻嘻地說。

蒂蒂理解得真是快啊，竟然這麼快看透所有運算。

「嗯嗯……那個啊，米爾迦大小姐。」由梨一臉老實地說：「★這樣的記號，可以隨便決定嗎？」

「只要有**定義**就可以。」米爾迦立刻回答。

「定義？」

「$x \star y$ 定義為『x 的下面接上 y』，定義很明確。只要好好定義，想用什麼記號都沒關係。」

「我知道。」由梨很老實地回答。

「對某個集合定義『滿足群公理的運算』，就是為這個集合『加入群的結構』。」米爾迦說：「來做小測驗吧。」

$$[231] \star [213] = ?$$

「呃……」由梨戴上眼鏡，在紙上畫鬼腳。

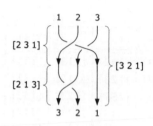

[231]★[213]的計算

「是這樣嗎？」

$$[231]★[213]=[321]$$

「沒錯。現在由梨回過頭來用畫鬼腳來思考，便是回歸定義來思考，很正確。」

「定義好有趣！米爾迦大小姐。」由梨莫名喜不自禁地說：「自己思考，自己定義，好開心！」

「下個小測驗。以下式子成立嗎？」米爾迦淡淡地提問。

$$[231]★[213]=[213]★[231]　　（？）$$

「不成立！」由梨思考一會，隨即回答：「因為雖然[231]★[213]=[321]，可是[213]★[231]=[132]，所以[321]≠[132]。」

「沒錯。對於這個運算★，交換法則不成立。」

「$x★y$ 與 $y★x$ 總是不相等呢。」蒂蒂說。

「蒂德菈同學，不是這樣。」由梨反駁，「$x★y$ 與 $y★x$ 是不一定相等，不是不相等。」

「啊，對、對啊。」蒂蒂臉紅，「$x★y=y★x$ 可能成立 ……例如，$x★[123]=[123]★x$。」

「而且，如果 $x=y$，則 $x★y$ 永遠等於 $y★x$！」由梨說。

我總覺得蒂蒂與由梨之間，火藥味有點重。

「讓我們進一步探討群的公理吧。」米爾迦說。

群的公理 G2(結合律成立)

結合律意指，不管 x, y, z 是什麼，$(x \star y) \star z = x \star (y \star z)$ 都成立。這個法則在畫鬼腳的情況確實成立，因為不管左邊或右邊，x, y, z 這三個畫鬼腳都是按照順序接合。

群的公理 G2 主張，對於群「結合律成立」。

$$(x \star y) \star z = x \star (y \star z)$$

首先是左邊，在 $x \star y$ 畫鬼腳下面接上 z，成為 $(x \star y) \star z$。

然後是右邊，在 x 畫鬼腳下面接上 $y \star z$，成為 $x \star (y \star z)$。

只要有結合律，$(x \star y) \star z$ 和 $x \star (y \star z)$ 就可以去掉括弧，寫成 $x \star y \star z$。

群的公理 G3(存在單位元素)

群的公理 G3 主張群「存在單位元素」。

單位元素的定義如下：

單位元素的定義

對集合內的任意元素 a 而言，我們將滿足以下式子的元素 e，稱為元素 a 在運算 $\star$ 上的單位元素。

$$a \star e = e \star a = a$$

用畫鬼腳來思考，「撲通向下」畫鬼腳是單位元素，因為對於任意的畫鬼腳 a 而言——

$$a \star [123] = [123] \star a = a$$

——以上式子成立。對集合內所有的畫鬼腳 a 而言，接在「撲通向下」下面的畫鬼腳是 a，相反地，在 a 的上面接「撲通向下」的畫鬼腳依舊是 a。

◎　◯　◯

「單位元素像加法中的 0，也像乘法中的 1。」蒂蒂以姊姊模式對由梨說話。

「什麼意思？」

「意思是，0 不管加什麼都不變，1 不管乘以什麼都不變。」

「啊！對喔！0 不管加什麼都不變，1 不管乘以什麼都不變，畫鬼腳接上[123]也不變！」由梨說。

「我們往下談群的公理 G4 吧。」米爾迦說。

群的公理 G4(存在反元素)

群的公理 G4 主張群的「所有元素都有反元素」。反元素的定義如下：

反元素的定義

對元素 a 而言，當元素 b 滿足以下式子，b 稱為 a 的反元素。

$$a \star b = b \star a = e$$

而 e 是單位元素。

舉例來說，[231]的反元素是滿足以下式子的畫鬼腳 b。也就是

說，[231]的反元素是只要接在[231]的下面，便能使[231]變成單位
元素[123]的畫鬼腳。

$$[231] \star b = [123]$$

我們能馬上知道滿足此式的 b 是[312]，因為[312]是[231]倒轉
的「繞圈圈」。亦即，以下式子成立：

$$[231] \star [312] = [123]$$

我們用畫鬼腳來思考吧。「畫鬼腳的反元素」是在水平鏡面上
映照畫鬼腳，形成上下反轉的畫鬼腳，因此調換位置的數字會剛好
回到原位。

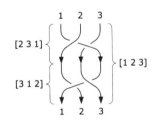

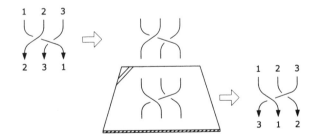

[231]的反元素是[312](用鏡面上下反轉)

每個元素都有自己的反元素，不同的元素有不同的反元素。以
S_3 的情況來說，每個元素的反元素是⋯⋯

◎　○　○

「以 S_3 的情況來說，每個元素的反元素是……」米爾迦說。

「我畫好表格了！」蒂蒂立刻給我們看筆記本。

元素	[123]	[132]	[213]	[231]	[312]	[321]
反元素	[123]	[132]	[213]	[312]	[231]	[321]

「很不錯。」米爾迦說。

「蒂蒂妳好快啊！」我說。

「哼──」由梨哼聲。

「請看運算表上，運算結果為單位元素[123]的地方，看這張表便能馬上知道哪些元素彼此互為反元素。」蒂蒂說。

★	[123]	[132]	[213]	[231]	[312]	[321]
[123]	[123]	[132]	[213]	[231]	[312]	[321]
[132]	[132]	[123]	[312]	[321]	[213]	[231]
[213]	[213]	[231]	[123]	[132]	[321]	[312]
[231]	[231]	[213]	[321]	[312]	[123]	[132]
[312]	[312]	[321]	[132]	[123]	[231]	[213]
[321]	[321]	[312]	[231]	[213]	[132]	[123]

y（上方）　x（左側）

運算結果為[123]的地方

「那麼。」米爾迦環視我們，「到這裡為止，我們用運算★定義了三條直線畫鬼腳所有排列模式的集合 S_3，滿足所有的群公理。所以──」

能言善道的才女，張開雙臂宣布：

「我們透過定義運算★，使三條直線畫鬼腳所有排列模式的集

合 S_3 構成群。」

3.2.3　公理與定義

「米爾迦大小姐，我還是覺得很難。」由梨說：「為什麼要思考群公理……為什麼呢？」

「等同看待。」米爾迦說。

「啊喵？」由梨發出奇怪的聲音。

「『畫鬼腳的接合』與『正三角形的旋轉』……在群之下，能夠將這兩者等同看待。」米爾迦說：「一個集合只要能滿足 G1 到 G4 的公理，就是群。用 G1 到 G4 的公理能夠證明的定理，對所有的群都成立。所有的集合，在群這個名稱之下，都可以等同看待。」

「我不太懂喵。」由梨說。

「我們來看看以下的問題吧。」

問題 3-1(單位元素的個數)

擁有兩個單位元素的群存在嗎？

「不存在！」由梨回答。

「為什麼？」

「咦？因為……畫鬼腳的『撲通向下』只有一個。」

「對，三條直線畫鬼腳的群當中，單位元素的確只有[123]。但是，無論是怎樣的群都只有一個單位元素都嗎？妳可以證明嗎？」

「米爾迦大小姐……沒有指定一個群，要我證明也太勉強！」

「那麼請由梨的哥哥來證明吧。」

好好好，我就知道會點到我。

「現在開始我們來證明『不存在擁有兩個單位元素的群』。」

我說。

◎ ◎ ◎

現在開始我們來證明「不存在兩個單位元素的群」。

我們先假定一個群，稱為 G。

根據群的公理 G3，可以從群 G 選出具有單位元素性質的元素。

假設我們選擇 e 與 f，當成具有單位元素性質的元素。

以下內容顯示 $e = f$ 成立。

因為 e 是單位元素，所以對於 G 的元素 g 而言，以下式子成立 (單位元素的定義)：

$$e \star g = g$$

因為 f 是單位元素，所以對於元素 g 而言，以下式子成立(單位元素的定義)：

$$f \star g = g$$

$e \star g$ 與 $f \star g$ 都等於 g，因此以下式子成立：

$$e \star g = f \star g$$

根據群的公理 G4，元素 g 擁有反元素。

假設元素 g 的反元素是 h，上式的兩邊乘以 h，則以下式子成立：

$$(e \star g) \star h = (f \star g) \star h$$

根據群的公理 G2，群 G 的結合律成立，所以上式的括弧位置可以改成：

$$e \star (g \star h) = f \star (g \star h)$$

元素 h 是元素 g 的反元素,所以 $g \star h$ 等於單位元素(反元素的定義)。

因為 $g \star h$ 是單位元素,所以左邊 $e \star (g \star h)$ 等於 e,右邊 $f \star (g \star h)$ 等於 f(單位元素的定義)。因此,以下式子成立:

$$e = f$$

根據以上內容,我們證明從群 G 選出的兩個具有單位元素性質的元素,其實相等。

因此,不存在擁有兩個單位元素的群。

證明結束。

◎　◎　◎

「證明結束。」我說。

「這證明好厲害!」由梨讚嘆。

「哪一點厲害?」米爾迦問。

「可以不用一個個去思考所有的群,便能簡潔有力地說『不存在擁有兩個單位元素的群』——」

「由梨喜歡邏輯的力量吧。」我說:「能夠簡潔有力地下結論,是因為『群』由群的公理所定義,亦即『公理創造定義』。」

「公理創造定義……」由梨皺起眉頭思考。

解答 3-1(單位元素的個數)
不存在擁有兩個單位元素的群。

3.3　循環群的形式

3.3.1　往「學樂」前進

「要不要稍微休息一下？」

討論一陣子群論以後，蒂蒂提議。

我們踏出開著冷氣的校舍，酷熱的陽光罩下。

「好熱！」由梨大叫，「蒂德菈同學，為什麼妳能馬上理解群論？」

「馬上理解什麼？」

「妳快速畫出群的運算表，迅速地製作反元素的表，簡直像和米爾迦大小姐事先討論過。」

「那個啊，小由梨，我以前聽米爾迦學姊說過群的定義，群的公理我已懂，剛才我思考的是群的公理如何運用於集合 S_3，於是我一邊聽米爾迦學姊說話，一邊畫下表。」

「高中會教『群論』嗎？」

「高中不會教。」我說：「妳得自己讀相關的書籍。」

「自己學嗎……」

3.3.2　結構

「學樂」是本校的學生活動中心，休息時間或放學後學生會聚在這裡打發時間。現在是暑假，販賣部停止營業，我們買了自動販賣機的飲料，移動到開著冷氣的學生餐廳，覺得很放鬆。

「好哇──好涼快！」由梨說著。

「米爾迦學姊，結構到底是什麼？」蒂蒂邊喝飲料邊說：「米爾迦學姊剛才說的『structure』給人建築物結構的感覺，好像它有具體的形狀，以及交錯的梁柱。」蒂蒂擺弄手指，拚命用手勢表現「結構」。

「我們來思考『有結構的東西』與『無結構的東西』吧。」米
爾迦邊喝冰咖啡邊說：「如蒂德菈所說，建築物有結構，機械也有
結構，可是氣體和液體沒有結構。有結構的東西能分成各個『部
分』，這些部分可以命名、比較、交換，或思考彼此的關係。」

「原來如此，的確，就像建築物的一樓與二樓吧。」

「氣體與液體也有分子結構吧。」我說。

「沒錯。」米爾迦同意，「只要觀點改變，結構的概念就會改
變。這是宏觀結構、微觀結構的差異。」

「集合和群也可以被分成『部分』嗎？」蒂蒂問。

「集合可以分成子集；群可以分成子群。」米爾迦說。

3.3.3　子群

「集合的一部分是子集。若挑出 S_3 的所有『迅速轉換』，彙
整成 X 集合，X 便是『迅速轉換』全體的集合，也是 S_3 的子集。」

$$S_3 = \{\ [123],\ [132],\ [213],\ [231],\ [312],\ [321]\}$$
$$X = \{\qquad\quad [132],\ [213],\qquad\qquad\quad [321]\}$$

「集合 X 與集合 S_3 的關係，可以用 $X \subset S_3$ 的 $\subset$ 記號來表示，意
指『集合 X 包含於集合 S_3』或『X 是 S_3 的子集』，S_3 本身即是 S_3
的子集 [2]，擁有 0 個元素的空集合也是 S_3 的子集。」

$$X \subset S_3 \qquad\quad X\ 是\ S_3\ 的子集$$
$$S_3 \subset S_3 \qquad\quad S_3\ 本身是\ S_3\ 的子集$$
$$\{\} \subset S_3 \qquad\quad 空集合是\ S_3\ 的子集$$

「原來如此。」蒂蒂說，由梨也點頭。

2　包含自己本身時，使用 $\subseteq$ 記號；不包含自己本身時，使用 $\subset$ 記號。

「同於集合的子集，我們可以思考群的子群。」

「把子集視為群。」蒂蒂說。

「沒錯，不過思考子群必須小心。我們做個小測驗吧。」

群的一部分一定是群嗎？

「不是群……不一定是，米爾迦大小姐。」由梨說。

「為什麼？」

「因為也許不滿足。」由梨說。

「由梨妳可以回答得更確切。」米爾迦立即追問：「什麼不滿足什麼？」。

「群的一部分……呃。」由梨一邊斟酌用詞一邊說：「因為群的一部分不一定滿足群的公理。」

「沒錯，由梨妳懂了。」米爾迦把手放在由梨頭上，「集合的一部分通常是子集，可是子群不是這樣，群的一部分不一定是子群。舉例來說，『迅速轉換』的全體集合 X 不是 S_3 的子群，因為 X 不是群──蒂德菈，這是為什麼？」

$$X = \{[132],\ [213],\ [321]\} \qquad \text{不是群}$$

「因為這個集合 X 沒有單位元素，不滿足群的公理 G3，所以 X 不是群。」

「啊！這是那張圖嘛！」我大叫，「米爾迦畫的圓圈記號是 S_3 的所有子群，所有圓圈記號裡面都有單位元素[123]！」

「沒錯，圓圈記號總共有六個……」

米爾迦開始說明。

◎　◎　◎

圓圈記號總共有六個，是 S_3 的所有子群。

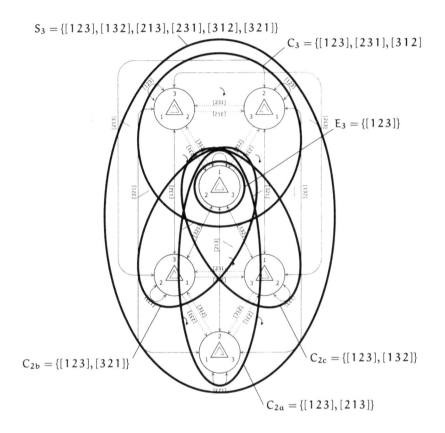

對稱群 S_3 的子群

$$S_3 = \{[123], \quad [132], \quad [213], \quad [231], \quad [312], \quad [321]\}$$
$$C_3 = \{[123], \quad [231], \quad [312]\}$$
$$C_{2a} = \{[123], \quad [213]\}$$
$$C_{2b} = \{[123], \quad [321]\}$$
$$C_{2c} = \{[123], \quad [132]\}$$
$$E_3 = \{[123]\}$$

對稱群 S_3 的子群

S_3 是 S_3 本身的子群,是三次對稱群。

C_3 是用「繞圈圈」形成的群,是 S_3 的子群,可以對應於蒂德菈所描繪的正三角形的「旋轉」,只要重覆三次 120° 的旋轉即恢復原狀。反元素則是三次 −120° 的旋轉,稱為三次循環群。

C_{2a}, C_{2b}, C_{2c} 是「迅速轉換」形成的群,是 S_3 的子群,對應於正三角形的「翻轉」,只要翻轉兩次即恢復原狀,稱為二次循環群。C_{2a}, C_{2b}, C_{2c} 的差異在於,翻轉所依據的中心軸——對稱軸。

E_3 是「撲通向下」形成的群,是只有一個元素的群,只以單位元素組成,是 S_3 的子群,稱為單位群。

由梨,妳有什麼問題嗎?

◎　◎　◎

「由梨,妳有什麼問題嗎?」

「米爾迦大小姐『S_3 是 S_3 本身的子集』和『S_3 是 S_3 本身的子群』很像。」

「嗯……所以呢?」

我看著米爾迦,她已經看穿由梨接下來要說什麼。但是,她好像故意要由梨自己說出來。

「既然這樣。」由梨左思右想繼續發問:「空集合是 S_3 的子集,所以空集合應該也是 S_3 的子群吧?」

「小由梨,空集合是——嗚!」

「蒂德菈請保持沉默。」米爾迦的手捂住蒂蒂正要解說的嘴。

米爾迦維持這個姿勢,像歌唱地說:

「由梨,由梨,喜歡邏輯的由梨,

空集合是 S_3 的子群嗎?

這個問題,妳能回答嗎?」

「咦?」

一瞬間。

由梨腦中好像有什麼轉了一圈。

「啊！空集合沒有元素啊！連單位元素都沒有，空集合不是群！」

「對。」米爾迦點頭。

「嗚嗚。」被搗住嘴的蒂蒂也點頭。

「來複習吧。」米爾迦放開搗住蒂蒂嘴巴的手，為我們總結：「我們正在探索對稱群 S_3 的結構，S_3 的子群總共有六個，這是 S_3 的特徵之一。」

3.3.4　基數

「嘴巴突然被搗住嚇了我一跳。」被放開的蒂蒂說。

「因為這個問題如果不讓由梨回答會很無趣。」米爾迦說。

「群論好有趣！」由梨說。

「我們多學一個與對稱群 S_3 有關的名詞吧。」米爾迦說：「群擁有的元素數量稱為**基數**。對稱群 S_3 的基數是 6。」

「基數能表示群的大小吧，基數越大群越大；基數越小群越小。」

「好吧，某種意義上來說是這樣。」米爾迦說：「掌握『大小』也算是探索結構的基本。」

「『計算數量』是數學愛好者的基本……」由梨嘟囔。

「基數是 6 的群只有 S_3 嗎？」蒂蒂問。

「問得好。找出概念、定義用語，產生求知的渴望，便會發現問題。剛才蒂德菈的提問——

　　除了對稱群 S_3，還有基數是 6 的群嗎？

這種求知的念頭是推進數學研究的動力。」

「呃，那麼，那個，答案是？」蒂蒂說。

「我馬上回答不是很無趣嗎？」

問題 3-2(基數是 6 的群)

除了對稱群 S_3，基數是 6 的群存在嗎？

3.3.5　循環群

我們收拾飲料罐，覺得回去圖書室很麻煩，所以直接在「學樂」繼續討論。我們現在需要的並非陳列在圖書室的書。

「剛才米爾迦大小姐說 C_3 是循環群……循環群是什麼？」由梨問。

$$C_3 = \{[123],\ [231],\ [312]\}$$

「循環群是繞一圈的群。」蒂蒂說：「循環就是使整體繞一圈，回到原點的感覺。」

「蒂德菈，妳能做數學上的解釋嗎？」米爾迦說。

「能。」

「來出小測驗吧。蒂德菈懂循環群吧，請妳以數學方式定義循環群。」

定義循環群吧。

「**定義是理解的再確認**」，我想這是「舉例是理解的試金石」的下一步驟。我們已經舉過循環群的例子，初步理解什麼是循環群，接下來該進行「舉例」的下一步驟——自己「定義」。

「因為是循環群，元素會繞一圈……」蒂蒂說：「繞圈……抱歉，我不行，腦袋裡雖然浮現三角形一圈圈旋轉的樣子，但沒辦法做數學的定義。我想——我還是不懂。」

「你呢？」

「循環群的定義。」我說：「循環的確是使整體繞一圈回到原點，但我認為更精準地說，循環群的『循環』是『重覆相同動作』。」

「相同動作是什麼？」由梨問。

「我覺得是『以相同元素重覆運算』。例如，元素[231]重覆運算，會繞一圈，回復原狀。」我說。

```
[231]                                           = [231]
[231]⋆[231]                                     = [312]
[231]⋆[231]⋆[231]                               = [123]
[231]⋆[231]⋆[231]⋆[231]                         = [231] ←回復原狀！
[231]⋆[231]⋆[231]⋆[231]⋆[231]                   = [312]
[231]⋆[231]⋆[231]⋆[231]⋆[231]⋆[231]             = [123]
[231]⋆[231]⋆[231]⋆[231]⋆[231]⋆[231]⋆[231]       = [231] ←再次回復原狀！
                                                      ⋮
```

「咦——」

「運算所得的元素只有[231],[312],[123]這三個。」我說：「而且，這三個可以涵蓋 C_3 的所有元素。」

$$C_3 = \{[123], \ [231], \ [312]\}$$

「你說的雖然正確，但是太囉嗦。」米爾迦說。

「循環群的定義可以用一句話說完——

『循環群是以一個元素形成的群』

——可以這麼說。」

「以一個元素形成——這樣定義可以嗎？」我說。

「用 C_3 來說明吧。假設只用一個元素——[231]重覆運算。一次運算稱為**積**，重覆的積稱為**冪次**，你剛才做的事情是[231]的冪

次，也就是一次方、二次方、三次方……的運算。」

「這麼說來，哥哥！[231]的重覆運算是畫鬼腳的二次方吧。」
由梨說。

「是啊。」我說。

「你關注的是四次方或七次方的『回復原狀』，你這樣想沒有錯，不過請注意出現於三次方或六次方的『單位元素』。」

$$[231]^1 = [231]$$
$$[231]^2 = [312]$$
$$[231]^3 = [123] \quad ←單位元素！$$
$$[231]^4 = [231] \quad ←回復原狀！$$
$$[231]^5 = [312]$$
$$[231]^6 = [123] \quad ←單位元素！$$
$$[231]^7 = [231] \quad ←回復原狀！$$
$$\vdots$$

「原來如此……單位元素出現，會發生回復的情況，從頭開始，我抓到循環群的感覺了。」蒂蒂說。

「所以，C_3 也可以寫成以下形式。」米爾迦說。

$$C_3 = \{[231]^1, \ [231]^2, \ [231]^3\}$$

「的確，C_3 是由[231]這一個元素形成的。」蒂蒂說：「是[231]啊」。

「此時[231]稱為 C_3 的**生成元素**。」米爾迦說。

「生成元素……」由梨覆述。

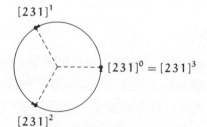

「寫成一般式。」米爾迦繼續說：「假設生成元素是 a，基數等於 n 的循環群則是以下形式。單位元素是 a^n。」

$$\{a^1, a^2, a^3, \ldots, a^{n-1}, a^n\}$$

「那個……單位元素也可以寫成 a^0 吧？」蒂蒂問。

「可以，$a^0 = a^n = $ 單位元素，所以循環群也可以寫成——」

$$\{a^0, a^1, a^2, a^3, \ldots, a^{n-1}\}$$

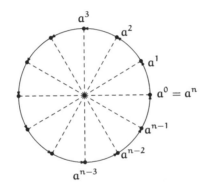

3.3.6　阿貝爾群

「來做做看這個小測驗吧！」米爾迦說。

循環群都是阿貝爾群嗎？

「我不懂。」由梨說。

「不對！」米爾迦用力拍桌，由梨嚇一跳肩膀縮了起來，「由梨應該要問『阿貝爾群的定義是什麼？』。」

「啊——對不起，米爾迦大小姐。阿貝爾群的定義是什麼？」

「很好。**阿貝爾群**是交換法則成立的群。阿貝爾是數學家的名

字。」米爾迦回答:「一般的群,運算過程中交換法則不一定成立,亦即 $x \star y = y \star x$ 不一定成立。交換法則成立的群稱為阿貝爾群,也稱為**交換群**。」

「意思是可以交換的群呢。」蒂蒂說。

「要回答『循環群都是阿貝爾群嗎』——」米爾迦繼續說:「只需將問題改變成『交換法則在循環群一定成立嗎』把阿貝爾群這個未知的名詞,換成交換法則這個已知的名詞。」米爾迦的口氣緩和下來繼續說:「到目前為止有問題嗎?由梨。」

「沒問題!」

「我們來看對於循環群的任意元素 x, y 而言,$x \star y = x \star y$ 是否成立。假設循環群的生成元素是 a,這個群的任意元素 x, y,可以用 0 以上的整數 j, k 寫成 $x = a^j, y = a^k$。所以:

$$x \star y = a^j \star a^k$$ 因為是循環群,x 與 y 都可以用生成元素 a 的冪次來表示

$$= \underbrace{(a \star a \star \cdots \star a)}_{j \text{ 個}} \star \underbrace{(a \star a \star \cdots \star a)}_{k \text{ 個}}$$

接著,運用群的結合律,得到⋯⋯

$$= \underbrace{a \star a \star \cdots \star a}_{j + k \text{ 個}}$$

再次運用群的結合律,將式子重新整理為 k 個與 j 個。

$$= \underbrace{(a \star a \star \cdots \star a)}_{k \text{ 個}} \star \underbrace{(a \star a \star \cdots \star a)}_{j \text{ 個}}$$
$$= a^k \star a^j$$
$$= y \star x$$

於是,我們證明 $x \star y = x \star y$。

「不過,這個證明只成立於『基數有限』的循環群。如果是基數無限的循環群,必須處理負的冪次,亦即反元素的冪次。」米爾迦說:「循環群都是阿貝爾群,但反過來卻不是,阿貝爾群不一定是循環群。」

「我不能只依賴繞一圈的印象呢。」蒂蒂說:「要是不習慣用『以一個元素形成的群』來看循環群,便無法證明 $x \star y = x \star y$。以一個元素形成……啊!」

「怎麼了?」我問。

「我發現、我發現!」蒂蒂大叫,「我發現循環群可以形成基數是 6 的群!」

「妳是說剛才的問題 3-2——『除了對稱群 S_3,基數是 6 的群存在嗎』?」我問。

「沒錯!只要定義一個群擁有六次方會變成單位元素的生成元素,便能用循環群做基數是 6 的群!」

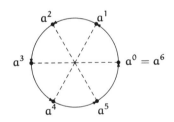

「我們可以將這種循環群具體畫出來。」蒂蒂繼續說:「畫出來的圖形是依循『不可以翻轉』的規則而旋轉的正六邊形。這個群的生成元素經過六次旋轉會回復原狀,每一次旋轉 1/6 度,形成基數 6 的群!」

循環群 C_6

「這個群是 C_6，亦即六次循環群。」米爾迦說：「不過問題 3-2 問的是，除了對稱群 S_3，有沒有基數是 6 的群。我們必須證明 C_6 與 S_3 在本質上是不同的群，我們必須確認 C_6 與 S_3 不是同型。」

「是啊。」蒂蒂說。

「對稱群 S_3 本來就不是循環群，所以可以斷定它和循環群 C_6 不是同型。」

「對啊，S_3 不是循環群。」蒂蒂說。

「為什麼？」米爾迦立刻提問，不給人喘息的空間。

「什麼意思？」蒂蒂反問。

「為什麼妳可以斷定 S_3 不是循環群？」

「呃、這個嘛，S_3 不會繞一圈回來——」

「不行。」米爾迦很直接地打斷蒂蒂，「妳還是太依賴繞一圈的印象。」

「因為沒有生成元素！」由梨出聲，「對稱群 S_3 的六個元素不管幾次方都不會形成全體 S_3！換句話說，對稱群 S_3 沒有生成元素，米爾迦大小姐。」

「妳的想法正確，但表達得不好。」米爾迦說：「不是『沒有生成元素』，而是『無法以一個元素形成』。對稱群 S_3 不能由一個元素形成，但可以用兩個元素[213],[231]構成。像由梨所說的，一個元素無法形成對稱群 S_3，這一點妳將對稱群的六個元素做冪次便能理解。不管哪個元素做冪次，都無法形成全體 S_3。而循環群 C_6 當然可以用一個元素構成，所以 S_3 與 C_6 不是同型。S_3 與 C_6 的基數都是 6，但不是同型。」

解答 3-2(基數是 6 的群)

除了對稱群 S_3，基數是 6 的群存在。

(循環群 C_6 的基數是 6，且與對稱群 S_3 不同型)

「嗚嗚嗚嗚……」蒂蒂呻吟，「我無法擺脫『繞一圈』的印象。我必須掌握『以一個元素構成』的定義才行……」

「喔喔喔喔！」由梨感動至極地說：「數學好有趣！不可靠的印象只要好好定義，便能夠確實地掌握！」

米爾迦看著這樣的兩人微笑。

我們很享受美麗黑髮才女——米爾迦能言善道的「講課」。我們討論、教學相長，一起思考、探索、提問，享受交流。我們沉浸於這樣的時間——無可替代的時間。

- 群的定義與群的公理(運算的封閉性、結合律、單位元素、反元素)。
- 子群。
- 循環群與生成元素。
- 循環群與阿貝爾群。
- 群的基數。

我們不只將數字當成數字看待，不只將形式當成形式處理，不只將作用當成作用處置，而是能在群的名義下統整一切。

我們不只用群計算數字，還把群當作掌握結構的道具。透過群，我們可以統一表示數字、形式與作用。

一切都相關。

圖形的旋轉或對稱性可以用算式書寫、計算。我們把移動圖形視為積；把重覆相同的動作視為冪次；把重覆同樣的步驟、繞一圈回復原狀的集合，視為循環群。我們將一個個數學知識，透過群相連起來。這種快樂真是難以言喻。

而且，前方一定還藏著更多的問題。

無限集合的情況又是如何呢？

群的基數有什麼意義呢？

群與子群之間有特別的關係嗎？

……只要繼續探索群，應該會遇到這些問題。

「在空中飛翔俯瞰群的森林吧。你已經退燒了吧？」
米爾迦如此說著，漾出一抹微笑。
我們的旅程，才剛開始。

始於拉格朗日，繼承魯菲尼、阿貝爾，
被天才伽羅瓦總結而成的方程式，其基礎理論的想法是
將隱藏在方程式解法之中、有關於置換解的對稱性，
透過群的概念，從光輝之中取出，
並逐步擴張群作用的不變性與體的原理。
——志賀浩二

第 4 章
與你共軛

單純的情感無論用多麼單純的詞彙來形容，
試圖讓它看起來自然，
都不符合自然發展的進程。
因為這是用沒有形體的東西追求形體；
用不安定的東西追求安定。
——小林秀雄《語言》

4.1 圖書室

4.1.1 蒂蒂

「啊，學長！」蒂蒂向我揮手。

「蒂蒂也來啦。」

上午我參加補習班的暑期課程，課程結束後來到高中的圖書室。圖書室有幾個和我一樣的考生正在用功，高中二年級的蒂蒂也混在其中埋頭做筆記。

「是啊，米爾迦學姊也在。」

蒂蒂手指著前方，米爾迦坐在窗邊的位子寫字。

「妳好努力喔，在做數學嗎？」我看著蒂蒂的筆記本說。

「啊、是、是的，我在思考村木老師給我的『研究課題』。」

蒂蒂有點臉紅，給我看卡片。

$$x^{12} - 1$$

　　村木老師是我們高中的數學老師，他會出有趣的問題給自主學習數學的我們。「卡片」是村木老師寫上問題的紙，問題時而簡單時而困難，村木老師偶爾也會給我們稱為「研究課題」的卡片。

　　「研究課題」卡片只會寫上一點點算式，連問題都沒寫，表示「請以這算式為題材，自由思考、發揮」。我們拿到「研究課題」後，會自己創造問題並解題，接著整理成報告拿給老師。老師沒有硬性規定要寫報告，也沒規定提交日期。如果我們繳交報告，老師會幫忙看，但不會幫我們的數學在校成績加分。對於老師提出的卡片，我們始終是自發性地研究、寫報告。透過卡片與老師交流，是認真的決鬥也是純粹的樂趣。

　　「那麼——蒂蒂創造怎樣的問題呢？」

　　「這個嘛……」

4.1.2　因式分解

　　這個嘛……我想把村木老師卡片上的算式：$x^{12} - 1$，做因式分解。x 的十二次方，這個次方相當大，我想試著把它因式分解，變成次方較小的式子的積……我創造的問題是這樣：

問題 4-1(因式分解)
因式分解 $x^{12} - 1$。

　　因式分解指的是將算式變成積的形式，如：

$$x^{12} - 1 = (x - \alpha_1)(x - \alpha_2)(x - \alpha_3) \cdots (x - \alpha_{12})$$

這裡出現的 α_1 到 α_{12} 是十二個數字。決定這十二個數字的值，是我的目標。

首先，為什麼是十二個呢……呃，$x^{12} - 1$ 是 x 的十二次方程式。要將這個十二次方程式變成一次方程式的積，如：$(x - \alpha_k)$，必須聚集十二個一次方程式，不然不會出現 x^{12} 這個項。

至於這十二個數字是什麼嘛……我想因式分解的是 $x^{12} - 1$ 這個**多項式**，因此只要思考這個多項式等於 0 的形式，亦即**方程式** $x^{12} - 1 = 0$。這個方程式的**解**應該是 $x = \alpha_1, \alpha_2, \alpha_3, \cdots\cdots, \alpha_{12}$，因為 $(x - \alpha_1)(x - \alpha_2)(x - \alpha_3)\cdots\cdots(x - \alpha_{12}) = 0$ 意指 x 等於 $\alpha_1, \alpha_2, \alpha_3, \cdots\cdots, \alpha_{12}$ 的其中之一。

$x^{12} - 1$ 想因式分解的**多項式**

$x^{12} - 1 = 0$ 解是 $x = \alpha_1, \alpha_2, \alpha_3, \cdots\cdots, \alpha_{12}$ 的**方程式**

換句話說，

「因式分解多項式 $x^{12}\text{-}1$」

這個問題其實等於：

「求方程式 $x^{12} - 1 = 0$ 的解」

到這裡為止聽得懂吧？學長。

4.1.3 數的範圍

「到這裡為止聽得懂吧？學長。」蒂蒂看著我。

「嗯，可以。」我說：「蒂蒂的說明很仔細易懂，不過用語應

該改成⋯⋯

　　『求方程式 $x^{12} - 1 = 0$ 的**解**』

這個問題其實等於：

　　『求多項式 $x^{12} - 1$ 的**根**』

　　方程式使用『**解**』；對多項式則使用『**根**』。不過有的書籍也會在方程式使用『**根**』。」

　　「這樣啊，解與根⋯⋯」

　　「好吧，總之蒂蒂的想法很明確。

- 給定多項式。
- 因式分解多項式，想將算式變成一次方程式的積。
- 想找出『多項式 = 0』的解(多項式的根)。

到這裡為止蒂蒂的說明沒有錯，但是⋯⋯那個啊，蒂蒂。妳因式分解 $x^{12} - 1$ 時，想在實數的範圍內考慮係數，還是在複數的範圍內呢？」

　　「咦⋯⋯什麼意思？」

　　「妳看，妳想把 $x^{12} - 1$ 變成一次方程式的積，是想找出一次方程式的**因式**。」

　　「對，沒錯。我要找呈現為 $(x - \alpha_k)$ 形式的十二個因式，找出解 α_k⋯⋯」

　　「這個 α_k 是實數還是複數？⋯⋯妳有意識到，在哪個範圍找解嗎？」

　　「沒有，我沒意識到⋯⋯這樣不對嗎？」

　　蒂蒂邊說邊打開筆記本。

$x = 1$ 的時候	$x^{12} - 1$	$=$	$1^{12} - 1$	$=$	$1 - 1$	$=$	0
$x = -1$ 的時候	$x^{12} - 1$	$=$	$(-1)^{12} - 1$	$=$	$1 - 1$	$=$	0
$x = i$ 的時候	$x^{12} - 1$	$=$	$i^{12} - 1$	$=$	$1 - 1$	$=$	0
$x = -i$ 的時候	$x^{12} - 1$	$=$	$(-i)^{12} - 1$	$=$	$1 - 1$	$=$	0

「這樣沒錯，妳順利找到十二個解中的四個解：$x = 1, -1, i,$ $-i$。但是，因式分解最好要考慮數的範圍，如果是複數的範圍，一定可以因式分解成一次方程式的積；如果是實數或有理數的範圍，未必可以。」

「……我目前為止找到的是 1、-1、i、$-i$ 這四個。虛數 i 並非實數而是複數，所以我得在複數的範圍內找解——這點我沒注意。」

「妳說目前為止找到四個因式嗎？」

「對。所以 $x^{12} - 1$ 目前可以因式分解，呃……在複數的範圍內因式分解。」

$$x^{12} - 1 = (x - 1)(x + 1)(x - i)(x + i)(\cdots\cdots)$$

（係數在複數的範圍內，因式分解 $x^{12} - 1$）

「妳知道在實數的範圍內因式分解會怎樣嗎？」

「呃……在實數的範圍內不能用 i 吧……會怎樣呢？」

「將 $(x - i)(x + i)$ 展開，會變成實數的範圍——

$$(x - i)(x + i) = x^2 + xi - ix - i^2 = x^2 + 1$$

——形成上面的形式。」我邊說邊寫下式子：

$$x^{12} - 1 = (x - 1)(x + 1)\underline{(x^2 + 1)}(\cdots\cdots)$$

（係數在實數的範圍內，因式分解 $x^{12} - 1$）

「原來如此。」

「而蒂蒂正在尋找剩下的(⋯⋯)。」

「對，其實我認為可以把因式分解改成『解方程式』，但不代表問題會變簡單。以複數來思考──

$$x^{12} - 1 = (x-1)(x+1)(x-i)(x+i)(\underline{\cdots\cdots})$$

──這個(⋯⋯)該怎麼辦呢？」

「原來如此。妳完全不懂(⋯⋯)是怎樣的式子嗎？」

「什麼意思？」

「妳知道這是幾次方程式嗎？」

「我知道，是八次方程式吧？」

「對啊。次方有『積的次數是次數的和』的性質。」

$$\underbrace{x^{12} - 1}_{\text{十二次方程式}} = \underbrace{(x-1)}_{\text{一次方程式}}\underbrace{(x+1)}_{\text{一次方程式}}\underbrace{(x-i)}_{\text{一次方程式}}\underbrace{(x+i)}_{\text{一次方程式}}\underbrace{(\cdots\cdots)}_{\text{八次方程式}}$$

$$12 = 1 + 1 + 1 + 1 + 8$$

4.1.4　多項式的除法

圖書室是個舒適的空間，我和蒂蒂慢慢地思考蒂蒂提出的問題，非常開心。

「我們來做多項式的除法，將問題往前推進吧，這個啊──」

$$x^{12} - 1 = (x-1)(x+1)(x-i)(x+i)(\underline{\cdots\cdots})$$

──將等號兩邊除以 $(x-1)(x+1)(x-i)(x+i)$，能得到(⋯⋯)。

$$\frac{x^{12} - 1}{(x-1)(x+1)(x-i)(x+i)} = (\underline{\cdots\cdots})$$

看吧！分母展開會變成 $(x-1)(x+1)(x-i)(x+i) = (x^2-1)(x^2+1) = x^4 - 1$，所以讓 $x^{12} - 1$ 除以 $x^4 - 1$，能得到(⋯⋯)。

$$\frac{x^{12} - 1}{x^4 - 1} = (\cdots\cdots)$$

多項式的除法在學校學過吧。」

$$\begin{array}{r} x^8 +x^4 +1 \\ x^4 -1 \overline{\smash{\big)}\, x^{12} -1} \\ \underline{x^{12} -x^8 } \\ x^8 \\ \underline{x^8 -x^4 } \\ x^4 -1 \\ \underline{x^4 -1} \\ 0 \end{array}$$

「嗯！」蒂蒂無言地點頭。

「所以，x^{12} 可以這樣因式分解。」

$$x^{12} - 1 = (x-1)(x+1)(x-i)(x+i)\underline{(x^8 + x^4 + 1)}$$

「$x^8 + x^4 + 1$ 的確是八次方程式！」

「嗯，接著做多項式 $x^8 + x^4 + 1$ 的因式分解。」

「好的，來找出八次方程式 $x^8 + x^4 + 1 = 0$ 的解吧！」

「沒錯，代入 $y = x^4$⋯⋯」我心算，「⋯⋯但是這樣一來，根會用到 ω，使問題變得很難啊。」

我有點徬徨下一步該往哪裡前進，此時米爾迦終於把視線轉向我。

黑髮才女維持同樣姿勢，繼續寫字。

「要請米爾迦學姊幫忙嗎？」

「為什麼？」

「啊、沒、沒事。總覺得……數學陷入僵局，找米爾迦學姊準沒錯，這算習慣嗎——你不會這樣嗎？」蒂蒂頭微低地說，「請米爾迦學姊提供解決問題的線索，或是請她教導數學的深奧意涵——當然，我覺得應該自己想。」

「好吧……妳說的是，不過沒關係，我們換個角度想吧。」

「好的。」

「再次回到方程式 $x^{12} - 1 = 0$ 吧，蒂蒂。」

4.1.5　1 的十二次方根

再次回到方程式 $x^{12} - 1 = 0$ 吧，蒂蒂。把這個方程式的常數移項到右邊，會變成這樣：

$$x^{12} - 1 = 0 \qquad \text{方程式}$$
$$x^{12} = 1 \qquad \text{將常數移項到右邊}$$

也就是：

「求方程式 $x^{12} - 1 = 0$ 的解」

這個問題其實等同於：

「求十二次方等於 1 的數」

「十二次方等於 1 的數」稱為「1 的十二次方根」，是蒂蒂在找的 $\alpha_1, \alpha_2, \alpha_3, \cdots, \alpha_{12}$。

「1 的十二次方根」有十二個，我們想找出全部。十二個當中，我們已經找到四個：$1, -1, i, -i$，還剩下八個。

我們別急著找「1 的十二次方根」，先觀察 $n = 1, 2, 3, 4$。思考若 n 是這些數目較小的數，「1 的 n 次方根」在複數的範圍內，會是怎樣的數。

▶1 的一次方根

「1 的一次方根」是一次方等於 1 的數，亦即一次方程式 x^1 的解。解是 $x=1$，所以「1 的一次方根」只有 1。

$$1 \qquad \cdots\cdots 1 \text{ 的一次方根}$$

▶1 的二次方根

「1 的二次方根」是二次方程式 x^2 的解，亦即 1 的平方根，因此「1 的二次方根」是 1 與 -1。

$$1, -1 \qquad \cdots\cdots 1 \text{ 的二次方根(平方根)}$$

▶1 的三次方根

「1 的三次方根」是三次方程式 $x^3=1$ 的解，也是 1 的立方根。「1 的三次方根」有三個，其中一個馬上能找到，那就是 1，可以寫成以下形式——

$$x^3 - 1 = (x - 1)(\sim\sim\sim)$$

只要用 $x^3 - 1$ 除以 $x - 1$，便能因式分解 $x^3 - 1$。

$$x^3 - 1 = (x - 1)(x^2 + x + 1) \qquad \text{因式分解 } x^3 - 1$$

「1 的三次方根」的另外兩個根，只要解二次方程式 $x^2 + x + 1 = 0$ 便能得到。

$$x = \frac{-1 \pm \sqrt{-3}}{2} \qquad \text{用公式解來解 } x^2 + x + 1 = 0$$

$$= \frac{-1 \pm \sqrt{3}i}{2} \qquad \text{把 } \sqrt{-3} \text{ 寫成 } \sqrt{3}i$$

接著，將 $\dfrac{-1 + \sqrt{3}i}{2}$ 設為 ω，使 $\dfrac{-1 - \sqrt{3}i}{2}$ 等於 ω^2。

$$\omega = \frac{-1 + \sqrt{3}i}{2}, \quad \omega^2 = \frac{-1 - \sqrt{3}i}{2}$$

求得「1 的三次方根」為 1、ω、ω^2。

$$1, \omega, \omega^2 \qquad \cdots\cdots 1 \text{ 的三次方根(立方根)}$$

▶ 1 的四次方根

　　「1 的四次方根」是四次方程式 x^4 的解，四次方等於 1 的數用心算也能求出來。設虛數 i……

$$1, -1, i, -i \qquad \cdots\cdots 1 \text{ 的四次方根}$$

　　好，我們已求出「1 的一次方根」到「1 的四次方根」，接著把這些數的點畫在複數平面上吧。

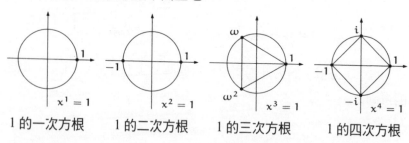

1 的一次方根　　1 的二次方根　　1 的三次方根　　1 的四次方根

依此類推，「1 的十二次方根」究竟是怎樣呢？

4.1.6 正 n 邊形

「『1 的十二次方根』究竟是怎樣呢？」我說。

「好有趣！」蒂蒂在筆記本上邊畫圖邊說：「先不談『1 的一次方根』與『1 的二次方根』，『1 的三次方根』是正三角形，『1 的四次方根』是正四邊形(正方形)⋯⋯」

- 1 的一次方根→複數平面上的一點。
- 1 的二次方根→複數平面上的二點。
- 1 的三次方根→複數平面上的三點(正三角形)。
- 1 的四次方根→複數平面上的四點(正方形)。

「很有趣吧，妳知道一般的『1 的 n 次方根』是什麼嗎？」

「我知道！這個我們討論過吧⋯⋯是正 n 邊形！」

「對。把『1 的 n 次方根』放在複數平面上，會變成『內切圓的正 n 邊形頂點。此圓以原點為中心、半徑是 1，稱為**單位圓**』。」

「也就是說——我們正在找的『1 的十二次方根』是正十二邊形的頂點呢！」

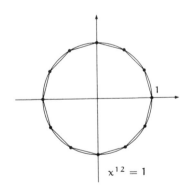

1 的十二次方根

4.1.7 三角函數

「真不可思議，所有位於正十二邊形頂點的複數，它們的十二次方都會等於 1 嗎？」

「嗯，而且除了這十二個數，沒有其他十二次方會等於 1 的數。」

「真是不可思議啊⋯⋯我懂為什麼是 $1, -1, i, -i$。1 的十二次方等於 1，但 1 不用乘到十二次方便等於 1；-1 的二次方等於 1，十二次方也等於 1；$\pm i$ 的四次方等於 1，十二次方也等於 1，依此類推。」

「沒錯。不要將十二個數分開來想，用三角函數統整吧，這樣『正十二邊形頂點的複數，十二次方是 1』會變得很好理解。」

「用三角函數？」

「對，像這樣——在複數平面上，位於**單位圓**上的點可以用 $(\cos\theta, \sin\theta)$ 來表示。θ 是**銳角**。」

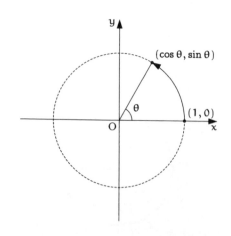

複數平面上，位於單位圓上的點

「嗯。」

「用複數表示單位圓上的點，y 座標的 $\sin\theta$ 乘以虛數的 i，會變成 $\cos\theta + i\sin\theta$。」

$$\text{點} \quad \longleftarrow\cdots\cdots\longrightarrow \quad \text{複數}$$
$$(\cos\theta, \sin\theta) \quad \longleftarrow\cdots\cdots\longrightarrow \quad \cos\theta + i\sin\theta$$

「嗯。」

「實數 1 的銳角是 0，從這裡開始做正十二邊形吧。我們只要從 0 開始逐一增加圓周角 2π 的十二分之一銳角，走十二步便能繞完一圈。為了書寫容易，我們將銳角假設為──」

$$\theta_{12} = \frac{2\pi}{12}$$

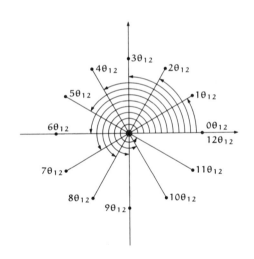

正十二邊形的頂點與銳角

「好、好的……我懂，但是接下來……」

「銳角是 $0\theta_{12}, 1\theta_{12}, 2\theta_{12}, 3\theta_{12}, \cdots, 11\theta_{12}$，第十二步的銳角 $12\theta_{12}$ 是 $360°$，和 $0\theta_{12}$ 是同一個點。將銳角定為 $k\theta_{12}$，我們便能將正十二邊形的頂點以 $\cos k\theta_{12} + i\sin k\theta_{12}$ 的複數形式來表示。這裡的 k 是整數，妳記得棣美弗公式嗎？」

「呃，不好意思，我不記得……」

「棣美弗公式是——」

棣美弗公式(三角函數版)

$$\underbrace{\cos n\theta + i\sin n\theta}_{n \text{ 倍的複數銳角}} = \underbrace{(\cos\theta + i\sin\theta)^n}_{\text{所有複數的 } n \text{ 次方}}$$

「從這個**棣美弗公式**我們知道，單位圓上的複數十二次方，是把銳角變成十二倍的複數。我們來實際算十二次方吧。

$$
\begin{aligned}
&(\cos k\theta_{12} + i\sin k\theta_{12})^{12} \qquad &&\text{正十二邊形頂點的十二次方}\\
&= \cos 12k\theta_{12} + i\sin 12k\theta_{12} &&\text{根據棣美弗公式銳角變成十二倍}\\
&= \cos 2\pi k + i\sin 2\pi k &&\text{因為 } 12 \cdot \theta_{12} = 12 \cdot \frac{2\pi}{12} = 2\pi\\
&= 1 &&\text{因為 } \cos 2\pi k = 1, \sin 2\pi k = 0
\end{aligned}
$$

因此，我們知道相當於正十二邊形頂點的複數十二次方會變成 1，這代表正十二邊形各頂點的複數的確是 $x^{12}=1$ 的解！」

「啊哇哇……」蒂蒂發出奇怪的聲音，「意思是——『方程式 $x^{12}=1$ 的解是正十二邊形的頂點』與『$\dfrac{\text{整數}}{12}$ 乘以十二倍，變成整數』的意思一樣！」

「某種意義上是這樣沒錯，複數平面真的很有趣。」

4.1.8　出路

「數學……真是有趣。」蒂蒂邊翻筆記本邊說：「村木老師的卡片好厲害——呃，該怎麼說呢，感覺很開放，好像在邀請我們隨

意地玩樂。」

蒂蒂以夢幻的口吻繼續說：

「我想起一件很久以前的事……我談起『學長正在教我數學』的事情，村木老師說『我會給妳卡片，妳可以常來找我』。他交給我一張卡片……看我能不能從這張卡片上的數學素材發現有趣的東西——」

蒂蒂兀自不斷點頭。

「那時我開始想上大學。啊——不對，我並不是想上大學，這麼說不對，我是想學習。難得誕生在這世上，我想紮實地學習，確認人類的研究到底能夠做到什麼程度，然後讓自己前進一步，即使是非常小的一步——我是這麼想的。」

我默默地聽著。

「我不認為大學四年可以達到什麼了不起的成就，儘管如此，我仍想拚命學習。這是我蒂德菈的『出路』……以現階段而言。」

「出路嘛……」我說。

蒂蒂。

身材嬌小、一頭短髮的高二生，用一雙大眼睛凝視著我。她好奇心旺盛——不，該說是求知慾旺盛。蒂蒂思考著自己的出路，雖然不算具體，但她的意志堅定。她總是毛毛躁躁，卻有柔韌而堅強的意志。

4.2　循環群

4.2.1　米爾迦

「旋轉？」

米爾迦似乎已完成手邊的事，她接近我們的座位。

米爾迦直接坐在我隔壁，一頭飄逸的長髮，散發著柑橘香。

「嗯，是旋轉啊。」我回答。

明明是暑假，我們這種應對模式卻與平時一模一樣。學校一放學，我們會聚集在圖書室練習數學，提出問題、解決問題、核對彼此的解答、互相討論……我們每天如此度過。

即使是暑假，我們還是不自覺地聚在圖書室，我們總是以數學為中心。對，像座標平面有原點一樣，我們的原點是數學，數學是我們標立自我位置的原點。

「$x^{12}=1$ 的十二個解，是尋找『1 的十二次方根』。」蒂蒂說：「只要使用三角函數與棣美弗公式，便能輕易理解十二次方等於 1！」

「你還是老樣子，那麼喜歡計算啊。」米爾迦對我說。

「我喜歡啊。」我有點不悅地回答：「而且我還畫正十二邊形，不只有計算。」

「沒錯，正十二邊形很有趣。」米爾迦看著筆記本說：「你藉由導入『1 的 n 次方根』得出正 n 邊形。可是，只思考 n 很沒意思，把全部連接起來會更有趣呢。」

米爾迦將她的手覆在我的手上。

(好溫暖)

──雖然她只是想拿我的自動鉛筆。

4.2.2　十二個複數

「你將銳角 $\frac{2\pi}{12}$ 命名為 θ_{12}，現在我來幫正十二邊形的頂點命名吧。在以原點為中心的單位圓上，假設銳角為 $\frac{2\pi}{12}$ 的點是 ζ_{12}。」米爾迦說。

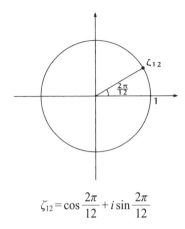

$$\zeta_{12} = \cos\frac{2\pi}{12} + i\sin\frac{2\pi}{12}$$

「雖然取名為 ζ，但和黎曼 ζ 函數沒有關係，我們現在只把它當作一個符號，下面的小字『12』表示來自正十二邊形。我們可以依據棣美弗公式，知道正十二邊形的頂點對應於 ζ_{12} 的所有**冪次**。換言之，正十二邊形的頂點對應以下十二個複數。」

$$\zeta_{12}^1, \zeta_{12}^2, \zeta_{12}^3, \zeta_{12}^4, \zeta_{12}^5, \zeta_{12}^6, \zeta_{12}^7, \zeta_{12}^8, \zeta_{12}^9, \zeta_{12}^{10}, \zeta_{12}^{11}, \zeta_{12}^{12}$$

「$\zeta_{12}^{12} = \zeta_{12}^0 = 1$，這十二個點繞一圈，我們把它畫成圖吧。」

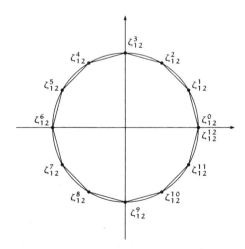

將正十二邊形的頂點標示為 ζ_{12} 的冪次

「我發現一件事。」蒂蒂說：「剛才學長把銳角換成 $1\theta_{12}, 2\theta_{12},$ $3\theta_{12}, \cdots\cdots$ 將 θ_{12} 變成十二倍繞一圈。」

「沒錯。」我說。

「但是，米爾迦學姊把複數換成 $\zeta_{12}, \zeta_{12}^2, \zeta_{12}^3\cdots\cdots$ 把 ζ_{12} 變成十二次方，繞一圈。總覺得這兩者好像一樣，又好像不一樣⋯⋯」

「這正是棣美弗公式。」我說：「因為在單位圓上，『把複數的銳角變成 n 倍』與『把所有複數變成 n 次方』的意思一樣。妳把 n 圈起來看會很清楚。」

$$\underbrace{\cos \textcircled{n}\theta + i\sin \textcircled{n}\theta}_{\text{把複數的銳角變成 } n \text{ 倍}} = \underbrace{(\cos\theta + i\sin\theta)^{\textcircled{n}}}_{\text{把所有複數變成 } n \text{ 次方}}$$

「啊，是這樣沒錯⋯⋯我沒看出這點。」

「談到『n 倍與 n 次方』、『乘法與冪次』的關係，比起三角函數，更適合用指數函數來看。」米爾迦說：「我們來用尤拉公式——

$$\cos\theta + i\sin\theta = e^{i\theta}$$

——重寫棣美弗公式。」

棣美弗公式(指數函數版)

$$\underbrace{e^{in\theta}}_{\text{把複數的銳角變成 } n \text{ 倍}} = \underbrace{(e^{i\theta})^n}_{\text{把所有複數變成 } n \text{ 次方}}$$

「是啊。」我點頭，「如此一來，棣美弗公式會變成**指數律**的形式。$a^{mn} = (a^m)^n$ 正是『乘法與冪次』的關係。」

4.2.3 製作表格

米爾迦用手指使勁把金邊眼鏡往上推，繼續說話。

「『ζ_{12} 的平方』是『1 的六次方根』之一，因為『ζ_{12} 的平方』乘以六次方等於 1，寫成算式會更好懂。

$$\left(\zeta_{12}^2\right)^6 = \zeta_{12}^{2\times 6} = \zeta_{12}^{12} = 1$$

同樣地，假設 $\zeta_n = \cos\dfrac{2\pi}{n} + i\sin\dfrac{2\pi}{n}$，則以下式子成立：

$$
\begin{aligned}
\zeta_{12} \text{ 的六次方} &= \zeta_6 \text{ 的三次方} \\
&= \zeta_4 \text{ 的二次方} \\
&= \zeta_2 \text{ 的一次方}
\end{aligned}
$$

而且等於以下式子：

$$\zeta_{12}^6 = \zeta_6^3 = \zeta_4^2 = \zeta_2^1$$

這簡直像分數的約分，

$$\frac{6}{12} = \frac{3}{6} = \frac{2}{4} = \frac{1}{2}$$

根據這個式子，將 ζ_n 的 k 次方畫成表格吧。

											ζ_1^1
					ζ_2^1						ζ_2^2
			ζ_3^1				ζ_3^2				ζ_3^3
		ζ_4^1			ζ_4^2			ζ_4^3			ζ_4^4
	ζ_6^1		ζ_6^2		ζ_6^3		ζ_6^4		ζ_6^5		ζ_6^6
ζ_{12}^1	ζ_{12}^2	ζ_{12}^3	ζ_{12}^4	ζ_{12}^5	ζ_{12}^6	ζ_{12}^7	ζ_{12}^8	ζ_{12}^9	ζ_{12}^{10}	ζ_{12}^{11}	ζ_{12}^{12}

$\zeta_n = \cos\dfrac{2\pi}{n} + i\sin\dfrac{2\pi}{n}$ 的 k 次方

「你們看出規律性了吧。」

「原來是這樣，米爾迦，這張表縱向排列的數全部相等。」

4.2.4　共有頂點的正多邊形

翻到筆記本的下一頁——順帶一提，這是我的筆記本——米爾迦繼續說：

「我們接著來思考與正十二邊形共有頂點的正多邊形。」

「共有頂點的——正多邊形嗎？」蒂蒂說。

「先思考正一邊形與正二邊形吧。」

「啊？正一邊形與正二邊形……是什麼啊？」

「這是想像力的問題。」米爾迦畫圖。

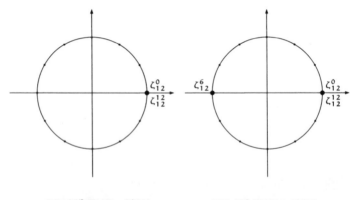

(可以說是)正一邊形　　　　　(可以說是)正二邊形

「啊……原來如此！純粹只用頂點的數量來思考啊。」

「接著是正三角形與正四邊形(正方形)。」

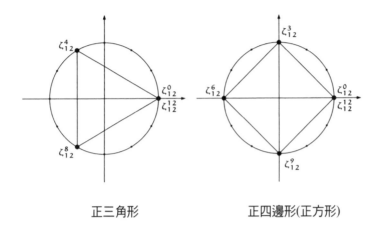

正三角形　　　　　　　　　正四邊形(正方形)

「用正十二邊形的頂點無法畫出正五邊形，所以跳過正五邊形只畫正六邊形，七到十一也跳過，畫下正十二邊形。」

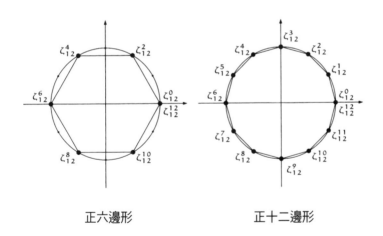

正六邊形　　　　　　　　　正十二邊形

「的確，沒辦法畫出正五邊形呢。」蒂蒂說。

「我們來算頂點的數量吧。」米爾迦開心地說：「我們知道可以與正十二邊形共有頂點的正 n 邊形，只有 1,2,3,4,6,12。」

「是 12 的因數！」

$$\{1, 2, 3, 4, 6, 12\}$$

「對，與正十二邊形共有頂點的正多邊形——它們的頂點數是 12 的因數。」米爾迦點頭。

「以正多邊形這種形狀來思考是當然的吧。」我說。

「那、那個……」蒂蒂發現什麼似地說：「『思考共有頂點的正多邊形』等於『思考結構』吧？」

「嗯？」米爾迦瞇起眼睛。

「因為我總有『分成部分』來思考結構的感覺。」

「嗯……妳說的沒錯。」

米爾迦揮動手指，好似畫出希臘符號 ϕ。

4.2.5　1 的原始十二次方根

「我們已知正十二邊形的頂點是『1 的十二次方根』。」米爾迦迅速離席，繞過桌子到蒂蒂的背後，「那麼，我們從不同的觀點來研究『1 的十二次方根』吧。例如，虛數 i 的四次方等於 1，不用持續做到十二次方就能變成 1——」

蒂蒂坐在椅子上，轉頭看米爾迦。

「我、我剛才有想到這點！-1 只要二次方便會等於 1；i 和 $-i$ 只要四次方便等於 1，不用做到十二次方呀！」

「嗯。」米爾迦說。

「啊，抱歉。我不小心插嘴……」

「那我說快點。」米爾迦說著，坐在蒂蒂的隔壁，「我們將 n 次方等於 1 的數稱為『1 的 n 次方根』，把這個條件定得嚴格一點吧。將 n 以 $1, 2, 3$……逐漸增加，思考乘以 n 次方才會等於 1 的數。把這個稱為『1 的原始 n 次方根』。」

1 的 n 次方根　　　n 次方等於 1 的數

1 的原始 n 次方根　乘以 n 次方才會等於 1 的數

「1 的原始 n 次方根……有名字呢！」蒂蒂說。

「來個小測驗吧。」

「1 的原始一次方根」是什麼？

「簡單！一次方才會等於 1 的數，只有 1，因為一次方的意思是『維持原樣』。『1 的原始一次方根』是 1。」

「沒錯。接著是——」

「米爾迦學姊！」蒂蒂張開手，擺出中止的姿勢，「『舉例是理解的試金石』，既然我已經了解『1 的原始 n 次方根』的定義，我想自己舉例。」

蒂蒂好了不起啊。

「『1 的原始二次方根』是 -1，因為 -1 是二次方才會等於 1 的數。『1 的原始三次方根』是……在 $1, \omega, \omega^2$ 之中去掉 1，『1 的原始三次方根』是 ω, ω^2。求『1 的原始 n 次方根』，只要用 $n=1,2,3,4$……由小到大依序思考『1 的 n 次方根』，再去掉之前已出現過的數，找出第一次出現的數！」

「思考正多邊形準沒錯。」米爾迦說：「將已經出現的數，畫上〇的符號吧。」

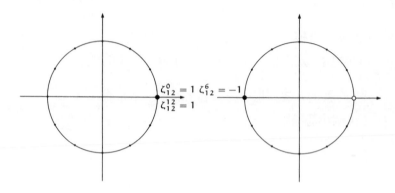

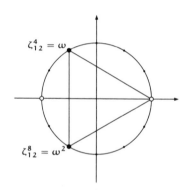

1 的原始三次方根 $\{\omega, \omega^2\}$

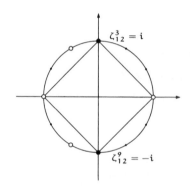

1 的原始四次方根 $\{i, -i\}$

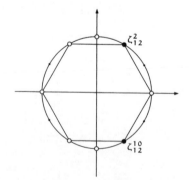

1 的原始六次方根 $\{\zeta_{12}^2, \zeta_{12}^{10}\}$

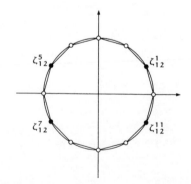

1 的原始十二次方根 $\{\zeta_{12}^1, \zeta_{12}^5, \zeta_{12}^7, \zeta_{12}^{11}\}$

4.2.6 分圓多項式

「到目前為止，我們探討完『1 的原始 n 次方根』，接著要往哪裡走？」米爾迦說。

我們有時會問「接著要往哪裡走？」，意思是數學的討論可以往哪個方向進展。

「圖也畫了⋯⋯」蒂蒂說。

這時我靈光一閃。

「我們思考擁有『1 的原始n次方根』的多項式吧？」

「好。」米爾迦說：「假設係數為有理數。」

「擁有『1 的原始 n次方根』的多項式⋯⋯」蒂蒂陷入沉思，「原來如此，若知道根，做多項式會變得很簡單，因為只要展開一次方程式的積。」

「是啊。」我說：「可以馬上做擁有『1 的原始一次方根』與『1 的原始二次方根』的多項式。」

$$x - \zeta_{12}^0 = x - 1 \qquad \text{⋯⋯擁有「1 的原始一次方根」的多項式}$$
$$x - \zeta_{12}^6 = x - (-1)$$
$$\qquad\quad = x + 1 \qquad \text{⋯⋯擁有「1 的原始二次方根」的多項式}$$

「啊，學長，簡單的多項式不用做啦。『1 的原始三次方根』是 ω, ω^2，所以⋯⋯」

$$(x - \zeta_{12}^4)(x - \zeta_{12}^8) = (x - \omega)(x - \omega^2)$$
$$= x^2 - (\omega + \omega^2)x + \omega^3$$
$$= x^2 - (\omega + \omega^2)x + 1 \qquad \text{因為 } \omega^3 = 1$$
$$= \text{奇怪⋯⋯}$$

「奇怪⋯⋯從這裡開始要怎麼辦呢？」

「因為 $\omega^2 + \omega + 1 = 0$，所以可以用 $\omega^2 + \omega = -1$。」我說。

$$
\begin{aligned}
(x - \zeta_{12}^4)(x - \zeta_{12}^8) &= x^2 - (\omega + \omega^2)x + 1 \\
&= x^2 - (-1)x + 1 \quad \text{因為 } \omega^2 + \omega = -1 \\
&= x^2 + x + 1 \qquad \cdots\cdots \text{擁有「1 的原始三次方根」的多項式}
\end{aligned}
$$

「原來如此。」蒂蒂點頭，「接著『1 的原始四次方根』是 $i, -i$，所以……」

$$
\begin{aligned}
(x - \zeta_{12}^3)(x - \zeta_{12}^9) &= (x - i)(x - (-i)) \\
&= (x - i)(x + i) \\
&= x^2 + 1 \quad \cdots\cdots \text{擁有「1 的原始四次方根」的多項式}
\end{aligned}
$$

「『1 的原始六次方根』是這樣……」

$$
\begin{aligned}
(x - \zeta_{12}^2)(x - \zeta_{12}^{10}) &= x^2 - (\zeta_{12}^2 + \zeta_{12}^{10})x + \zeta_{12}^2 \zeta_{12}^{10} \\
&= x^2 - (\zeta_{12}^2 + \zeta_{12}^{10})x + \zeta_{12}^{2+10} \\
&= x^2 - (\zeta_{12}^2 + \zeta_{12}^{10})x + \zeta_{12}^{12} \\
&= x^2 - (\zeta_{12}^2 + \zeta_{12}^{10})x + 1 \\
&= \text{奇怪}\cdots\cdots
\end{aligned}
$$

「奇怪……這個 $\zeta_{12}^2 + \zeta_{12}^{10}$ 是什麼？」

「思考 vector 的和會知道 $\zeta_{12}^2 + \zeta_{12}^{10}$ 等於 1。」米爾迦立即回答，她總是把向量說成 vector。

「向量的和是什麼？」

「是 ζ_{12}^2 與 ζ_{12}^{10} 的和。」

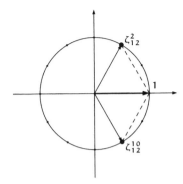

「原來如此……」

$$(x - \zeta_{12}^{2})(x - \zeta_{12}^{10})$$
$$= x^2 - (\zeta_{12}^{2} + \zeta_{12}^{10})x + 1$$
$$= x^2 - 1x + 1 \qquad 使用 \zeta_{12}^{2} + \zeta_{12}^{10} = 1$$
$$= x^2 - x + 1 \qquad \cdots\cdots擁有「1的原始六次方根」的多項式$$

「那麼『1的原始十二次方根』是……」

$$(x - \zeta_{12}^{1})(x - \zeta_{12}^{5})(x - \zeta_{12}^{7})(x - \zeta_{12}^{11})$$
$$= (x^2 - (\zeta_{12}^{1} + \zeta_{12}^{5})x + \zeta_{12}^{1}\zeta_{12}^{5})(x^2 - (\zeta_{12}^{7} + \zeta_{12}^{11})x + \zeta_{12}^{7}\zeta_{12}^{11})$$
$$= 呃\cdots\cdots$$

「呃……好像可以用向量的和與指數律來計算！」

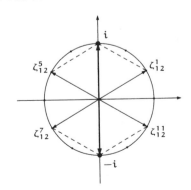

$$(x - \zeta_{12}^1)(x - \zeta_{12}^5)(x - \zeta_{12}^7)(x - \zeta_{12}^{11})$$

$$= (x^2 - \underbrace{(\zeta_{12}^1 + \zeta_{12}^5)}_{i}x + \underbrace{\zeta_{12}^1 \zeta_{12}^5}_{\zeta_{12}^{1+5} = -1})(x^2 - \underbrace{(\zeta_{12}^7 + \zeta_{12}^{11})}_{-i}x + \underbrace{\zeta_{12}^7 \zeta_{12}^{11}}_{\zeta_{12}^{7+11} = -1})$$

$$= (x^2 - ix - 1)(x^2 + ix - 1)$$

$$= x^4 + ix^3 - x^2 - ix^3 + x^2 + ix - x^2 - ix + 1$$

$$= x^4 - x^2 + 1 \qquad \cdots\cdots 擁有「1 的原始十二次方根」的多項式$$

「這樣便能算出來。」

我說，米爾迦點頭。

「將『根是 1 的原始 k 次方根的多項式』設為 $\Phi_k(x)$ 吧。因為要定為單值，所以把最高次項的係數設為 1。」

$$\Phi_1(x) = x - 1$$
$$\Phi_2(x) = x + 1$$
$$\Phi_3(x) = x^2 + x + 1$$
$$\Phi_4(x) = x^2 + 1$$
$$\Phi_6(x) = x^2 - x + 1$$
$$\Phi_{12}(x) = x^4 - x^2 + 1$$

「這種多項式 $\Phi_k(x)$ 稱為**分圓多項式**，來個有趣的小測驗吧！把這些分圓多項式全部相乘會怎麼樣？」

$$\Phi_1(x)\Phi_2(x)\Phi_3(x)\Phi_4(x)\Phi_6(x)\Phi_{12}(x) = ?$$

「我馬上算！」蒂蒂準備朝筆記本進攻。

「等等等等一下！」我阻止蒂蒂。

「真是的！」米爾迦意圖堵上我的嘴……不過她在桌子的對面搆不到我，所以在桌子下踢我的腳。

「呃⋯⋯不可以馬上計算嗎？」

「不用算就有答案。」米爾迦說：「這個分圓多項式要取積，我們將它的根畫在複數平面上，單位圓的圓周會被點分成十二等分——十二個點毫無遺漏、沒有重覆，代表這個分圓多項式的積等於 $x^{12} - 1$。」

$$\Phi_1(x)\Phi_2(x)\Phi_3(x)\Phi_4(x)\Phi_6(x)\Phi_{12}(x) = x^{12} - 1$$

「反過來說，$x^{12} - 1$ 可以在複數的範圍內因式分解，如下所示。」

$$x^{12} - 1 = \underbrace{(x - \zeta_1^1)}_{\Phi_1(x)} \underbrace{(x - \zeta_2^1)}_{\Phi_2(x)} \underbrace{(x - \zeta_3^1)(x - \zeta_3^2)}_{\Phi_3(x)}$$

$$\underbrace{(x - \zeta_4^1)(x - \zeta_4^3)}_{\Phi_4(x)} \underbrace{(x - \zeta_6^1)(x - \zeta_6^5)}_{\Phi_6(x)}$$

$$\underbrace{(x - \zeta_{12}^1)(x - \zeta_{12}^5)(x - \zeta_{12}^7)(x - \zeta_{12}^{11})}_{\Phi_{12}(x)}$$

「由此可見，分圓多項式對 $x^{12} - 1$ 發揮質數的作用。一般而言，分圓多項式 $\Phi_n(x)$ 可以用與 n 互質的整數 k，寫成以下形式——」

$$\Phi_n(x) = \prod_{n \perp k}(x - \zeta_n^k)$$

（$n \perp k$ 是「n 與 k 互質」的意思）

「好厲害！」蒂蒂大叫，「以前我都沒深思這些數學概念之間的關係，但它們其實都連在一起——互相呼應！」

蒂蒂非常興奮，不斷揮舞雙手。

「呃⋯⋯圓、正 n 邊形、1 的原始 n 次方根、整數、多項式的因式分解、方程式的解、複數的冪次、三角函數，這些都連在一起！」

「沒錯……」我讚嘆。

「還可以連接一個東西。」米爾迦說：「1 的原始 n 次方根的個數是尤拉大師 ϕ 函數的值。函數 $\phi(n)$ 在 $1 \leqq k < n$ 的範圍內，表示與 n 互質的自然數個數，更可以表示循環群的生成元素個數。」米爾迦描繪 ϕ 似地揮動手指，「最喜歡『互質』的由梨不在這裡真可惜，今天你怎麼沒帶她來？」

米爾迦瞪我。

4.2.7　分圓方程式

「話說回來。」蒂蒂說：「村木老師的這張卡片，真是拓展了世界呢。」

「的確。」我點頭。

「cyclotomic equation」米爾迦說。

「cyclotomic——原來如此。」蒂蒂變成英語辭典模式，「cyclo-來自 cycle 吧，指繞圈、旋轉的圓，那麼 -tomic 呢？嗯……atom 是『不能分割的東西』，也代表原子，所以 -tom 一定是『分割』的意思吧。而 -ic 是形容詞後綴，所以 cyclotomic equation 應該是指分割圓的方程式！」

「應該是。」米爾迦點頭，「實際上中文稱為**分圓方程式**。n 次分圓方程式的解把單位圓的圓周分割成 n 等分。形式為 $x^n - 1 = 0$ 的方程式，稱為 n 次的分圓方程式，舉例來說，$x^{12} - 1 = 0$ 是十二次分圓方程式。」

$$x^{12} - 1 = 0 \qquad （十二次分圓方程式）$$

「唔……」我沉吟。我知道根據方程式 $x^{12} = 1$，用棣美弗公式求 1 的十二次方根，我也聽過尤拉的 ϕ 函數，但是我不知道分圓多項式。

好美。

散亂的概念都相連起來。

從 $x^{12}-1$ 這個多項式出發，使許多概念相連一氣。光是盯著這個多項式什麼事都不會發生，但把它分解成更原始的元素，能夠創造多麼有趣的東西呢？分解成更原始的元素，並組合它們，進行 analyze 與 synthesize……透過分解與組合的動作，我們能掌握結構嗎？

「簡直像——」米爾迦看著窗外說：「簡直像 ω 的華爾滋變奏曲。」

「的確。」我說。

正十二邊形當中藏著 $\{\zeta_{12}^0, \zeta_{12}^4, \zeta_{12}^8\}$ 這個正三角形的小結構，而且相連於我與米爾迦的回憶——「ω 的華爾滋」。

「語言……或者說寫法，非常重要呢。」蒂蒂說：「$\cos\theta + i\sin\theta$ 的銳角寫成 θ 很容易理解，標成複數平面的座標也很明確；$\zeta_{12} = \zeta_2$ 的式子像分數一樣簡潔；$e^{i\theta}$ 則能以指數律的形式來理解。寫法不同，會有微妙的差別。筆者——在算式另一端發送訊息的人——總覺得我能由此明白筆者的心意。」

解答 4-1a(因式分解)

$x^{12}-1$ 可以因式分解成以下形式(係數是有理數的情況)：

$$x^{12}-1$$
$$= \Phi_1(x)\Phi_2(x)\Phi_3(x)\Phi_4(x)\Phi_6(x)\Phi_{12}(x)$$
$$= \underbrace{(x-1)}_{\Phi_1(x)}\underbrace{(x+1)}_{\Phi_2(x)}\underbrace{(x^2+x+1)}_{\Phi_3(x)}\underbrace{(x^2+1)}_{\Phi_4(x)}\underbrace{(x^2-x+1)}_{\Phi_6(x)}\underbrace{(x^4-x^2+1)}_{\Phi_{12}(x)}$$

解答 4-1b(因式分解)

$x^{12} - 1$ 可以因式分解成以下形式(係數是複數的情況):

$$x^{12} - 1$$

$$= \underbrace{(x - \zeta_1^1)}_{\Phi_1(x)} \underbrace{(x - \zeta_2^1)}_{\Phi_2(x)} \underbrace{(x - \zeta_3^1)(x - \zeta_3^2)}_{\Phi_3(x)}$$

$$\underbrace{(x - \zeta_4^1)(x - \zeta_4^3)}_{\Phi_4(x)} \underbrace{(x - \zeta_6^1)(x - \zeta_6^5)}_{\Phi_6(x)}$$

$$\underbrace{(x - \zeta_{12}^1)(x - \zeta_{12}^5)(x - \zeta_{12}^7)(x - \zeta_{12}^{11})}_{\Phi_{12}(x)}$$

$$\zeta_n = \cos\frac{2\pi}{n} + i\sin\frac{2\pi}{n} = e^{\frac{2\pi i}{n}}$$

前提是 $\zeta_n = \cos\frac{2\pi}{n} + i\sin\frac{2\pi}{n} = e^{\frac{2\pi i}{n}}$ 。

「這種圖形也很有趣。」米爾迦說。

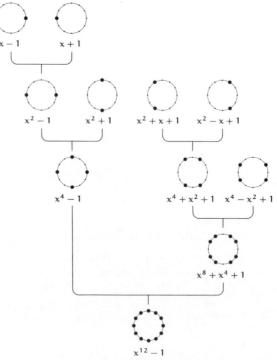

$x^{12} - 1$ 的因式分解(係數是有理數的情況)

4.2.8 與你共軛

「看這張圖我發現──」蒂蒂說：「這些黑圓點上下對稱，好像以水面為實軸，倒映的星星。」

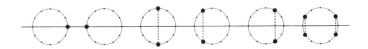

「這是**共軛複數**。」米爾迦說：「指 $a+bi$ 與 $a-bi$ 這種成對的複數，共軛複數可以不在單位圓上。」

「二次方程式的複數解一定是共軛複數。」我說。

「共軛複數的『軛』是『頸木』的意思。」米爾迦說。

「頸木──是什麼？」我問米爾迦。

「頸木！」蒂蒂忽然發出聲音，「頸木是把一起耕作的牛串接起來的道具。它固定在幾隻牛的頸部，使牠們朝相同的方向前進。」

「蒂蒂……為什麼妳會知道？」我問。

「共軛複數被套上方程式，像牛被套上頸木。」米爾迦說：「共軛複數只要一方動，另一方也會動。『共軛』意指有共同的軛，被一個二次方程式綁住的共軛複數，它的解無法隨意動作，經常會以方程式為軛，一起動作。」

「像鏡中的自己？」我說：「鏡子外的自己與鏡中的自己總是一起動作，像透過鏡子被連結在一起。」

「像結婚的夫妻？」蒂蒂說：「夫妻總是共度人生，因為他們透過約定而結合。」

「約定？」我說。

「對，因為結婚是『與你共軛』的約定。」蒂蒂這麼說著，用力點頭。

「共軛的根共同擁有方程式這個軛，看穿這個謎的是──天才

伽羅瓦。」米爾迦說：「好，現在我們來看看連在一起了沒。」

4.2.9　循環群與生成元素

「我和正十二邊形變成好朋友囉！」蒂蒂說。

「那麼從其他觀點來思考 ζ_{12} 吧。」米爾迦說：「我們用 $<a>$ 這個記號來做以下定義吧。」

$<a> =$「數 a 的 n 次方可以得到的所有數的集合($n = 1, 2, 3\cdots\cdots$)」

「好的。」

「假設 $\zeta_{12} = \cos\dfrac{2\pi}{12} + i\sin\dfrac{2\pi}{12}$，以下式子成立。」

$$\langle\zeta_{12}\rangle = \{\zeta_{12}^1, \zeta_{12}^2, \zeta_{12}^3, \zeta_{12}^4, \zeta_{12}^5, \zeta_{12}^6, \zeta_{12}^7, \zeta_{12}^8, \zeta_{12}^9, \zeta_{12}^{10}, \zeta_{12}^{11}, \zeta_{12}^{12}\}$$

「沒錯。」

「來做小測驗。$n = 1, 2, 3, \cdots\cdots n$ 有無數個，但為什麼集合 $<\zeta_{12}>$ 只有十二個元素？」

「十二元素會繞一圈⋯⋯呃，到達 ζ_{12}^{13} 等於到達 ζ_{12}。不管幾次方，都不會超過十二。」

「沒錯，請解以下的問題。」

問題 4-2(生成元素的個數)

滿足以下等式的整數 k，在 $1 \leq k < 12$ 的範圍內有幾個？

$$\langle\zeta_{12}\rangle = \langle\zeta_{12}^k\rangle$$

「咦？」

蒂蒂發出聲音，咬著指甲陷入沉思。

我想這個問題可以換句話說：

> ζ_{12} 重覆次方會得出所有「1 的十二次方根」。反之，重覆次方會得出所有「1 的十二次方根」的數，在「1 的十二次方根」中有幾個？

用文字表達看起來很複雜。但是，只要將$<a>$這個符號定義成「數 a 的 n 次方可以得到的所有數的集合$(n = 1, 2, 3\cdots)$」，問題會變簡單，意思較清楚。不過如果不能好好理解$<a>$這個記號的意思，將令人難以理解。

蒂蒂保持沉默，看著筆記本。

米爾迦凝視著蒂蒂。

而我——凝視著米爾迦。

「我知道，是四個。」蒂蒂說。

「具體一點，是哪四個？」米爾迦問。

「滿足$<\zeta_{12}>=<\zeta_{12}^{k}>$的 k，在 $1 \leqq k < 12$ 的範圍內有——

$$1, 5, 7, 11$$

——這四個。」

「沒錯。」米爾迦說。

蒂蒂鬆了口氣。

我可以猜到米爾迦的下個問題。

「蒂德菈，這個 $1, 5, 7, 11$ 是怎樣的數呢？」米爾迦問。

果然，如我所料。

「怎樣的數？$1, 5, 7, 11$ 是『不管 $2, 3, 4, 6$ 或 12 都不能整除的數』，是『除了 1，用 12 的因數不能整除的數』。」

「沒錯，那你會怎麼詮釋呢？」米爾迦把話題轉到我身上。

「$1, 5, 7, 11$ 與 12 的最大公因數是 1，是『與 12 互質的數』！」

「對。」米爾迦點頭。

「哎呀……」蒂蒂說：「<u>互質</u>、<u>互質</u>，relatively prime——這麼美麗的詞可不能忘記……」

「$\overset{\cdot}{\zeta}_{12}$, $\overset{\cdot}{\zeta}_{12}^{5}$, $\overset{\cdot}{\zeta}_{12}^{7}$, $\overset{\cdot}{\zeta}_{12}^{11}$ 是『1 的原始十二次方根』，其中所有的數無論幾次方，都能得出 $x^{12}-1$ 的所有根，形成一群複數的積。由一個數構成的群是循環群，換句話說，所有『1 的原始十二次方根』都能構成循環群$<\zeta_{12}>$。」

$$\langle \zeta_{12}^{1} \rangle = \langle \zeta_{12}^{5} \rangle = \langle \zeta_{12}^{7} \rangle = \langle \zeta_{12}^{11} \rangle$$
$$= \{\zeta_{12}^{1}, \zeta_{12}^{2}, \zeta_{12}^{3}, \zeta_{12}^{4}, \zeta_{12}^{5}, \zeta_{12}^{6}, \zeta_{12}^{7}, \zeta_{12}^{8}, \zeta_{12}^{9}, \zeta_{12}^{10}, \zeta_{12}^{11}, \zeta_{12}^{12}\}$$

解答 4-2(生成元素的個數)

滿足以下等式的整數 k，在 $1 \leqq k < 12$ 的範圍內有四個。

$$\langle \zeta_{12} \rangle = \langle \zeta_{12}^{k} \rangle$$

4.3　模擬考

4.3.1　考試會場

「除了准考證、書寫用具、手錶，其他東西不能放在桌上。在開始之前，手不能碰題目卷，如果有問題請舉手，保持安靜。另外……」監考老師的聲音迴盪於考場。

我閉著眼睛聽監考老師例行性講述的注意事項。

這裡是隔壁城鎮的高中，我今天參與的是大型補習班主辦的模擬考。緊張氣氛籠罩整間教室，冷氣的效果很差，我努力適應與平時不同的校舍，與平常不同的氣味，正式考試一定是這種感覺吧，

讓人去習慣這種強烈的不適感就是模擬考的意義吧。

我想起前幾天的米爾迦與蒂蒂。

我們由村木老師的 $x^{12} - 1$ 卡片，延伸出許多話題。

- 多項式的因式分解與方程式的解。
- 正 n 邊形。
- 1 的 n 次方根與 1 的 原始 n 次方根。
- 分圓多項式與分圓方程式。
- 互質。
- 循環群與生成元素。
- 共軛的根共同擁有方程式這個軛。

數學連在一起。

不管是蒂蒂的構思還是米爾迦的講課，我都盡情享受。

她們的魅力絕對不只有外表，我能了解更深層的意義嗎？了解她們，和數學。

我了解蒂蒂嗎？

我了解米爾迦嗎？

我——或許連自己都不了解。

專攻入學考的參考書主打「馬上懂」的廣告標語。入學考及格是很好，但是，重要的並非「馬上懂」，真正重要的是……

監考老師的聲音響起。

「請開始。」

我睜開眼睛。

來吧，加油吧，考生！

真正重要的是……

> 十六歲的伽羅瓦熱衷於數學，
> 雖然對學校生活仍有不滿，但已非不幸。
> ——原田耕一郎

第 5 章
角的三等分

樹枝與荊棘互相糾纏，任何人都無法進入，

能看見的幾乎只有塔的頂端。

如此一來，不用擔心任何人會有興趣去拜訪，

公主殿下沉睡的地方。

——《睡美人》

5.1　圖的世界

5.1.1　由梨

「你在幹什麼，大學考生！」由梨說。

「嗚哇！妳幹嘛，高中考生！」我回應。

「嗚哇！」由梨回答，這是我們特定的互動方式。

這裡是我的房間，現在是過午時分。因為已經放暑假，由梨常來我的房間。

我前幾天的模擬考成績不夠出色，不好也不壞，雖然沒有意想不到的失誤，但有不少粗心的錯誤。我對比標準答案與自己的答案，閱讀老師發下的解說，記在統整的筆記本。一一檢討自己的錯誤有助於提高分數，但是乏味的檢討題目不能讓我感到雀躍，只能繼續用功、準備考試。

「欸，由梨，哥哥現在很忙啦。」

「你的第一志願決定了嗎？」

「算吧……」

我的第一志願已經決定，但是我的心中浮現這樣的問題——

我的「出路」是什麼？

我為什麼要升學，上大學做什麼呢？……但是，對國中三年級的由梨說這些也沒有用。

「咦？你決定了啊。」

「所以我現在忙著念書啊！」我回答。

「先不管那個，哥哥……」

「不能不管。」

「我今天有事要拜託你。」

「什麼事？」我一邊將拼錯的單字寫在單字卡上，一邊回答。

「冗長的」是 redundant；「惡作劇的」是 mischievous。

「我要你今天作陪一整天！陪一個柔弱的女孩子。」

「柔弱的女孩子在哪？」

「在哥哥的眼前啦！……媽媽說我不可以一個人去啊……」她雙手交叉，翻著白眼。

「去哪裡？」

「雙倉圖書館！」

5.1.2　角的三等分問題

「給妳。」我把在車站買的果汁遞給她。

「Thank you。」由梨接過果汁，「好熱——」

我們在電車上，一同前往雙倉圖書館。

「哥哥要喝一口嗎？啊，間接接吻不好吧。」

「妳在說什麼啊，不說這個，妳去雙倉圖書館做——」

「欸，哥哥！你知道角的三等分問題嗎？」

「知道啊，畢竟這是數學史上最有名的問題之一。」

的確，這是從古希臘時代便存在的問題。

問題 5-1(角的三等分問題)

「妳是指只使用尺與圓規，可不可以三等分給定的角嗎？」

「對對對，答案是『不能』吧？」

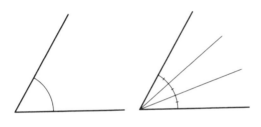

角的三等分

「對啊，這已經被證明，只使用尺與圓規，不一定可以三等分給定的角。」

「但是，用尺與圓規可以畫出正三角形吧？」

由梨拿出她珍貴的筆記本，準備得可真周到啊。

用尺與圓規畫正三角形的步驟

1. 用尺畫出通過 A, B 兩點的直線

2. 用圓規以 *A* 點為中心，畫出通過 *B* 點的圓

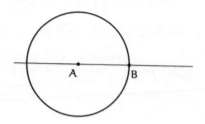

3. 用圓規以 *B* 點為中心，畫出通過 *A* 點的圓，令其中一個交點為 *C*

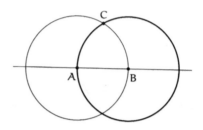

4. 用尺畫出通過 *A, C* 兩點的直線

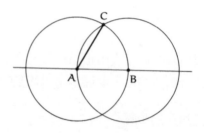

(表示連結 A, C 兩點的線)

5. 用尺畫出通過 B, C 兩點的直線

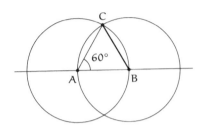

「正三角形的角是 60°──是將 180°三等分的角吧？180°÷3 = 60°，因此你不能斷言用尺與圓規無法三等分角。」

「欸，由梨，哥哥剛才說的是『不一定可以三等分所給定的角』，有些角能夠三等分，有些角不能三等分。180°是尺與圓規可以三等分的角啊。」

「這樣啊。」由梨點頭，「怎樣的角可以三等分呢？」

「像由梨剛才說的，180°可以分成三個60°，完成三等分。270°也可以分成三個直角 90°，完成三等分。依此類推，90°也能三等分，因為 90° − 60° = 30°。」

「可以三等分的角很多啊，那不能三等分的角呢？」

「這是我很久以前看書學的，不太記得。」我說。

「⋯⋯60°不能三等分嗎？」由梨的音量忽然變小。

「咦？或許吧。我覺得 60°好像不能三等分。」

「意思是用尺與圓規不能畫出 60°÷3 = 20°？」

> **問題 5-2(20°的作圖)**
> 用尺與圓規可以畫出 20°嗎？

「是啊，因為 60°不能三等分，所以無法用尺與圓規畫出 20°。」

「真的嗎？應該可以畫出 20°啊⋯⋯圖形的問題只要畫輔助線就能化解吧？動一動腦筋應該可以畫出來吧？」

「不不不，我仔細說明給妳聽吧。」

應由梨的要求，我開始說明「角的三等分問題」。

不管身在何處，即使是在電車中，我們都很享受談論數學。

5.1.3　對於「角的三等分」問題的誤解

即使妳讀過「角的三等分」的相關書籍，但這個問題——

只使用尺與圓規，

可以三等分所給定的角嗎？

——妳還是很容易誤解，產生「努力想辦法，應該能辦到」的想法。而這誤解也分成好幾種⋯⋯

首先，有人會誤解「在數學上為不可能」的意思。在數學上認定為「不可能」，代表它已被證明，不僅是因為努力不足而找不到。用數學證明不可能畫出來的圖形，是真的不可能畫出來，再怎麼努力也無法成功。「使用輔助線」這個想法雖然不錯，但輔助線不能隨便畫，因為畫輔助線需要兩個點。

也有人把「角不一定可以三等分」誤解成「所有的角都不可以三等分」。「角不一定可以三等分」的意思是「至少存在一個不能三等分的角」。所以，角不一定可以三等分的問題，只要找到一個「不能三等分」的角便可證明。

對了，也有很多人誤解這個問題的「前提」。在角的三等分問題中，可以用來作圖的工具只有尺與圓規，而且工具的使用次數有限制。若妳拿其他工具說：「用這個工具能完成角的三等分！」是不行的。

還有人把「能不能三等分」與「能不能畫成圖」混為一談。所

有的角都能三等分，但是不一定可以畫成圖。而且這個問題限制使
用尺與圓規的次數，在這個限制中，不一定能夠將所有三等分的角
畫出來，雖然這些角的確存在，但不一定能利用有限的作圖步驟畫
出來。

◎　◎　◎

「但是──」由梨喝光果汁說：「總之，角的三等分問題是
『能否作圖』的問題不是嗎？作圖有很多種方法，說不定原本被認
為不可以作圖的角，也可以用別種作圖方式，證明能夠作圖吧？圖
有很多種，涵蓋的範圍很廣泛吧。」

「由梨的『很廣泛』是指不管證明了多少個角，都有可能遺漏
嗎？」

「嗯──算吧──」

「但是，不會遺漏喔。我們一起來思考『給定的角不一定可以
三等分』這個問題吧，雖然我沒自信可以證明到最後，但我們試試
看能證明到什麼程度吧。」

「開始吧！」由梨邊說邊戴上膠框眼鏡。

5.1.4　尺與圓規

仔細地證明吧，由梨。

我們先來探討這個問題的前提：尺與圓規。

角的三等分問題規定只能用尺與圓規來作圖，這是它的前提。
如果無視這個前提，角的三等分問題會很變得簡單，因為使用量角
器，馬上能將角三等分。

首先，在這個問題中，尺可以辦到的事只有一件──

畫出直線，通過給定的兩點。

我們假設這裡的尺,無論給定的兩點距離多遠、靠多近,都能畫出通過此兩點的直線。但是,這兩點不能是同一個點。

另外,這把尺也有辦不到的事……或者說,不能做的事,那就是不可以使用尺的刻度,因此不能測量兩點的距離。

總之,這把尺能做的,只有畫出通過給定兩點的直線。

用尺畫出通過給定兩點的直線

接著,我們來討論圓規。圓規是畫圓的工具,而使用圓規可以辦到的事只有一件——

以給定兩點的其中一點為中心,畫出圓周通過另一點的圓。

用圓規以給定兩點的其中一點為中心,畫出圓周通過另一點的圓

思考角的三等分問題,我們能做的只有這些——

尺………畫出通過給定兩點的直線。
圓規……以給定兩點的其中一點為中心,畫出圓周通過另一點的圓。

明定使用尺與圓規可以做的事情,這是規則。
尺與圓規在規定的次數以內,要重覆使用幾次都可以,所以用尺與圓規能畫出各種圖形,剛才我們已畫出正三角形。
我們要研究的是「用尺與圓規能畫的圖形是什麼」。

由梨，到這裡可以嗎？

5.1.5 可以作圖的意義

「由梨，到這裡可以嗎？」我問。

安靜聽我說話的由梨回答：

「嗯，可以。尺與圓規可以用兩點畫出直線、用兩點畫出圓，這很簡單……但是……」

「嗯？」

「若連一個點都沒有，就什麼都畫不出來嗎？」

「喔！由梨，妳發現這點很不錯。妳說的沒錯，尺和圓規都是針對兩點作圖，所以沒有這兩點什麼都畫不出來。我們必須假設一開始便會給定兩點，不然沒辦法開始作圖，而且要假設這兩點只能是『直線與圓』、『直線與直線』、『圓與圓』的交點。另外，用圓規畫完一個圓後，這圓規可以移到其他點上，以另一個點為圓心，畫出另一個半徑相同的圓。」

「嗯……不過我還是覺得不服氣喵。哥哥說過『能畫出各種圖形』不是嗎？我總覺得再怎麼樣，人都可以自由地畫圖。對數字來說，的確有絕對不可能的事，例如『$\sqrt{2}$是有理數』或『3是偶數』等。但是，不可以作圖要怎麼證明？這很不合理。」

「原來如此……」

我思考著由梨的問題。她提出的問題比以前更難回答，她已懂得如何巧妙而明確地表達自己的疑惑。

「……哥哥？」

「嗯，關於這點，我們必須好好思考『可以作圖』的意義。我們把『圖形的問題』變成『數的問題』來思考吧。這是一趟旅程，從『圖形的世界』通往『數的世界』。」

「旅程？」

我們搭乘的列車朝雙倉圖書館前進。

我們的思想則朝數的世界前進。

5.2 數的世界

5.2.1 具體例子

「我們想研究使用尺與圓規可以畫出的圖形，而作圖需要點，所以我們研究的是可以作圖的點，亦即『可以作圖點』。」

「原來如此。」

「在座標平面上，『可以作圖點』可以用點(x, y)的座標來表示，因此我們研究的是可以作圖點在 x 座標與 y 座標的數。」

「啊！那是可以作圖數嗎？」

「是啊，是可以作圖數……由梨，妳學過了嗎？」

「沒有啦，一點點而已，其實呢。」她支支吾吾，扯著髮尾，「其實今天……有 festival 的準備委員會。」

「festival？」我說。

「嗯，米爾迦大小姐和其他人在雙倉圖書館聚會……」

啊——我總算懂了。米爾迦會來，代表又有數學的活動，由梨是在為此做準備嗎？

「由梨和我談『角的三等分問題』與這場 festival 有關嗎？」

「算吧，先預習一下。」

原來如此，這類聚會總是採用這種模式。聚集喜愛數學的人們，大家聊聊數學的話題、解數學題目。米爾迦會從有趣的觀點來解說——我們正朝那個地方移動吧。

「回歸正題吧，可以作圖數。」由梨說。

「是。使用尺與圓規作圖時，請注意可以作圖點的座標數字——可以作圖數。」

「嗯。」

「假設一開始給定的是原點(0,0)與(1,0)，以 0 與 1 為可以作圖數。以這兩點為開端，用尺與圓規畫出直線與圓，接著做出『直線與直線』、『直線與圓』和『圓與圓』的交點。如此一來，便能確定這個 x 座標與 y 座標是可以作圖數。」

「嗯……請給我具體的例子！」

「先畫出直線連結(0,0)與(1,0)，做出 x 軸。」

「咻一聲，畫出橫向的線。」

「以(0,0)為中心，畫半徑為 1 的圓，此圓與 x 軸的交點是(1,0)與(−1,0)，由此可知 −1 是可以作圖數。接著讓圓規以(1,0)為圓心畫圓，得到此圓與 x 軸的交點(2,0)，以 2 為可以作圖數……重覆此作法……使 −3, −2, −1, 0, 1, 2, 3 等數加入可以作圖數的群體。接著，我們會發現所有整數都是可以作圖數。」

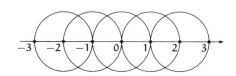

「原來如此……」

「用尺與圓規，能畫出與給定直線正交的直線，所以可以畫出 y 軸。」

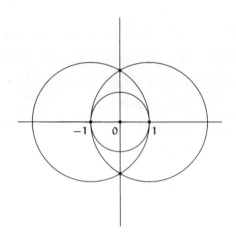

用尺與圓規可以畫出與給定直線正交的直線

用尺與圓規可以畫出清楚的**格點**。

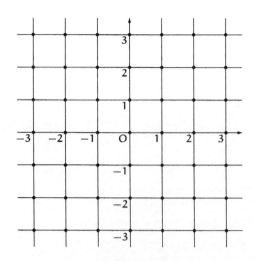

用尺與圓規可以畫出格點

——說出可以作圖數很麻煩，所以我們來幫它們命名吧。例如

……我們將全體可以作圖數的集合，命名為 D 吧。如此一來，假設 a 為可以作圖數，便能用算式寫成 $a \in D$(數 a 屬於集合 D)。

$$a \text{ 是可以作圖數} \iff a \in D$$

這樣寫會輕鬆許多，由梨。

$$0 \in D \quad 0 \text{ 是可以作圖數(一開始給定的數)}$$
$$1 \in D \quad 1 \text{ 是可以作圖數(一開始給定的數)}$$

$\dots, -3, -2, -1, 0, 1, 2, 3, \dots \in D$　整數全是可以作圖數

整數全體的集合以 $\mathbb{Z} = \{\dots, -3, -2, -1, 0, 1, 2, 3, \dots\}$ 來表示，使用子集的記號 $\subset$ 可以寫成以下形式：

$$\{\dots, -3, -2, -1, 0, 1, 2, 3, \dots\} \subset D$$
$$\mathbb{Z} \subset D$$

◎　◎　◎

「這是為了研究 D 是怎樣的集合吧？」由梨說。

「嗯……說集合不夠準確，D 應該是體。」

「體是什麼？」

「簡單來說，體是可以加減乘除的數的集合。」

「明明是圖形卻可以加減？」

「是啊，用尺與圓規可以加減乘除……」

5.2.2 透過作圖加減乘除

用尺與圓規可以做數的加法。

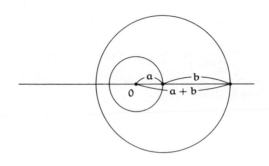

以 a 與 b，畫出 $a+b$

　　同樣地，用尺與圓規也能做數的減法。觀察點在 0 的右邊或左邊，能知道是加法或減法。

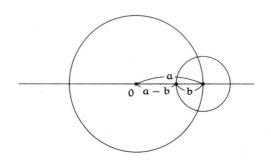

以 a 與 b，畫出 $a-b$

只要用三角形的比例，就能用尺與圓規做數的乘法。

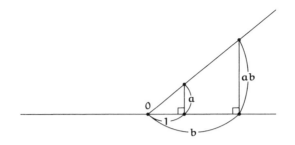

以 a 與 b，畫出 ab

也可以用尺與圓規做除法。

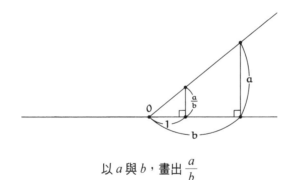

以 a 與 b，畫出 $\dfrac{a}{b}$

◎　○　◎

「哥哥，好厲害喔！用尺與圓規來計算吧！」

「妳懂所有加減乘除都能用尺與圓規來做吧。整數是可以作圖數，可以進行四則運算，而整數除以 0 以外的整數，是有理數，所以有理數全是可以作圖數。」

「因為可以用整數的除法得出有理數？」

「對。$\mathbb{Z} \subset \mathbf{D}$，而且因為 $\mathbf{D}$ 的四則運算具封閉性，所以也能說 $\mathbb{Q} \subset \mathbf{D}$。」

$$\mathbb{Q} \subset D$$

「嗯──」

「因為可以作圖數進行四則運算之後，仍屬於可以作圖數，具封閉性，所以可以說所有可以作圖數的集合是體。」

$$a, b \in D \Rightarrow a + b \in D$$
$$a, b \in D \Rightarrow a - b \in D$$
$$a, b \in D \Rightarrow a \times b \in D$$
$$a, b \in D \Rightarrow a \div b \in D \qquad (b \neq 0)$$

5.2.3　透過作圖開根號

「作圖問題的重點在於，可以用加減乘除得到的數！」

「……不，我總覺得很怪。」我重新思考，「我覺得不只有加減乘除吧，還有求平方根的計算──**開根號**。我記得平方根也可以用尺與圓規畫出來。」

「啊！我懂了。$\sqrt{2}$ 可以用正方形的對角線畫出來。」

「嗯。$\sqrt{2}$ 是這樣沒錯，不過不只 2，任何比 0 大的數 a 應該都可以用尺與圓規畫出 $\sqrt{a}$……」

「哥哥會畫嗎？」

我想了一陣子，在筆記本上塗塗畫畫，才想起開根號的作圖步驟。

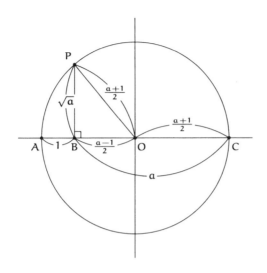

用尺與圓規可以開根號(以 a 得出 $\sqrt{a}$)

用尺與圓規開根號的作圖步驟

1. 從 A 點往右，在距離為 1 的地方，得到 B 點(1 是可以作圖數)。

2. 從 B 點往右，在距離為 a 的地方，得到 C 點(a 是被給定的可以作圖數)。

3. 從 C 點往左，在距離為 $\dfrac{a+1}{2}$ 的地方，得到 O 點。($\dfrac{a+1}{2}$ 的加法與除法，可以用尺與圓規畫出來)

4. 以 O 點為圓心，畫出圓周通過 C 點的圓。

5. 畫垂直於 B 點的直線，令此直線與圓的其中一個交點為 P 點。

6. 由畢氏定理可知，B 點與 P 點的距離為我們想求的值 $\sqrt{a}$。

「由**畢氏定理**可知 B 點與 P 點的距離 $\overline{BP}$ 等於 $\sqrt{a}$。」

$$\overline{BP}^2 + \overline{BO}^2 = \overline{OP}^2 \qquad \text{根據畢氏定理}$$

$$\overline{BP}^2 + \left(\frac{a-1}{2}\right)^2 = \left(\frac{a+1}{2}\right)^2 \qquad \text{以 } a \text{ 表示邊長}$$

$$4\overline{BP}^2 + a^2 - 2a + 1 = a^2 + 2a + 1 \qquad \text{將式子展開，去除分母}$$

$$\overline{BP}^2 = a \qquad \text{計算}$$

$$\overline{BP} = \sqrt{a} \qquad \text{取正的平方根，得到 } \overline{BP}$$

「喔——！」由梨大叫。

「我們已經知道用尺與圓規可以計算，且全部的有理數都是可以作圖數。所以，若 a 是正的有理數，$\sqrt{a}$ 則是可以作圖數，$\sqrt{2}$, $\sqrt{3}$, $\sqrt{0.5}$ 等都是可以作圖數。」

$$\sqrt{2} \in D$$

$$\sqrt{3} \in D$$

$$\sqrt{0.5} \in D$$

$$\sqrt{a} \in D \qquad (a \in \mathbb{Q}, a > 0)$$

「嗯嗯。」

「還可以重覆開根號——

$$a \in D \Rightarrow \sqrt{a} \in D \qquad (a > 0)$$

所以若 a 為正的有理數……」

$$\sqrt{a} \in D$$

$$\sqrt{\sqrt{a}} \in D$$

$$\sqrt{\sqrt{\sqrt{a}}} \in D$$

$$\sqrt{\sqrt{\sqrt{\sqrt{a}}}} \in D$$

「喔！可以重覆啊！」

「因為用這種方式得出的數也能進行四則運算，可將 p, q, r 當作正的有理數，於是以下式子成立。」

$$\sqrt{\sqrt{p} + \sqrt{q}} \in D$$

$$\sqrt{\sqrt{p} + \sqrt{\sqrt{q}} + \sqrt{r}} \in D$$

$$\sqrt{\sqrt{\sqrt{p} + \sqrt{\sqrt{q}} + \sqrt{r}}} \in D$$

「等一下，哥哥。$\sqrt{a}$ 可以作圖，$\sqrt{\sqrt{a}}$ 可以作圖，$\sqrt{\sqrt{\sqrt{a}}}$ 可以作圖……既然如此，任何數都可以作圖嗎？」

「不是。不能說任何數都能作圖，只有平方根可以作圖。舉例來說 $\sqrt{\sqrt{a}} = \sqrt[4]{a}$，$\sqrt{\sqrt{\sqrt{a}}} = \sqrt[8]{a}$，所以能夠單純重覆開根號的只有 2^n 的次方根。」

「這樣啊……你之前說過為什麼只能用平方根嗎？」

「直線可以寫成一次方程式，圓可以寫成二次方程式，它們的交點可用聯立方程式來求。出現在聯立方程式的只有一次方程式與二次方程式，所以可以畫出來的數，只有一次方程式或二次方程式的解。」

「然後呢？」

「一次方程式可以用四則運算來解。妳想想公式解，會知道二次方程式要用加減乘除與開根號來解——也就是只能用平方根來解。」

「是這樣沒錯。」

「總之，可以作圖數是——

『重覆加減乘除與開根號能夠得出的數』

妳只要好好定立直線與直線、直線與圓、圓與圓的聯立方程式，求交點的座標，便能理解什麼是可以作圖數。其中，圓的方程式比較複雜。」

我正要寫圓的方程式時，列車停下來。

「哥哥，到了！」

「圓的方程式當作妳的回家作業吧，到雙倉圖書館的路得爬坡呢。」

「那段斜坡好長好長耶——」

「別發牢騷，再長的坡只要一步步前進，最後都能走完。」

「咦……哥哥的意思是『最多也是有限次』吧？」

5.3　三角函數的世界

5.3.1　雙倉圖書館

雙倉圖書館蓋在海邊的山丘上。

爬著斜坡，由車站走向三層樓高的雙倉圖書館，最先看到的是它白色的圓頂，接著左右對稱的美麗圖書館才會慢慢現身。

背對圖書館朝海望去，可以看見豎立於海角的燈塔。若天氣好，連遠方的水平線都能清楚看見，景緻非常好。

雙倉圖書館是**雙倉博士**設立的私人圖書館，數理類的藏書很豐

富，會舉辦小型研討會等，是致力於推廣啟蒙數學、物理的機構。雙倉博士在美國擔任數理研究所的所長，好像是米爾迦的姑姑。我沒見過她。

我們參加過幾次這裡舉辦的研討會，也曾借用這裡的會議室，大家一起研究數學。這裡是自主學習、與同好人士交流的好去處。

但是……

今天圖書館的入口放著「閉館」的大告示板。

「由梨，今天是休館日！」我說。

「咦？怪了……」

「妳沒確認圖書館的閉館時間嗎？」

「……但是可以進去啊！」

圖書館的正門開著，我們進入大廳。裡面沒有人，海的氣味與書本的氣味交混，是個很涼爽的空間。我們站在高階樓梯，可以透過玻璃看見每層樓，上面的樓層並沒有人的蹤影。

突然，響起口哨聲。

「那是什麼？」由梨問。

「噓！」

我四處張望，沒有任何人。

傳來口哨的旋律。

我聽過這首曲。

我們朝聲音的方向前進，窺探書架後方。

一位紅髮少女坐在沙發上。

她的膝上放著鮮紅色的筆記型電腦，一邊吹著口哨，一邊快速打字。

「小麗莎？」我向少女打招呼。

她回頭看向這邊，以沙啞的聲音回應：

「不要加『小』。」

她是**雙倉麗莎**,高中一年級,雙倉博士的女兒。

5.3.2 麗莎

高三的我,國三的由梨,還有高一的麗莎。

我們三人坐在雙倉圖書館無人的大廳沙發上。

「我聽說今天有準備委員會啊——」由梨說。

「有啊。」麗莎面無表情地對由梨說:「結束了。」

麗莎的頭髮是紅色的,髮型很隨意,像亂剪。雖然髮型給人野蠻的感覺,但她非常沉默寡言、冷漠,幾乎不與人長時間交談,她總是突然吐出幾個關鍵字。或許比起與人說話,她跟電腦對話更開心吧。

「咦!」由梨說:「我明明和那傢伙約好。」

(那傢伙?)

「他來過了。」麗莎說。

「他跟我說今天十五點開始。」

「今天十點開始。」麗莎回答:「午餐後解散。」

「什麼啊由梨,妳弄錯時間吧。」

「咦……怎麼這樣!我還有預習耶。」

「我們討論過。」麗莎面無表情地說:「海報的統整方式。」

「海報是什麼?」我問。

「準備中。」麗莎回答。

沉默。

我還是搞不懂她在說什麼。

「呃,是這次的 festival 海報嗎?……是討論三等分角問題的研討會嗎?」我問。

「那只是一部分。」麗莎回答。

沉默。

我不太懂她的意思，真是令人不耐煩。

「小麗莎負責 festival 的行政工作嗎？」我問。

「不要加『小』。」麗莎回答。

「麗莎負責 festival 的行政工作嗎？」我重新問。

麗莎點頭。

沉默。

「總之，今天有這場準備委員會，但已經結束了吧？」我問。

麗莎點頭。

麗莎點頭給我的情報只有一位元，所以話題難以進行下去。

「米爾迦回去了嗎？」我問。

「米爾迦小姐？」麗莎稍微皺起眉頭，「她來過，早就回去了。」她輕輕咳嗽。

「那傢伙有說什麼嗎？」由梨問麗莎。

「用尺與圓規加減乘除與開根號。」麗莎回答。

「哎呀，我不是說這個，是有沒有什麼話要轉告我……」由梨支支吾吾。

雖然對話兜不起來，但我已大致了解這場 festival，這應該是利用暑假，讓愛好數學的同好們，每個人進行發表，有點像研討會的活動。看來米爾迦很積極地參與這種數學活動。高中生、大學生、社會人士……她打破這些框架，拓寬活動的影響範圍。

由梨的男朋友——由梨稱為那傢伙的國中生——應該也與這次的 festival 密切相關吧。

態度冷淡卻擅長擔任負責人的麗莎，要負責這場 festival 的事務性工作，這是很尋常的模式。

「呃——妳們談過 60°嗎？」由梨重新問麗莎。

「$\frac{\pi}{3}$。」麗莎回答。

「哥哥，$\frac{\pi}{3}$ 是什麼？」

「$\frac{\pi}{3}$ 是角度。」我補充麗莎語義不清的回答,「她只是將角度的單位變成弧度,π 的弧度是 180°,所以 $\frac{\pi}{3}$ 是 60°。妳們果然談過 60° 的三等分問題。」

「這樣啊……嗚——妳們做過怎樣的討論啊喵?」

「有沒有留下什麼?板書之類的。」我問麗莎。

「沒有。」麗莎操作著電腦,簡短回答。

「雖然很可惜,不過我們回去吧,回家我們再一起想吧。」我對由梨說。

「唔……」由梨似乎很不滿。

「$\cos\frac{\pi}{9}$。」麗莎說。

「$\cos\frac{\pi}{9}$?那是什麼?」

「是 $\cos 20°$。」我說:「原來如此!」

「什麼原來如此?」

「意思是這樣,$\cos 20°$ 是可以作圖數,我們能畫出 20° 的角。既然可以畫出 20° 的角,$\cos 20°$ 便是可以作圖數。因此,我們只需要調查 $\cos 20°$。」

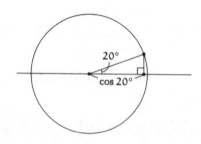

接著,我和由梨「對話」一陣子,確認接下來的準備委員會預定日程。

「那今天我們先回去囉。」我對麗莎說。

麗莎無言地點頭。

我與由梨離開雙倉圖書館，才踏出圖書館就感受到天氣的熾熱。麗莎站在門口為我們送行。

「我想festival是類似研討會的數學活動。」我說：「海報是什麼？」

「發表內容的統整。」麗莎說。

「原來如此。若是文化祭，寫這種東西也沒人會看吧，大家只會視而不見地走過去。」

麗莎側首，一臉不解。

「我不是在發牢騷，只是數學那麼抽象又無法讓人輕易看到整體樣貌，要是不動點腦筋，用圖像讓人『看得見』數學，大家會難以掌握數學吧。」

麗莎點頭。

「我們先走了喔。」

「像是建塔？」麗莎面無表情地說。

「塔？」

5.3.3　離別之際

在回程的電車中，由梨保持沉默。

快到目的地時，她終於開口：

「……由梨是笨蛋吧。」

「由梨才不是笨蛋──怎麼了？」

我好久沒聽到由梨說這種話。

「欸，哥哥。我們不可能一直在一起吧。」

和誰──我吞下脫口而出的問句。

由梨當然是指「那傢伙」吧。今天我沒見到他，由梨的男朋友因為轉學很難見到面，是由梨的數學夥伴。

「妳再跟他聯絡不就好了，今天的事情也可以當你們的話題

啊。」

　　我故意用輕鬆的口氣說。

　　「唔──是啦……哥哥，今天很抱歉喵。」

　　「嗯？」

　　「你明明在準備考試我還硬拉你出來……角的三等分問題也半途而廢。」

　　「什麼啊，這種事沒關係啦，我們再一起研究數學吧。」

　　「我們只需要研究 $\cos 20°$ 吧。」由梨說。

　　「嗯，我們只要能證明 $\cos 20°$ 這個數不屬於 D，便能證明全體可以作圖數的集合 D。但是，要研究 $\cos 20°$ 是怎樣的數好像很難……重覆加減乘除與開根號能畫出 $\cos 20°$ 嗎？」

　　「使出必殺技啊，微積分或是方程式之類的。」

　　「妳別只是列出一堆關鍵字。」我笑著撫摸由梨的頭。

　　如果是平常，她會很生氣地說「你幹嘛啦」，不過今天她很溫順地讓我摸頭。

5.4　方程式的世界

5.4.1　看穿結構

　　深夜，我在房間念書。

　　但是，我一直很在意 $\cos 20°$，其實用可以處理 cos 的計算機，便能得到以下式子──

$$\cos 20° = 0.9396926207859083840541092773 2473\cdots$$

　　但是，我想知道的不是數值。

　　我想知道的是，$\cos 20°$ 是否為可以作圖數──亦即，有理數重覆加減乘除與開根號，能不能得到 $\cos 20°$。我想證明 $\cos 20°$ 不是可

以作圖數，因此我不能只知道數值，我必須看穿 $\cos 20°$ 擁有的性質。對，我得用看穿結構的心之眼……

問題 5-3($\cos 20°$的可以作圖性)
$\cos 20°$是可以作圖數嗎？

今天由梨好可憐，沒能在雙倉圖書館見到「那傢伙」。我想起離別之際她說：

使出必殺技啊。
微積分或是方程式之類的。

我撫摸由梨的頭——嗯？
方程式？
我想研究 $\cos 20°$ 的性質。既然如此，研究 $\cos 20°$ 是「何種方程式的解」怎麼樣呢？
感覺不錯！
我起身，一圈圈繞著房間走，無意義地敲打書架來平息發現興奮。發現——對，我發現「用來接近解答的問題」。

$\cos 20°$是何種方程式的解？

無理數 $\sqrt{2}$ 是 $x^2 - 2 = 0$ 這個方程式的解之一，而虛數 i 是 $x^2 + 1 = 0$ 這個方程式的解之一。那麼——

$\cos 20°$是何種方程式的解？

想想吧。
想想吧。
絞盡腦汁擠出自己對 $\cos$ 的認識吧。
三角函數、單位圓的 x 座標、$\cos^2\theta + \sin^2\theta = 1$ 成立、值的範圍

在 −1 以上 1 以下、用內積的計算、餘弦定理、角度、角度⋯⋯角度？

角的三等分？

角的三等分！

20° 是 60° 的三等分。我不懂 cos20°，但是我很懂 cos60°，cos60° 是 $\frac{1}{2}$。而 cos20° 與 cos60° 的關連是——

三倍角的公式！

cos20° 和 cos60° 可以馬上導出三倍角的公式。假設 3θ 旋轉的矩陣等於 θ 旋轉矩陣的三次方，便可以導出「三倍角的公式」，得到解為 cos20° 的方程式！

$$\text{「}3\theta\text{ 旋轉的矩陣」}=\text{「}\theta\text{ 旋轉矩陣的三次方」}$$

$$\begin{pmatrix} \cos 3\theta & -\sin 3\theta \\ \sin 3\theta & \cos 3\theta \end{pmatrix} = \begin{pmatrix} \cos \theta & -\sin \theta \\ \sin \theta & \cos \theta \end{pmatrix}^3$$

實際計算右邊。

$$\begin{pmatrix} \cos \theta & -\sin \theta \\ \sin \theta & \cos \theta \end{pmatrix}^3$$

$$= \begin{pmatrix} \cos \theta & -\sin \theta \\ \sin \theta & \cos \theta \end{pmatrix}^2 \begin{pmatrix} \cos \theta & -\sin \theta \\ \sin \theta & \cos \theta \end{pmatrix}$$

$$= \begin{pmatrix} \cos^2 \theta - \sin^2 \theta & -\cos \theta \sin \theta - \sin \theta \cos \theta \\ \sin \theta \cos \theta + \cos \theta \sin \theta & -\sin^2 \theta + \cos^2 \theta \end{pmatrix} \begin{pmatrix} \cos \theta & -\sin \theta \\ \sin \theta & \cos \theta \end{pmatrix}$$

$$= \begin{pmatrix} \cos^3 \theta - 3\cos \theta \sin^2 \theta & \sin^3 \theta - 3\cos^2 \theta \sin \theta \\ -\sin^3 \theta + 3\cos^2 \theta \sin \theta & \cos^3 \theta - 3\cos \theta \sin^2 \theta \end{pmatrix}$$

所以，以下式子成立。左邊是「3θ旋轉的矩陣」；右邊是「θ旋轉矩陣的三次方」。

$$\begin{pmatrix} \cos 3\theta & -\sin 3\theta \\ \sin 3\theta & \cos 3\theta \end{pmatrix} = \begin{pmatrix} \cos^3 \theta - 3\cos \theta \sin^2 \theta & \sin^3 \theta - 3\cos^2 \theta \sin \theta \\ -\sin^3 \theta + 3\cos^2 \theta \sin \theta & \cos^3 \theta - 3\cos \theta \sin^2 \theta \end{pmatrix}$$

因為這個矩陣的元素彼此相等，所以得到三倍角的公式。

$$\cos 3\theta = \cos^3 \theta - 3\cos \theta \sin^2 \theta \qquad 比較元素得到此式$$
$$\cos 3\theta = \cos^3 \theta - 3\cos \theta (1 - \cos^2 \theta) \qquad 因為 \ \sin^2 \theta = 1 - \cos^2 \theta$$
$$\cos 3\theta = 4\cos^3 \theta - 3\cos \theta \qquad 計算$$

三倍角的公式

$$\cos 3\theta = 4\cos^3 \theta - 3\cos \theta$$

將 $\theta = 20°$ 代入三倍角的公式，

$$\cos 60° = 4\cos^3 20° - 3\cos 20°$$

$\cos 60° = \dfrac{1}{2}$，代入 $\dfrac{1}{2}$，

$$\frac{1}{2} = 4\cos^3 20° - 3\cos 20°$$

兩邊乘以 2，使 $\cos 20°$ 滿足以下式子，

$$8\cos^3 20° - 6\cos 20° - 1 = 0$$

我想知道的是 $\cos 20°$ 的值。假設 $\cos 20°$ 的部分是 X，便可以得出 X 的三次方程式。$X = \cos 20°$ 是這個三次方程式的解之一。

$$8X^3 - 6X - 1 = 0 \qquad X = \cos 20° \qquad 滿足 \ X = \cos 20° 的方程式$$

假設 $x = 2X$，方程式會變得更簡單。

$$8X^3 - 6X - 1 = 0 \qquad \text{滿足 } X = \cos 20° \text{的方程式}$$
$$(2X)^3 - 3(2X) - 1 = 0 \qquad \text{用 } 2X \text{ 統整}$$
$$x^3 - 3x - 1 = 0 \qquad \text{假設 } x = 2X$$

假設 $x = 2X$，則 $x = 2\cos 20°$ 是方程式 $x^3 - 3x - 1 = 0$ 的解之一。算到這個地步，尺和圓規完全消失，我該研究的對象是這個三次方程式。

$$x^3 - 3x - 1 = 0$$

這個三次方程式有三個解，其中之一是 $2\cos 20°$。所以如果能證明這個方程式「沒有任何一個可以作圖數的解」，便能證明 $2\cos 20°$ 無法以尺與圓規作圖。既然 $2\cos 20°$ 不能作圖，$2\cos 20°$ 除以 2 的 $\cos 20°$ 也不能作圖；既然 $\cos 20°$ 不能作圖，$20°$ 也不能作圖；既然 $20°$ 不能作圖，$60°$ 就無法以尺與圓規三等分。我想證明的正是這個！

三次方程式 $x^3 - 3x - 1 = 0$ 是 $60°$ 能不能三等分的關鍵，是 $60°$ 的三等分方程式！

問題 5-4($60°$的三等分方程式)

以下的方程式有可以作圖數的解嗎？

$$x^3 - 3x - 1 = 0$$

啊，注意注意！

如果 $x^3 - 3x - 1 = 0$ 沒有任何一個可以作圖數的解，的確可以說 $2\cos 20°$ 不能用尺與圓規作圖。

但是除了 2cos20°，這個方程式也可能有其他可以作圖數的解⋯⋯不，這種事現在說也沒用，我還是先集中思考「$x^3 - 3x - 1 = 0$ 是否有可以作圖數的解」吧。

5.4.2　用有理數練習

深夜，我在自己的房間，面對寫在筆記本的一則算式，它會將我導向哪裡呢？

$$x^3 - 3x - 1 = 0 \qquad （60°的三等分方程式）$$

我想證明這個方程式沒有任何一個可以作圖數的解。

要證明沒有，一定得使用反證法吧。

我設想證明的流程是：假設這個方程式有可以作圖數的解，假設這個解是 α，計算途中應該會出現矛盾，而可以作圖數 α 的形式可能很複雜，平方根可能重覆好幾個，因為圓規要重覆使用幾次都可以。α 可能是這種形式⋯⋯

$$2 + \sqrt{3 + \sqrt{\sqrt{5} + \sqrt{\sqrt{7}} + 11\sqrt{13} + \sqrt{17}}}$$

⋯⋯我才不會被這種複雜的數打敗。

重新站穩腳步，準備迎戰吧。

我還不清楚可以作圖數集合 D 是什麼。

說不定我這麼做是在繞遠路，但先試著用有理數 $\mathbb{Q}$ 來「練習」吧。

首先，不在可以作圖數 D，而在有理數體 $\mathbb{Q}$ 的範圍來思考吧。

> **問題 5-5(60°的三等分方程式與有理數解)**
> 以下的方程式有有理數的解嗎？
>
> $$x^3 - 3x - 1 = 0$$

　　因為 $\mathbb{Q} \subset \mathbb{D}$，所以方程式 $x^3 - 3x - 1 = 0$ 在 $\mathbb{Q}$ 的範圍內應該「無解」。我這麼預測：

想證明的命題：「$x^3 - 3x - 1 = 0$ 沒有有理數的解」

用反證法來證明，假設「命題的否定」。

反證法的假設：「$x^3 - 3x - 1 = 0$ 有有理數的解」

　　有理數的解可以寫成 $\dfrac{A}{B}$，A 與 B 是整數，B $\neq$ 0，而且即使假設 A 與 B 互質也不會喪失一般性。A 與 B 互質，指 A 與 B 的最大公因數是 1——換句話說，分數 $\dfrac{A}{B}$ 是約分後的形式。

$$x^3 - 3x - 1 = 0 \qquad \text{60°的三等分方程式}$$

$$\left(\frac{A}{B}\right)^3 - 3\left(\frac{A}{B}\right) - 1 = 0 \qquad \text{代入 } x = \frac{A}{B}$$

$$A^3 - 3AB^2 - B^3 = 0 \qquad \text{兩邊乘以 } B^3 \text{ 消去分母}$$

$$A^3 = 3AB^2 + B^3 \qquad \text{將} -3AB^2 - B^3 \text{移項到右邊}$$

$$A^3 = (3A + B)B^2 \qquad \text{提出 } B^2$$

　　提出 B^2，成為 $A^3 = (3A+B)B^2$ 的積形式。不錯不錯，很好。很多整數問題只要用積的形式便能輕鬆處理，因為可以用質因數探情況，也可以用除法分析算式。

　　A 與 B 都是整數。因為「整數的結構以質因數表示」所以請注意整數 A 的質因數——也就是除盡 A 的質數。選一個整數 A 的質

因數,設為 p。

不過,質因數 p 可能不存在,所以我先來處理 A = 0, 1, −1 的情況吧。

我盯著 $A^3 = (3A+B)B^2$ 思考。

> $A = 0$ 的時候,左邊是 $A^3 = 0$;右邊是 $(3A+B)B^2 = B^3$,而 $B = 0$,違反 $B \neq 0$,所以 $A \neq 0$。
>
> $A = 1$ 的時候,左邊是 $A^3 = 1$;但右邊是 $(3A+B)B^2 = (B+3)B^2$。這不等於 1,所以 $A \neq 1$。
>
> $A = -1$ 的時候,左邊是 $A^3 = -1$;但右邊是 $(3A+B)B^2 = (B-3)B^2$。這不等於 −1,所以 $A \neq -1$。

由此可見,A 不會是 0, 1, −1,所以可以選出一個質因數 p。

而且即使 A > 0,也不會喪失普遍性,因為如果 A < 0,反轉 B 的正、負號,也不能改變 $\dfrac{A}{B}$ 的值,不能讓 A > 0。我先以 A > 0 來思考吧。

假設 A 的質因數之一為 p,$A^3 = (3A+B)B^2$ 的左邊,A^3 能用 p 除盡,因為 A 可以用 p 除盡。

可是,右邊的 $(3A+B)B^2$ 不能用 p 除盡,因為——A 可以用 p 除盡,所以 3A 也可以用 p 除盡,因此「3A + B 除以 p 的餘數」等於「B 除以 p 的餘數」。而 A 與 B 互質,B 除以 p 的餘數不可能是 0,所以 3A + B 不能用 p 除盡。

此外,B^2 也不能用 p 除盡,因為如果 B^2 可以用 p 除盡,p 便是質數,使 B 也能用 p 除盡,如此一來,A 與 B 便不是互質,A 與 B 的最大公因數也不是 1。因此,右邊的 $(3A+B)B^2$ 不能用 p 除盡。

根據以上推論,等式 $A^3 = (3A+B)B$ 會產生以下的矛盾——

- 左邊可以用 A 的質因數 p 除盡。
- 右邊不能用 A 的質因數 p 除盡。

因此，反證法的假設不成立。

反證法的假設不成立：「$x^3 - 3x - 1 = 0$沒有有理數的解」

證明完畢。

解答 5-5(60°的三等分方程式與有理數解)
以下的方程式沒有有理數的解。

$$x^3 - 3x - 1 = 0$$

60°的三等分方程式沒有有理數解，符合我的預料。

可是⋯⋯用有理數的練習只能到這裡，雖然 $x^3 - 3x - 1 = 0$ 沒有有理數的解，但不能說它沒有可以作圖數的解。

可以作圖數──是對有理數重覆加減乘除與開根號的數。

雖說可以重覆最多有限次，但那個重覆到底該怎麼處理呢？

5.4.3　一步的重覆

我在房間獨自與方程式搏鬥，60°的三等分方程式沒有有理數的解已經證明完成。

但是，我真正想知道的是，它有沒有可以作圖數的解。

問題 5-4(60°的三等分方程式)
以下的方程式有可以作圖數的解嗎？

$$x^3 - 3x - 1 = 0$$

出現在可以作圖數的重覆開根號到底該怎麼處理呢？

重覆好多次……不對，重覆再多次也是一步一步的累積。

試著只前進一步吧，限制使用的平方根為一個。

假設只進行一次開根號的數為一般性的 $p+q\sqrt{r}$。

方程式 $x^3-3x-1=0$ 有 $p+q\sqrt{r}$ 這個解嗎？

這裡的 p, q, r 是怎樣的數……我閉目思考。

5.4.4 能進階到下一個步驟嗎？

我突然驚醒，原來我趴在桌上睡著了。

這裡是我的房間。我看了下時鐘，現在是凌晨一點半。

我本來在思考什麼……對了，是方程式 $x^3-3x-1=0$ 的解是否會變成 $p+q\sqrt{r}$ 的形式。我的想法是這樣：

讓「重覆好多次」回歸為「一步一步的累積」。

我想證明這樣的命題：方程式 $x^3-3x-1=0$ 的解為——

無法以 $p+q\sqrt{r}$ 的形式表示，$p, q, r \in \mathbb{Q}$。

如果能證明這個命題，應該可以證明重覆有限次的開根號並不能得到解。不對不對，冷靜冷靜，按照順序來思考吧。

首先，假設 $\mathrm{K}=\mathbb{Q}$，方程式 $x^3-3x-1=0$ 的解為——

$p, q, r \in \mathrm{K}$，無法以 $p+q\sqrt{r}$ 的形式表示。

接著令 $p, q, r \in \mathrm{K}$，假設 $p+q\sqrt{r}$ 形式的數的全體集合為 K'，則方程式 $x^3-3x-1=0$ 的解為——

無法以 $p'+q'\sqrt{r'}$ 的形式表示，$p', q', r' \in \mathrm{K}'$。

如此重覆下去。

無法以 $p'' + q''\sqrt{r''}$ 的形式表示，$p'', q'', r'' \in K''$。

無法以 $p''' + q'''\sqrt{r'''}$ 的形式表示，$p''', q''', r''' \in K'''$。

……這樣持續下去。依序思考 $\mathbb{Q} = K, K', K'', K'''$……的集合。這種集合是體，而且是米爾迦說過的「添加數而成的體」！

能夠進行加減乘除的數構成集合，在此集合加入「一滴新的數」——$\sqrt{r}$。

讓這一滴新的數，輕柔地拓展集合。

嗯，往下思考吧，現在把 K 當作體……假設……

$$K' = \{p + q\sqrt{r} \mid p, q, r \in K, \sqrt{r} \notin K\}$$

這裡的 K'是 K 加上 $\sqrt{r}$ 而成的體，變成以下形式：

$$K' = K(\sqrt{r})$$

K' 變成體 K $(\sqrt{r})$，實際進行四則運算能馬上證明這點。若方程式 $x^3 - 3x - 1 = 0$ 在體 K 的範圍內沒有解……

$$x^3 - 3x - 1 = 0 \text{ 在體 K } (\sqrt{r})\text{的範圍內也沒有解}$$

……這是我想證明的事。如果可以證明這一步，再重覆這個步驟，便能證明重覆有限次的開根號不能求得解！

前提條件：$x^3 - 3x - 1 = 0$ 在體 K 的範圍內沒有解。

想證明的事：$x^3 - 3x - 1 = 0$ 在體 K $(\sqrt{r})$的範圍內沒有解。

使用反證法。

反證法的假設：$x^3 - 3x - 1 = 0$ 在體 K $(\sqrt{r})$的範圍內有解。

目標是將這個假設導向矛盾。假設 $x^3 - 3x - 1 = 0$ 在體 K$(\sqrt{r})$的

範圍內有解，這個解設為 $p + q\sqrt{r} \in K\left(\sqrt{r}\right)$。

此時，$q \neq 0$，因為如果 $q = 0$，會變成 $p + q\sqrt{r} = P \in K$，違反方程式 $x^3 - 3x - 1 = 0$ 在體 K 的範圍內無解的前提條件。同樣地，$r \neq 0$。

因為 $p + q\sqrt{r}$ 是方程式的解，所以將 $x = p + q\sqrt{r}$ 代入式子 $x^3 - 3x - 1 = 0$，結果應該等於 0，

$$
\begin{aligned}
x^3 - 3x - 1 &= (p + q\sqrt{r})^3 - 3(p + q\sqrt{r}) - 1 \\
&= (p^3 + 3p^2 q\sqrt{r} + 3pq^2\sqrt{r}^2 + q^3\sqrt{r}^3) - 3p - 3q\sqrt{r} - 1
\end{aligned}
$$

不考慮虛數解，所以 $r > 0$，代入 $\sqrt{r}^2 = r$ 與 $\sqrt{r}^3 = r\sqrt{r}$，

$$
= (p^3 - 3p - 1 + 3pq^2 r) + 3p^2 q\sqrt{r} + q^3 r\sqrt{r} - 3q\sqrt{r}
$$

提出 $q\sqrt{r}$，

$$
\begin{aligned}
&= (p^3 - 3p - 1 + 3pq^2 r) + (3p^2 + q^2 r - 3)q\sqrt{r} \\
&= 0
\end{aligned}
$$

因此，

$$
\underbrace{(p^3 - 3p - 1 + 3pq^2 r)}_{\text{屬於體 K}} + \underbrace{(3p^2 + q^2 r - 3)q}_{\text{屬於體 K}}\sqrt{r} = 0
$$

也就是說，如果假設 $P = p^3 - 3p - 1 + 3pq^2 r$，$Q = (3p^2 + q^2 r - 3)q$，便能得到 $P \in K$，$Q \in K$，$P + Q\sqrt{r} = 0$。

可是——這代表什麼？

現在我正在證明的前提條件為「在體 K 的範圍內沒有解」，想證明的是⋯⋯

在體 K $(\sqrt{r})$ 的範圍內沒有解

然後、然後……我閉目思考。

5.4.5　發現了嗎？

我突然驚醒，原來我又趴在桌上睡著。

我看了下時鐘，時間是凌晨三點半，夜更深。

我本來在思考什麼？

> 我想表達的是——設前提條件為「方程式 $x^3 - 3x - 1 = 0$ 在體 K 的範圍內沒有解」，此時若在體 K $(\sqrt{r})$ 的範圍內有 $p + q\sqrt{r}$ 這個解，反證法的假設會產生矛盾。
> 設 $P = p^3 - 3p - 1 + 3pq^2r$ 與 $Q = (3p^2 + q^2r - 3)q$，
> 則 $P + Q\sqrt{r} = 0$ 成立。
> 但是，要怎麼導向矛盾呢，我還不曉得該怎麼做。

我雖然異常地清醒，喉嚨卻非常渴。

我到廚房去喝杯水。夜晚的空氣好沉悶。

剛剛，我做了夢。我在夢中意識到什麼……羈絆？

羈絆是什麼？

我意識到羈絆——應該是家人的羈絆吧。

麗莎的媽媽是雙倉博士，雙倉博士是米爾迦的姑姑。算起來，米爾迦與麗莎是表姊妹。我的表妹是由梨，不對，我不該想這種事，不要想羈絆。

是軛才對。

蒂蒂說過：

> 結婚是「與你共軛」的約定。

米爾迦說過：

共軛的根共同擁有方程式這個軛。

就是這個！

若二次方程式有 $a+bi$ 這個解，此方程式也會有 $a-bi$ 這個解。$a+bi$ 與 $a-bi$ 是共軛複數。如果將 i 寫成 $\sqrt{-1}$，則此共軛複數會變成⋯⋯

$$a+b\sqrt{-1} \quad 與 \quad a-b\sqrt{-1}$$

若方程式 $x^3-3x-1=0$ 擁有 $p+q\sqrt{r}$ 這個解，此方程式是否也有 $p-q\sqrt{r}$ 這個解呢？

$$p+q\sqrt{r} \quad 與 \quad p-q\sqrt{r}$$

這兩個解是否共同擁有 $x^3-3x-1=0$ 這個軛呢？

來確認吧！我趕緊回到房間。

$$x=p-q\sqrt{r} \ 是方程式 \ x^3-3x-1=0 \ 的解嗎？$$

將 $p-q\sqrt{r}$ 代入，應該能馬上知道答案。

$$
\begin{aligned}
x^3-3x-1 &= (p-q\sqrt{r})^3-3(p-q\sqrt{r})-1 \qquad 代入 \ x=p-q\sqrt{r}\\
&= (p^3-3p^2q\sqrt{r}+3pq^2\sqrt{r}^2-q^3\sqrt{r}^3)-3p+3q\sqrt{r}-1\\
&= p^3-3p^2q\sqrt{r}+3pq^2r-q^3r\sqrt{r}-3p+3q\sqrt{r}-1\\
&= (p^3-3p-1+3pq^2r)-(3p^2+q^2r-3)q\sqrt{r}\\
&= P-Q\sqrt{r}
\end{aligned}
$$

這竟然與我剛才設的 $P=p^3-3p-1+3pq^2r,\ Q=(3p^2+q^2r-3)q$ 相同。

好有趣！

$x^3-3x-1=0$ 的 x 代入 $p+q\sqrt{r}$ 與 $p-q\sqrt{r}$ 的結果，竟然變成

$P+Q\sqrt{r}$ 與 $P-Q\sqrt{r}$！

　　等一下……我冒出疑問。

　　我想表達的是 $P-Q\sqrt{r}=0$，因為我想證明 $p-q\sqrt{r}$ 為 $x^3-3x-1=0$ 的解。但是，這成立嗎？

問題 5-6(我的疑問)

令 K 為擴大有理數而成的體，$P, Q, r \in K$。若 $\sqrt{r} \notin K$，以下式子成立嗎？

$$P + Q\sqrt{r} = 0 \implies P - Q\sqrt{r} = 0$$

嗯，這個式子應該成立，我想這可以證明。我會類似的問題。沒問題，我的腦袋很清楚，繼續向前衝吧。

5.4.6　預測與定理

　　雖然這離角的三等分問題很遠，但之後再來總回顧吧，現在先專注於「如果 $P+Q\sqrt{r}=0$ 則 $P-Q\sqrt{r}=0$」的證明吧。

　　我會類似的問題。

　　入學考試練習有時會面臨 $p, q \in \mathbb{Q}$，$p+q\sqrt{2}$。這時常會使用以下定理。

　　定理：$p+q\sqrt{2}=0 \iff p=q=0$　$(p, q, 2 \in \mathbb{Q}, \sqrt{2} \notin \mathbb{Q})$

同樣地，$P, Q, r \in K$，$\sqrt{r} \notin K$ 的體 K 也會成立吧？我如此預測。

　　預測：$p+q\sqrt{r}=0 \iff p=q=0$　$(p, q, r \in K, \sqrt{r} \notin K)$

我先預測結果，再來證明，畢竟「沒有證明不能稱為定理」。

　　來思考擴大 $\mathbb{Q}$ 形成的體 K，以及在 K 添加 $\sqrt{r}$ 形成的體 $K(\sqrt{r})$

吧。當然，要在 $r \in K$, $\sqrt{r} \notin K$ 的前提下。

▶ $p + q\sqrt{r} = 0$ $\iff$ $p = q = 0$ 的證明

$\impliedby$ 的證明很簡單，因為如果 $p = q = 0$，很明顯 $p + q\sqrt{r} = 0$。

▶ $p + q\sqrt{r} = 0$ $\implies$ $p = q = 0$ 的證明

$\implies$ 的證明怎麼樣呢？這個我會。前提是 $p + q\sqrt{r} = 0$ 成立，這時如果 $q = 0$，$p = 0$ 便成立。如果 $q \neq 0$……

$$p + q\sqrt{r} = 0$$
$$q\sqrt{r} = -p$$
$$\sqrt{r} = -\frac{p}{q} \qquad \text{因為 } q \neq 0$$

……左邊的 $\sqrt{r}$ 不屬於 K，但右邊的 $-\dfrac{p}{q}$ 屬於 K，反證法的假設產生矛盾。因此，一定要 $q = 0$，如此一來，$p + q\sqrt{r} = 0 \Rightarrow p = q = 0$ 成立。

證明結束。

於是，我的預測成為定理！

定理：$p + q\sqrt{r} = 0$ $\iff$ $p = q = 0$ $(p, q, r \in K, \sqrt{r} \notin K)$

這個定理化解我的疑問(問題 5-6)，因為 $P + Q\sqrt{r} = 0$ 所以 $P = Q = 0$，$P - Q\sqrt{r} = 0$ 成立。

解答 5-6(我的疑問)

令 K 為擴大有理數所形成的體，$P, Q, r \in K$，若 $\sqrt{r} \notin K$，以下式子成立。

$$P + Q\sqrt{r} = 0 \implies P - Q\sqrt{r} = 0$$

因此，若 $p+q\sqrt{r}$ 為三等分方程式 $x^3-3x-1=0$ 的一個解，$p-q\sqrt{r}$ 也會是這個方程式的解。換句話說，$p+q\sqrt{r}$ 與 $p-q\sqrt{r}$ 的確共軛！

到此為止進展得很不錯，接著我該往哪裡前進呢？

5.4.7　出路在哪？

為了決定該走的出路，來認真確認自己現在所處的位置吧。

到這裡為止，我知道方程式 $x^3-3x-1=0$ 的兩個解，而這是三次方程式，解應該有三個，我假設這三個解為 α, β, γ ——

$$\begin{cases} \alpha & = p+q\sqrt{r} \\ \beta & = p-q\sqrt{r} \\ \gamma & = \ ? \end{cases}$$

因為 $x^3-3x-1=0$ 在 K 的範圍內沒有解，所以 $q \neq 0$ 成立。由此可知 $\beta = p-q\sqrt{r} \notin$ K。

此外，$\gamma \in$ K 嗎？$\gamma \notin$ K 嗎？

我現在正在進行反證法，應該將假設導向矛盾。如果 $\gamma \in$ K，這個證明便完畢，因為 $\gamma \in$ K 會與「在 K 的範圍內沒有解」這個前提矛盾。

但是，γ 是怎樣的數呢，我完全不清楚……

嗯……

> 方程式的形式為 $x^3-3x-1=0$。
> 我知道 α, β, γ 當中的兩個解。
> 這兩個解為 $\alpha = p+q\sqrt{r}$ 與 $\beta = p-q\sqrt{r}$。
> 我想得到 γ 的相關訊息，什麼都好。
> 我該怎麼做？

我該怎麼辦？

……不知道。

對了，蒂蒂好像說過：「我想要這種書，若有不懂的地方，會『咻』地出現手指指出重點，告訴我這裡很重要！」

現在就是這種時刻，我好希望有人『咻』地伸出手指。

那時我和蒂蒂在研究解的「和與積」。

因為 $\alpha=p+q\sqrt{r}$，$\beta=p-q\sqrt{r}$，所以解的和是 $\alpha+\beta=(p+q\sqrt{r})+(p-q\sqrt{r})=2p$。$2p$ 屬於 K。

我知道了！

是根與係數的關係！

要使用三次方程式的「根與係數的關係」！

$$(x-\alpha)(x-\beta)(x-\gamma)=x^3-(\alpha+\beta+\gamma)x^2+(\alpha\beta+\beta\gamma+\gamma\alpha)x-\alpha\beta\gamma$$

只要用這個恆等式，多項式 $x^3-3x-1=0$ 便能寫成以下形式：

$$x^3-3x-1=x^3-(\alpha+\beta+\gamma)x^2+(\alpha\beta+\beta\gamma+\gamma\alpha)x-\alpha\beta\gamma$$

比較兩邊 x^2 的係數。

$$\alpha+\beta+\gamma=0$$

以上式子成立！這是 $x^3-3x-1=0$ 的根與係數的關係。好耶！

$$
\begin{aligned}
\alpha+\beta+\gamma &= 0 && \text{因為根與係數的關係} \\
(p+q\sqrt{r})+(p-q\sqrt{r})+\gamma &= 0 && \text{代入 } \alpha=p+q\sqrt{r}, \beta=p-q\sqrt{r} \\
2p+\gamma &= 0 && \text{計算} \\
\gamma &= -2p && \text{將 } 2p \text{ 移項到右邊}
\end{aligned}
$$

太好了！

導出 $\gamma = -2p$。因為 $p \in K$，所以 $-2p \in K$，$\gamma \in K$！

導出的結果：$x^3 - 3x - 1 = 0$ 在 K 的範圍內有解。

前提條件：$x^3 - 3x - 1 = 0$ 在 K 的範圍內沒有解。

這兩者矛盾。

因此反證法的假設(p.174)不成立——

前提條件為「$x^3 - 3x - 1 = 0$ 在 K 的範圍內沒有解」，

想證明的是「$x^3 - 3x - 1 = 0$ 在 K$(\sqrt{r})$ 的範圍內沒有解」

——證明完成！

……如果要證明得漂亮，應該用數學歸納法。

對於 0 以上的整數 n，將體 K_n 定義成：

$$
\begin{cases}
K_0 & = \mathbb{Q} \\
K_{k+1} & = \{ p + q\sqrt{r} \mid p, q, r \in K_k,\ \sqrt{r} \notin K_k \} \qquad \text{但是 } k = 0, 1, 2, 3, \cdots\cdots \\
& = K_k(\sqrt{r}) \qquad r \in K_k,\ \sqrt{r} \notin K_k \qquad r \text{ 隨著 } k \text{ 固定}
\end{cases}
$$

接著，將命題 $P(n)$ 定義為以下形式。

命題 $P(n)$：方程式 $x^3 - 3x - 1 = 0$ 在 K_n 的範圍內沒有解。

以數學歸納法證明，對於 0 以上的任何整數 n 而言，命題 $P(n)$ 成立。

步驟(a)：P(0)用練熟的方法(p.170)來證明。方程式 $x^3 - 3x - 1 = 0$ 在 $\mathbb{Q}$(體 K_0)的範圍內沒有解。

步驟(b)：P(k)⇒P(k + 1)剛才已證明。因為 $x^3 - 3x - 1 = 0$ 在體 K_k 的範圍內沒有解的前提條件，所以 $x^3 - 3x - 1 = 0$ 在體 $K_{k+1} = K_k(\sqrt{r})$ 的範圍內沒有解。

　　因為證明了步驟(a)與步驟(b)，根據數學歸納法，對於 0 以上的任何整數 n 而言，$P(n)$ 成立，方程式 $x^3 - 3x - 1 = 0$ 在體 K_n 的範圍內沒有解。

　　總之，這個方程式從有理數開始，沒有重覆有限次的加減乘除與開根號的解。換句話說，它沒有可以作圖數的解。

　　證明完成！

解答 5-4(60°的三等分方程式)
以下的方程式沒有可以作圖數的解。

$$x^3 - 3x - 1 = 0$$

　　從有理數開始，重覆有限次加減乘除與開根號，無法求得 $x^3 - 3x - 1 = 0$ 的解，因為它在 $K_0(= \mathbb{Q}), K_1, K_2, K_3, \cdots\cdots$ 任何一個體的範圍內都不存在解。

　　亦即——
　　有限次地使用尺與圓規，不可能畫出 $x^3 - 3x - 1 = 0$ 的解。
　　因此——
　　cos20°不是可以作圖數。

解答 5-3(cos20°的可以作圖性)
cos20°不是可以作圖數。

　　因此——
　　2 cos20°及 20°不可能用尺與圓規作圖。

解答 5-2(20°的作圖)
用尺與圓規不能畫出 20°的圖。

因為 20°不可能用尺與圓規畫出——

所以 60°無法用尺與圓規三等分。

太棒了！

我終於達到目標——證明角的三等分問題！

解答 5-1(角的三等分問題)

以 60°為例，

只使用尺與圓規，我們不一定可以三等分給定的角。

角的三等分問題——我在數學相關書籍上得知這個問題。這是源自古希臘時代的問題，於十九世紀被人們解開。

只使用尺與圓規，

不一定可以三等分被給定的角。

只要讀過這命題，將它背起來，任誰都能說：「只使用尺與圓規，不一定可以三等分被給定的角。」。

但是今晚——我將它證明完成。

這種成就感——是何等的喜悅啊！

人們在十九世紀解決的數學問題，即使我現在解開，在學問上也沒有任何突破，畢竟這是已經被解開的問題。但是，對我來說不一樣，完全不同。我用自己的頭腦，親自替一個問題導出結論——這是言語難以形容的喜悅。

雙倉圖書館的 festival 要討論什麼呢？我想去。可是，我有時間嗎？我得繼續念書，準備考試。

先確認日期吧。

　　我確認麗莎給我的備忘錄——雙倉圖書館的 festival 將在暑假的末期舉辦。

　　備忘錄的標題是「伽羅瓦 festival」。

　　伽羅瓦 festival？

　　　　　　　　　　　　　　我們的主張是，

　　　　　　　　　　　　　　給定任意的角，

　　　　　使用有限次的尺與圓規，能夠將角三等分，

　　　　　　　　　　　　這種方法不存在。

　　　　因此，在有限次使用尺與圓規的情況下，

　　　　　　　只要有一個無法準確三等分的角，

　　　　　　　　　　便能證明我們的主張。

　　　　　　　　　　——矢野健太郎《角的三等分》

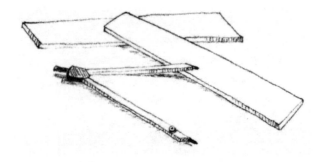

第6章

支撐天空的東西

一般化的想法，指將某樣東西抽象化，
而非在大霧之中，像魔法一樣，憑空出現的東西。
——艾恩·史都華(Ian Stewart) [17]

6.1 次元(維度)

6.1.1 廟會

「晚安——」玄關傳來聲音。

這裡是我家，現在是傍晚時分。

我應門，只見浴衣打扮的由梨站在那裡。

「我很可愛吧——」

由梨在玄關前轉一圈給我看。

她一身橙色的可愛浴衣，手拿束口袋，馬尾上插著小髮簪，腳下踩著木屐。和風的由梨……真是罕見啊。

「由梨，這副打扮很適合妳喔。」我說。

「當然啦！」

「哎喲，是小由梨啊。」母親來到玄關，「妳要去廟會嗎？」

「是的，阿姨，今晚可以借我哥哥嗎？」

「請便請便，拿去當保鑣吧。」母親說。

「欸，哥哥，快點走吧。」

「廟會？」

6.1.2　四次元的世界

社區委員會主辦的夏季廟會，聚集了超乎想像的人潮。除了小學生團體和一般家庭，還有稀稀落落的情侶。

我與由梨逛著廟會，參觀各式攤販。章魚燒、炒麵、可麗餅、棉花糖、撈金魚再加上射擊遊戲──這就是廟會啊。

但是，過不了多久，由梨便開始抱怨，穿浴衣很難活動啦、木屐不好走啦，我想這一定是因為她不習慣牛仔褲以外的打扮吧。

逛完一圈，我們買了炒麵坐在長椅上。

「木屐帶讓腳趾好痛喔──」

由梨脫下木屐，撫摸腳趾。

「咦，妳的腳有用指甲油上色嗎？」我問。

「哥哥……指甲油是擦手的，而且我沒有『上色』啊──」

「是是是。」

「欸，哥哥，你知道『四次元的世界』嗎？」重新穿上木屐的由梨說。

「妳指『四次元的世界』那個節目？」

最近由梨著迷於時空旅行的電視劇。

「對，裡面出現四次元喔。

穿越長、寬、高與時間，
我們來趟四次元的旅行吧！

鏘鏘！這是片頭曲。」

「還不錯啊。」我敷衍由梨，「數學上的 n 次元，要指定某個特定的點，而且需要 n 個數的組合。」

「這我知道啊……哥哥，這給你。」由梨把自己的紅薑放到我的淺盤上，「所以啊，長、寬、高、時間能定義四次元吧？」

「這的確是用四個數來表示一點，算是四次元的定義吧。那部

電視劇的四次元旅行，時光機不只會空間的移動，也會時間的移動。除了前後、上下、左右這三個方向，也可以往過去與未來的方向移動。」

「所以——第四個次元是時間吧？」

「這裡必須注意，長、寬、高、時間的確稱為四次元，不過在數學上，這只是四次元的一個例子。四次元並不是永遠指長、寬、高、時間。在數學上，也有其他的 n 次元，像五次元或六次元等，但不一定是時間。只是當我們把數學的次元應用在我們的世界，會將長、寬、高、時間視為四次元。」

「嗯——」

由梨把吃完的炒麵淺盤扔進垃圾桶。

「由梨，我來出個簡單的小測驗吧。」

「什麼？小測驗？」

「直線可以說是一次元的圖形，但這條直線在二次元空間，或三次元空間，會改變情況。」

「我不明白。」

「妳可以想像在二次元空間放兩條直線的情況嗎？」

「可以啊，在平面上畫兩條直線吧？」

「對。以平面上兩條直線的位置來說，

- 兩條線重疊。
- 兩條線交於一點。
- 兩條線平行。

兩條直線的關係，有以上幾種可能。」

「嗯！我記得以前一起學聯立方程式的時候做過！」

「對，妳記得很清楚嘛。我們來個小測驗吧。這次我們來思考三次元空間。在三次元空間放置兩條直線，會形成『重疊』、『交於一點』、『平行』這三種以外的關係，那是什麼關係呢？」

「呃……在這之前我想吃章魚燒喵。」

「咦，妳還要吃啊？」

「我還在發育，要吃很多啊——」

問題 6-1(兩條直線的關係)

在三次元空間放置兩條直線，

- 重疊
- 交於一點
- 平行

會形成上述三種以外的關係，那是什麼關係呢？

6.1.3　章魚燒

「好燙啊。」由梨吹著章魚燒，大口吃。

「剛才說到次元。」我說：「我們可以用手指隨意指出平面上的一點，也可以在平面上指出『從原點橫向前進這段距離、縱向前進這段距離』的點，這就像我們可以用『東經幾度、北緯幾度』這二個數的組合，來指定地圖上的某個位置。」

「二個數的組合？嗯——的確是。」

「用二個數的組合可以決定一點的空間，稱為二次元空間；用三個數的組合可以決定一點的空間，稱為三次元空間。依此類推，用四個數的組合可以決定一點的空間，稱為四次元空間，不過四次元空間無法畫成圖。」

「嗯嗯……」

「用長、寬、高、時間表示的空間可以稱為四次元空間。但是，這裡的時間不過是一個例子。」

「嗯……這樣啊。」由梨一圈圈轉著束口袋說：「啊！小測驗的答案我知道，很簡單嘛，像這樣——」

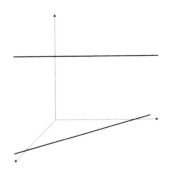

「對對對，這種關係稱為歪斜。」

「歪斜……真的是歪斜呢。」

解答 6-1(兩條直線的關係)

在三次元空間放置兩條直線，

- 重疊
- 交於一點
- 平行

除了上述三種關係，還會形成

- 歪斜

的關係。

6.1.4 支撐的東西

「哥哥……次元是什麼啊？」由梨問。

「咦？我剛才不是一直在說嗎？如果是 n 次元空間……」

「不是啦……哥哥，直線是一次元的圖形吧，但是它也可以放在三次元空間嗎？」

「是啊。」

由梨邊思考邊說話的模樣，與蒂蒂有點像。雖然國三的由梨沒什麼機會見到高二的蒂蒂，但她們偶爾會一起做數學。蒂蒂那種頑強的學習方式，我似乎也能在由梨身上看到。

「我在意的是……三次元空間的一點明明要用三個數的組合才能表示，一次元圖形的直線卻只用一個數──嗯──我講不清楚！」

我想像由梨腦中的想法，接下話頭。

「妳想說的是這個吧。直線是一次元的圖形，用一個數便能指定一點。但是，三次元空間中的一點要用三個數表示。那麼，在三次元空間的直線上的一點，要用幾個數才能表示呢……妳的疑問是這個？」

「對對對！這種情況該怎麼辦呢？」

「這個問題很棒啊，由梨。」我誇獎她，「在三次元空間的直線上的一點，的確可以用 (x, y, z) 這三個數的組合來表示，但若加上『在這條直線上』的條件，也能用一個數表示。用向量的方式來思考會很清楚。」

我在記事本上畫簡單的圖。

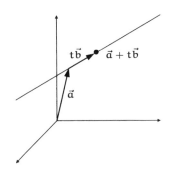

在三次元空間的直線上

「這張圖中，直線上的一點可以用向量 $\vec{a}$ 與向量 $t\vec{b}$ 的和來表示。意思是，從原點先走到向量 $\vec{a}$ 的末端，再走到 t 倍向量 $\vec{b}$ 的位置。」

「我不明白，這樣為什麼是一次元？」

「妳看變數 t。$\vec{a}$ 與 $\vec{b}$ 是決定這條直線的向量，所以只要決定 t 的值便能決定直線上的一點。因此，直線是一次元。」

「我不知道什麼是向量，但這個 t 可以代入一個數？要是改變 t 的數，直線上的點會移動嗎？」

「對對對，就是這樣。$\vec{a} + t\vec{b}$ 這個式子是由二個向量 $\vec{a}$ 與 $\vec{b}$ 來決定直線，並用一個數 t 來表示在此直線上的一點。$\vec{b}$ 的方向可以讓點移動到任何地方，改變 t 的數也可以。用這個式子可以擺弄這條直線，非常有趣。」

「數學愛好者式的發言我是不太懂啦……不過我很喜歡哥哥！」

由梨這麼說著，挽住我的手臂，她身上輕輕飄來香皂的氣味。

「時間不早，該回家了。」

我們遠離廟會的喧囂，踩在歸途，夜空閃爍著滿天星斗，由梨

的木屐喀喀喀喀地響著。

「好漂亮啊⋯⋯滿天的星星。」

「是啊。」

「偌大的宇宙，只用三個數的組合便能表示，真不可思議啊！」

「研究宇宙的學者應該會想更多吧，他們好像會用比四次元更高的次元來表示宇宙。」

「什麼意思？」

「詳情我不知道，不過我想為了準確表現宇宙中的一點，他們應該要用更多的數來表示，這樣才有辦法研究空間的性質。」

「我無法想像長、寬、高、時間以外的次元！」

「我也不能，不知道能否用眼睛看見的形式來表示。頂尖的研究者應該不是透過算式來看宇宙吧。」

「這樣啊！宇宙真是廣大啊！」

浴衣打扮的由梨雙手伸向星空大叫。

「由梨⋯⋯」

「欸，哥哥，我有點餓。」

「大的是由梨的胃吧！」

6.2　線性空間

6.2.1　圖書室

「我跟由梨談了這些。」我說。

「四次元空間嗎⋯⋯」蒂蒂回答。

這裡是圖書室，今天我從下午開始在圖書室準備考試。現在是休息時間，我正在和蒂蒂聊天。米爾迦也在旁邊，不過她好像在寫東西。

「由梨最近很著迷那部電視劇。」我說。

「科幻小說很常出現四次元吧。」蒂蒂說：「『四次元』這個詞好像常指『另一個世界』的意思，有『異次元』的涵義。」

「原來如此，或許吧。」

「四次元空間這個辭彙，感覺有點帥氣。」蒂蒂溜轉著大眼睛說：「『空間』本身就很帥氣，總讓人覺得如此的寬廣……數學的『空間』，英文是不是叫作 space 呢？米爾迦學姊。」

「沒錯。」米爾迦邊寫字邊回答：「數學上的『空間』與『集合』的意思大致相同。我們大多將具有某種結構的集合稱為空間，像是樣本空間、機率空間、線性空間……」

蒂蒂舉手。

「樣本空間與機率空間我不久前學過……什麼是線性空間？」

「線性空間是直覺上像空間的空間。」米爾迦抬起頭說：「英文是 vector space。」

「vector space……啊，是向量空間？」我說。

米爾迦總是把向量說成 vector。

「你知道線性空間的定義嗎？」米爾迦問我。

「不，我不知道。」

「嗯……」

米爾迦冷淡地瞇起眼睛，我慌張地補充：

「但是，我在某本書上看過向量空間這個名詞。」

「抱歉，學長姊。」蒂蒂說：「我搞混了。線性空間、vector space 以及向量空間——全部是一樣的嗎？」

「完全一樣喔，蒂德菈。」

「vector 是向量吧？」

「對，我只是把向量讀成英語的 vector，但我不把純量讀成英語的 scalar，沒有一致性呢。」米爾迦微笑，「算了，說 vector 只是我在裝模作樣——Shall we discuss in English？」

「If you prefer.」蒂蒂回答。

「妳們兩個夠了。」我趕緊阻止。

「向量是 vector；純量是 scalar 嗎……向量像個箭頭；純量像——scale 吧。」

「scale？」我問。

「對，擴增是 scale up；縮減是 scale down 呢。」

「沒錯。」米爾迦說：「線性空間有關於 vector 與 scalar——向量與純量。純量會延伸向量或縮短向量，像蒂德菈說的，scale up 或 scale down 是純量的作用——在某種意義上。」

「原來如此。」我說，原來純量是這個意思啊。

「還有，線性獨立的向量會展開線性空間。最多可以選出幾個線性獨立的向量——這個數是次元。」

「啊，這樣啊！」我的腦中好像連接起什麼。

「那、那個……」蒂蒂的腦袋好像轉不過來，「抱、抱歉，出現太多辭彙我的腦袋轉來轉去搞不清楚。」

「來談談線性空間吧。」米爾迦開始講課。

6.2.2　座標平面

「從座標平面開始。」米爾迦說：「座標平面上的一點以兩個數的組合表示。一個點叫作(3, 2)，代表 x 座標為 3，y 座標為 2 的點。」

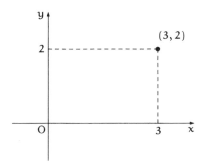

座標平面

「好的。」蒂蒂說。

「座標到底是什麼，蒂德菈？」米爾迦問。

「把座標平面想成方格紙，刻度……就是座標吧。」

「沒錯。製作刻度需要先決定『一個刻度』是多少吧，所以——」

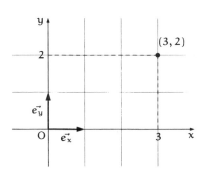

點$(3, 2)$與向量 $\vec{e_x}, \vec{e_y}$

「啊啊……」

「這裡寫了兩個**向量** $\vec{e_x}$ 與 $\vec{e_y}$，並將向量 $\vec{e_x}$ 當作 x 軸的一個刻度；向量 $\vec{e_y}$ 則當作 y 軸的一個刻度。」

「嗯。」

「所以 x 座標是 $\vec{e_x}$ 的倍數；y 座標是 $\vec{e_y}$ 的倍數。」

「呃……這是座標平面的基礎吧。」

「對，我們只是再次確認已知的事實。座標平面上的點(a_x, a_y) 可以將 a_x 倍的 $\vec{e_x}$ 向量與 a_y 倍的 $\vec{e_y}$ 向量相加，用它們的和來表示。例如點$(3, 2)$是三倍的 $\vec{e_x}$ 向量與兩倍的 $\vec{e_y}$ 向量的和，可以寫成——」

$$3\vec{e_x} + 2\vec{e_y}$$

「好的。」蒂蒂點頭，「點$(3, 2)$的對應是這樣——」

$$\text{點}(3, 2) \quad \longleftarrow\!\text{-}\text{-}\text{-}\!\longrightarrow \quad \underbrace{3}_{x\,\text{座標}}\vec{e_x} + \underbrace{2}_{y\,\text{座標}}\vec{e_y}$$

「當然。」米爾迦點頭，「座標值是實數的座標平面，可以用以下集合的形式表示，這並不難。」

$$\text{座標平面上，所有點的集合} = \{\, a_x\vec{e_x} + a_y\vec{e_y} \mid a_x \in \mathbb{R}, a_y \in \mathbb{R} \,\}$$

「抱、抱歉……雖然不難，但是我不知道米爾迦學姊打算做什麼。」

「因為座標平面是我們非常熟悉的數學研究對象，所以我從這裡開始講解。」米爾迦一邊轉著手指一邊說：「接下來我要把座標平面抽象化。我們觀察 $a_x\vec{e_x} + a_y\vec{e_y}$ 這個式子會發現——」

$$\underbrace{\overbrace{a_x}^{\text{純量}}\ \overbrace{\vec{e_x}}^{\text{向量}}}_{\text{向量}} + \underbrace{\overbrace{a_y}^{\text{純量}}\ \overbrace{\vec{e_y}}^{\text{向量}}}_{\text{向量}}$$
$$\underbrace{\phantom{a_x\vec{e_x} + a_y\vec{e_y}}}_{\text{向量}}$$

這樣的結構表示：

- 『純量倍的向量』是向量，
- 『向量與向量的和』是向量。

這是**線性空間**，亦即**向量空間**的基礎。」

「奇、奇怪？」蒂蒂發出驚喜的聲音，「這是『乘、乘、加』吧！好像矩陣。」

「我們將 $a_x\vec{e_x} + a_y\vec{e_y}$ 這種形式稱為 $\vec{e_x}$ 與 $\vec{e_y}$ 的**線性組合**。」

6.2.3 線性空間

「到這裡為止是熱身，接下來是有關線性空間的討論。」米爾迦說，「首先，考慮純量的集合 S 與向量的集合 V，在此集合加入加法與乘法這兩個運算。」

「意思是定義這兩個運算吧。」我說。

「對。」米爾迦加快說話速度，「要定義具體的線性空間，必須定義兩個運算。第一個運算是**向量的純量倍**。對於 S 而言，元素 $s \in S$；對於 V 而言，元素 $v \in V$，定義 $sv \in V$，亦即定義純量與向量的乘法。就剛才的 $a_x\vec{e_x}$ 而言，S 是所有實數的集合 $\mathbb{R}$，V 是二次元平面上所有向量的集合。針對 $a_x \in \mathbb{R}$ 與 $\vec{e_x} \in V$，定義 $a_x\vec{e_x} \in V$。」

「好，我知道。」蒂蒂說。

「第二個運算是**向量與向量的和**。針對 $v \in V$ 與 $w \in V$，定義 $v + w \in V$，亦即定義向量與向量的加法，線性組合則思考 $a_x\vec{e_x}$ 與 $a_y\vec{e_y}$ 的和：$a_x\vec{e_x} + a_y\vec{e_y}$。」

「原來如此。」我說。

「V 與 S 滿足以上的規則，V 稱為『S 上的**線性空間**』。整理成定義來敘述會變成──」

線性空間的公理

當阿貝爾群 V 與體 S 滿足以下的公理，

V 稱為「S 上的線性空間」。

其中 v, w 為 V 的任意元素；s, t 為 S 的任意元素。

VS1　sv 是 V 的元素。(向量的純量倍)

VS2　$s(v + w) = sv + sw$ 成立。(純量倍的分配律)

VS3　$(s + t)v = sv + tv$ 成立。(向量的分配律)

(左邊的加法是純量的和；右邊的加法是向量的和)

VS4　$(st)v = s(tv)$ 成立。(純量倍的結合律)

VS5　$1v = v$ 成立。

「V 是 S 上的線性空間，阿貝爾群 V 的元素稱為向量；體 S 的元素則稱為純量。」米爾迦說。

「向量與純量⋯⋯」

「我們來做小測驗。先將我們平常使用的座標平面視為『$\mathbb{R}$ 上的線性空間』，既然是『$\mathbb{R}$ 上的線性空間』，所有實數的集合 $\mathbb{R}$ 相當於純量的集合 S。」

「是的，是這樣⋯⋯吧。」蒂蒂猶豫地說。

「若把座標平面視為『$\mathbb{R}$ 上的線性空間』，向量的集合 V 到底是怎樣的集合呢？」

「呃、呃⋯⋯」蒂蒂開始思考。

「V 是——」我開口。

「我沒問你。」米爾迦把我頂回去。

「⋯⋯抱歉，我不知道。」蒂蒂說。

「V 是整個座標平面。V 的元素是座標平面上的點。」米爾迦

說。

「咦！是這樣嗎……但我還是不明白。」

「線性空間的向量集合 V，是由加法所定義的集合。正確來說，V 是阿貝爾群——是依據交換律形成的群。」

「請、請等一下。」蒂蒂張開手示意停止，確認似地說：「將座標平面視為 $\mathbb{R}$ 上的線性空間……向量集合 V 相當於座標平面，向量是座標平面上的點。V 是阿貝爾群的意思是，座標平面的點進行了加法運算嗎？」

「妳說的沒錯，妳會點的加法吧，蒂德菈？」

「會啊！例如 $(2, 3) + (1, 2) = (3, 5)$ ！」

「對，學校也稱座標平面上的點為**位置向量**。向量這個用語有整合的功能。」

「原來如此……我有點懂了。」蒂蒂說。

我凝神傾聽兩位數學少女的對話，總覺得米爾迦回應蒂蒂的方式很有趣。

「向量集合 V 是座標平面的點的集合。那麼，把向量變成純量倍是什麼意思？」蒂蒂問。

「蒂德菈知道什麼是向量的實數倍嗎？」

「知道，不改變方向地延伸或縮短向量……」

「對，向量的純量倍只是將平面上向量的實數倍，以向量的純量倍來表示。但是，向量的方向或大小不會出現在線性空間的定義，因此必須導入內積。」

「啊啊……」

「用座標平面來了解線性空間的基礎吧。純量倍的向量是向量，向量與向量的和也是向量，以我們在學校學的向量來說，這些是理所當然的。所以，我們聽到線性空間的定義，會覺得只是把聽起來理所當然的事換成複雜的說法。」

「但是，這種感覺以前也有過好幾次吧。」我插嘴，「出現定

義的時候，總是這樣，一開始並不有趣。」

「之後會變得有趣。」米爾迦繼續說：「因為我們會找到滿足相同定義的其他數學研究對象，將一般認為不是向量的東西視為向量。」

「像把畫鬼腳稱為群嗎？」我說。

「像把全體有理數的集合稱為體？」蒂蒂說。

確實如此——我們賦予滿足公理的數學研究對象，群或體這種抽象的名稱，開啟新的世界，我們有好幾次這種經驗。線性空間也一樣吧。

「一般認為不是向量的東西是什麼？」蒂蒂問。

「例如複數。」米爾迦回答。

「複數是向量嗎？」蒂蒂反問。

「算是。」

6.2.4　$\mathbb{R}$ 上的線性空間 $\mathbb{C}$

米爾迦在圖書室繼續「講課」，說明的同時她在筆記本記錄記號、文字與圖形。

「現在我們來思考線性空間的例子。你們應該很熟悉在座標平面上思考向量，但從現在開始，即使是一般認為非向量的東西，只要它滿足線性空間的定義我們即稱之為向量。首先是複數。」

「把複數當作向量。」蒂蒂說。

「對。令全體複數的集合 $\mathbb{C}$ 為向量的集合；全體實數的集合 $\mathbb{R}$ 為純量的集合。只要複數的實數倍為向量的純量倍，複數的和為向量的和，$\mathbb{C}$ 便能視為『$\mathbb{R}$ 上的線性空間』。

全體複數的集合 $\mathbb{C}$　向量的集合

全體實數的集合 $\mathbb{R}$　純量的集合

將 $\mathbb{C}$ 視為 $\mathbb{R}$ 上的線性空間

「原來是這樣啊！」我說：「只要想想複數平面就能馬上明白，為什麼座標平面上的點與複數能同等看待，這兩者都可以視為線性空間，真有趣。」

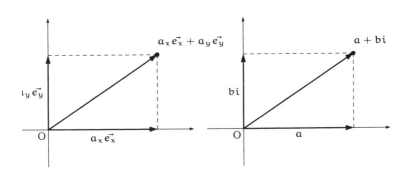

作為線性空間的座標平面　　　　作為線性空間的複數平面

我們沉默。「座標平面」與「複數平面」──雖然樂器不同，卻都能演奏出線性空間這首曲子。我們靜心傾聽這首曲子⋯⋯片刻後蒂蒂開口：

「我比較熟悉線性空間了。但是，因為複數平面可以看成座標平面，我還不明白把它當成線性空間思考的意義。」

蒂蒂說話的口氣有點嚴厲。雖然她很熱情、有禮貌而且謙虛，但她想說的話還是會忠實地說出來。

「嗯。」米爾迦抱著胳臂，「下個例子，我們把 $\mathbb{Q}(\sqrt{2})$ 視為『$\mathbb{Q}$ 上的線性空間』吧。」

6.2.5　$\mathbb{Q}$ 上的線性空間 $\mathbb{Q}(\sqrt{2})$

「把 $\mathbb{Q}(\sqrt{2})$ 視為『$\mathbb{Q}$ 上的線性空間』吧。令在 $\mathbb{Q}$ 加入 $\sqrt{2}$ 的擴張體 $\mathbb{Q}(\sqrt{2})$ 為向量的集合；令有理數 $\mathbb{Q}$ 為純量的集合，則 $\mathbb{Q}(\sqrt{2})$ 可以視為『$\mathbb{Q}$ 上的線性空間』。蒂德菈記得 $\mathbb{Q}(\sqrt{2})$ 嗎？」

在有理數體添加 $\sqrt{2}$ 的體 $\mathbb{Q}(\sqrt{2})$　　向量的集合

有理數體 $\mathbb{Q}$　　　　　　　　　　純量的集合

將 $\mathbb{Q}(\sqrt{2})$ 視為 $\mathbb{Q}$ 上的線性空間

「記得，我有認真學習體！」

「所以，$\mathbb{Q}(\sqrt{2})$ 是——」

「我！我來說明！我想確認自己理解得對不對！」蒂蒂用力舉手，「我要說明 $\mathbb{Q}(\sqrt{2})$！」

元氣少女火力全開。

「$\mathbb{Q}(\sqrt{2})$ 是在 $\mathbb{Q}$ 添加 $\sqrt{2}$ 形成的體。首先，$\mathbb{Q}$ 是全體有理數的集合，它可以做四則運算，因此是體。在 $\mathbb{Q}$ 添加 $\sqrt{2}$ 的體 $\mathbb{Q}(\sqrt{2})$，是用有理數與 $\sqrt{2}$ 進行四則運算所形成的體。」

「例如？」

「什麼例如？」

「舉幾個 $\mathbb{Q}(\sqrt{2})$ 元素的例子，蒂德菈。」

「好的好的，沒問題。我能正確舉出例子，『舉例是理解的試金石』。$\mathbb{Q}(\sqrt{2})$ 的元素是用有理數與 $\sqrt{2}$ 加減乘除的式子！」

$$1 \qquad 0 \qquad 0.5 \qquad -\frac{1}{3} \qquad \sqrt{2} \qquad \frac{\sqrt{2}}{3} \qquad \frac{1+3\sqrt{2}}{2-\sqrt{2}}$$

「沒錯。」米爾迦滿意地點頭，「『加減乘除的式子』稱為有理式。」

「有理式……是的。」蒂蒂回答。

「整數的有理式的值是有理數。」米爾迦說。

「原來如此……嗯。」蒂蒂思考，「所有有理數的有理式，所得的值都是有理數啊。」

「沒錯，因為所有有理數的集合是封閉的體。」

「嗯嗯嗯嗯！」蒂蒂大力點頭。

「來出個小測驗吧。」米爾迦說。

$$\sqrt{\sqrt{2}} \in \mathbb{Q}(\sqrt{2})，成立嗎？$$

「咦？……不，不成立。$\sqrt{\sqrt{2}}$ 不能用有理數與 $\sqrt{2}$ 的加減乘除求得，它不是有理數與 $\sqrt{2}$ 的有理式的值。」

「沒錯。」

蒂蒂總是果斷地回答米爾迦的小測驗，當然常答錯，但她絕不氣餒。

「擴張體 $\mathbb{Q}(\sqrt{2})$ 是像這樣的故事……」蒂蒂說：「假設某人擁有有理數，你對他說『來，這個給你』，把無理數 $\sqrt{2}$ 送給他。雖然他過去只能求出有理數，但只要用 $\sqrt{2}$ 這份禮物，他便能做出新的數，拓寬世界，可喜可賀、可喜可賀……是這樣的故事！」

「嗯，算吧。」米爾迦笑，「在蒂德菈手上，數學會變成童話故事呢。」

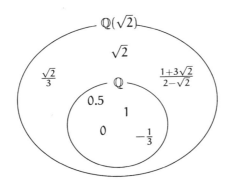

有理數體 $\mathbb{Q}$ 與擴張體 $\mathbb{Q}(\sqrt{2})$

「對只擁有有理數的人說『來，這個給你』，把有理數——例如 0.5——送給他，他會說『我已經有了』吧。」

「沒錯。」米爾迦恢復一臉正經說：「在有理數體 $\mathbb{Q}$ 添加有理數體不會產生變化。『在有理數體添加 0.5 的體，等於有理數體』可以用算式這麼寫——」

$$\mathbb{Q}(0.5) = \mathbb{Q}$$

「好的。」

「當然，一般而言 $\mathbb{Q}$(有理數)$=\mathbb{Q}$ 成立。另外，$\mathbb{Q}(\sqrt{2})$ 可以寫成——」

$$\mathbb{Q}(\sqrt{2}) = \{p + q\sqrt{2} \mid p \in \mathbb{Q}, q \in \mathbb{Q}\}$$

「好、好的。」

「妳覺得為什麼不用分數把元素寫成 $\dfrac{p+q\sqrt{2}}{r+s\sqrt{2}}$ 呢？」

「對耶。$\mathbb{Q}(\sqrt{2})$ 是體，可以加減乘除，而它的元素應該不是 $p+q\sqrt{2}$ 的形式，而是 $\dfrac{p+q\sqrt{2}}{r+s\sqrt{2}}$ 的一般型吧！我們必須考慮除法吧？」

「分母的有理化。」米爾迦說。

「啊！把分母有理化，會變成 $p+q\sqrt{2}$ 的形式嗎？」

「對。既然知道要朝 $p+q\sqrt{2}$ 的方向統整，我們來練習運算，確認 $\mathbb{Q}(\sqrt{2})$ 會因為加減乘除而封閉吧。」

(加) $(p + q\sqrt{2}) + (r + s\sqrt{2}) = \underbrace{(p + r)}_{\in \mathbb{Q}} + \underbrace{(q + s)}_{\in \mathbb{Q}} \sqrt{2}$

(減) $(p + q\sqrt{2}) - (r + s\sqrt{2}) = \underbrace{(p - r)}_{\in \mathbb{Q}} + \underbrace{(q - s)}_{\in \mathbb{Q}} \sqrt{2}$

(乘) $(p + q\sqrt{2})(r + s\sqrt{2}) = \underbrace{(pr + 2qs)}_{\in \mathbb{Q}} + \underbrace{(ps + qr)}_{\in \mathbb{Q}} \sqrt{2}$

(除)
$$\frac{p + q\sqrt{2}}{r + s\sqrt{2}} = \frac{p + q\sqrt{2}}{r + s\sqrt{2}} \cdot \frac{r - s\sqrt{2}}{r - s\sqrt{2}} \qquad \text{分母的有理化}$$

$$= \frac{(p + q\sqrt{2})(r - s\sqrt{2})}{(r + s\sqrt{2})(r - s\sqrt{2})}$$

$$= \frac{(pr - 2qs) + (qr - ps)\sqrt{2}}{r^2 - s^2}$$

$$= \underbrace{\frac{pr - 2qs}{r^2 - s^2}}_{\in \mathbb{Q}} + \underbrace{\frac{qr - ps}{r^2 - s^2}}_{\in \mathbb{Q}} \sqrt{2}$$

「原來如此……分母的有理化說不定是為了這個。」蒂蒂說：「我們在確認定義時，也確認過『因為加減乘除而封閉』，但那時的形式為『有理數 + 有理數 $\sqrt{2}$』。現在我才明白這種式子變形的意圖與方向。」

「喂，米爾迦。」我說：「關於 $\mathbb{Q}\,(\sqrt{2})$，可以把它想成在 $\mathbb{Q}$ 只添加 $\sqrt{2}$，且經加減乘除而擴張的體吧？」

「可以。」米爾迦回答：「不過我們常理解為包含 $\mathbb{Q}$ 與 $\sqrt{2}$ 的最小的體。我們來個小測驗吧。」

令 n 為正整數，什麼時候 $\mathbb{Q}\,(\sqrt{n}) = \mathbb{Q}$ 呢？

「很簡單啊。」蒂蒂說：「$\sqrt{n}$ 是有理數的時候！因為擁有有理數的人，就算給他有理數世界也不會變大。n 為 $1^2, 2^2, 3^2, 4^2, \cdots$ 這種平方數的時候，$\mathbb{Q}\,(\sqrt{n}) = \mathbb{Q}$！」

「沒錯。」

6.2.6　擴展的大小

「不知道為什麼，我一想到線性空間就覺得好開心。」

面對蒂蒂的提問，米爾迦迅速起身離席，我們的視線緊跟著她，聽米爾迦「講課」，會自然產生「想知道更多」的心情，這是為什麼呢？

「因為我們可以用線性空間表現『擴展的大小』。」米爾迦說：「與『空間』這個名字一樣，線性空間有『擴展的性質』，而向量可以用數學來表示這個擴展的『大小』。」

「擴展的大小……是什麼？」蒂蒂問。

「你覺得是什麼？」米爾迦問我。

「該不會──」我的耳邊傳來由梨的木屐喀嗒喀嗒的聲響，「是次元？」

「沒錯。」米爾迦說，猛然豎起食指。

◎　　◎　　◎

沒錯。

次元是什麼？

首先，我們將**基底**定義為向量集合，這個向量集合能夠將線性空間內任意的點，用線性組合表示，而且是唯一的表示法。

接著，將「基底的元素數」稱為次元。

而且，為了用線性組合表示線性空間的任意點，也可以說「必要且充分的向量個數」是次元。

座標平面上的任意一點(a_x, a_y)，可以用$\vec{e_x}$與$\vec{e_y}$這兩個向量的線性組合$a_x\vec{e_x} + a_y\vec{e_y}$來表示，而且是唯一表示法，所以這個線性空間是二次元。

任意的複數 $a+bi$ 可以用 1 與 i 這兩個向量的線性組合 $a \cdot 1 + b \cdot i$ 來表示，而且是唯一表示法，所以這個線性空間是二次元。

如果很難理解，像剛才觀察 $a_x\vec{e_x} + a_y\vec{e_y}$ 一樣，觀察 $a+bi$ 這個式子會發現以下的結構：

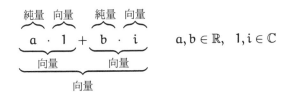

將 $\mathbb{C}$ 視為 $\mathbb{R}$ 上的線性空間

同樣地，體 $\mathbb{Q}(\sqrt{2})$ 的任意元素 $p+q\sqrt{2}$ 也可以用 1 與 $\sqrt{2}$ 這兩個向量的線性組合 $p \cdot 1 + q \cdot \sqrt{2}$ 來表示單值。這是二次元。觀察 $p+q\sqrt{2}$ 這個式子會發現以下的結構：

將 $\mathbb{Q}(\sqrt{2})$ 視為 $\mathbb{Q}$ 上的線性空間

◎　◎　◎

「次元與基底啊。」蒂蒂寫著筆記。

「$\{\vec{e_x}, \vec{e_y}\}$ 將座標平面視為 $\mathbb{R}$ 上的線性空間的基底之一。」

「原來如此，這個基底的元素數是次元。」我說。

「將 $\mathbb{C}$ 視為 $\mathbb{R}$ 上的線性空間，$\{1, i\}$ 是一組基底。基底也可以

有其他選擇，可以是 $\{-1, i\}$、$\{100, -20i\}$、$\{1 + I, 1-i\}$。但不管基底怎麼選，基底的向量個數必定是 2。」

「二次元的 2 是基底的元素數啊。」我說。

「給定一組向量集合，所有可以用此集合的線性組合表示的點，所形成的向量空間，稱為此集合的『生成空間』。」米爾迦說：「用此定義，便能將向量空間定義成『基底的生成空間』。」

「像洋傘的骨架？」我說。

「像支撐建築物的柱子？」蒂蒂說。

「你們可以隨個人喜好來比喻。」米爾迦說：「總之，廣大的座標平面可以由兩個向量組成的線性組合——基底，製造出來，以有限來掌握無限。」

「原來如此。」蒂蒂說。

「原來如此？」米爾迦說：「來做小測驗吧。」

將 $\mathbb{Q}(\sqrt{2})$ 視為 $\mathbb{Q}$ 上的線性空間，$\{\sqrt{2}, 2\}$ 是基底嗎？

「哎呀！請等一下，我無意中說了『原來如此』。」蒂蒂一臉認真地思考，「……是的，$\{\sqrt{2}, 2\}$ 是基底。」

「理由是什麼？」

「呃——若基底是 $\{1, \sqrt{2}\}$，可以寫成 $p \cdot 1 + q\sqrt{2}$；若基底是 $\{\sqrt{2}, 2\}$，可以寫成 $q \cdot \sqrt{2} + (\frac{p}{2}) \cdot 2 \cdots\cdots$」

「嗯。」米爾迦點頭。

「嗯。」蒂蒂也點頭，「因此，$\mathbb{Q}(\sqrt{2})$ 的所有元素，都可以用 $\sqrt{2}$ 與 2 的和表示——」

「用線性組合表示。」米爾迦迅速更正。

「對，$\mathbb{Q}(\sqrt{2})$ 的所有元素，都可以用 $\sqrt{2}$ 與 2 的線性組合表示，亦即可以將 $\{\sqrt{2}, 2\}$ 擴張成 $\mathbb{Q}$ 上的線性空間 $\mathbb{Q}(\sqrt{2})\cdots\cdots$是這個意思吧？」

「正確。」

「因為可以擴張成線性空間，所以 $\{\sqrt{2}, 2\}$ 是基底。」

「妳漏了唯一性。」米爾迦說。

「嗯？」

「向量集合的生成空間，是可以用此集合的線性組合，來表示任意點的集合。而線性空間的基底則是一組向量集合，這組向量集合可以用線性組合，來表示線性空間的任意點，而且是唯一的表示法。蒂德菈，『因為可以擴張成線性空間所以是基底』的說明漏掉唯一性，並不妥當。」

「基底的定義……呃，唯一性這個條件是必要的嗎？」

「必要。如果基底的定義沒加上唯一性，變成『可以用線性組合表示線性空間任意點的向量集合』，那麼 $\{1, \sqrt{2}, 2\}$ 這三個元素所形成的集合也能算是 $\mathbb{Q}(\sqrt{2})$ 的基底。因為蒂德菈所舉的例子 $p \cdot 1 + q \cdot \sqrt{2}$，也可以表示成：

$$\frac{p}{3} \cdot 1 + q \cdot \sqrt{2} + \frac{p}{3} \cdot 2 \qquad (1, \sqrt{2}, 2\text{ 的線性組合})$$

如果沒有唯一性，向量的個數不會固定，次元也無法定義。」

「……」

蒂蒂因為米爾迦的話，突然陷入沉思。我安靜等待，米爾迦也暫時停止「講課」。我們保持沉默，因為我們知道為了讓她好好思考，需要「沉默的尊重」。

這樣啊──我對由梨說明四次元的時候，說了「可以用四個數表示一點的數」。雖然我這樣講不算錯，但以數學而言，這個說明是不足的。「四個數」的背後有「四個基底向量」，而任意點可以用基底的線性組合表示，且是唯一表示法。這「四個數」指用多少純量倍的四個基底向量取和，也指這四個基底向量所對應的四個純量。

過一陣子，蒂蒂開口：

「……基底的元素必須是凌亂的吧？」

「凌亂？」米爾迦反問。

「像剛才米爾迦學姊說的，如果基底已有 2，加入 1 就不太妥當，因為會使線性組合的唯一性消失……雖然我沒辦法說得很清楚，但我認為如果基底已經有 2，便不能將可以由 2 得到的 1 加入基底。要是已把 2 與 $\sqrt{2}$ 加入基底，可以從 2 與 $\sqrt{2}$ 得到的 $2 + \sqrt{2}$ 也不能加入基底，因為這會使線性組合的唯一性消失。所以……啊！米爾迦學姊，我沒有可以表達這件事的詞彙！」

「表達這件事的詞彙？」我問。

「我沒有可以表達『能否用線性組合得出』的詞彙！」蒂蒂很著急地說：「不是『可以得出』與『不能得出』，我覺得這個概念一定有專有名詞！」

「妳已掌握概念，蒂德菈。」米爾迦說：「這稱為線性相關與線性獨立。」

「線性相關與線性獨立……」

「可以用線性組合得出，是線性相關；不可以用線性組合得出，是線性獨立。」米爾迦說：「待會我們來好好定義吧。」

「英語叫什麼呢？」蒂蒂問。

「線性相關是 linear dependence；線性獨立是 linear independence。」

「原來如此！啊……這次是真的『原來如此』。我想的是，向量是否依存於(depend)其他的向量。原來如此、原來如此。」蒂蒂進入自己的世界，露出作夢的表情，「如果線性組合可以得出，是 be dependent on——依存於對方；如果線性組合不能得出，是 be independent of——不依存於對方，不依賴對方。或許在線性空間上，線性獨立的向量之間是『彼此無可替代的存在』……」

「妳已偏離數學。」米爾迦說。

6.3 線性獨立

6.3.1 線性獨立

「在線性空間的領域，線性獨立是重要概念。」

米爾迦再次開始「講課」，她加快速度。

◎　◎　◎

在線性空間的領域，線性獨立是重要概念。

給定一個向量，便可以得出無數個此向量的純量倍，可是只有線性獨立的向量才能擴展。

讓我好好說明**線性獨立**吧。在 S 上的線性空間，定義向量 v 與 w 為線性獨立，如下：

線性獨立

將 V 當作「S 上的線性空間」，令 $v, w \in V$ 及 $s, t \in S$。

若以下的條件成立，向量 v 與 w 是**線性獨立**。

$$sv + tw = 0 \iff s = 0 \wedge t = 0$$

且

若向量 v 與 w 不是線性獨立，則是**線性相關**。

線性獨立又稱為**一次獨立**；線性相關又稱為**一次相關**。

「若將 V 視為 S 上的線性空間，向量 v 與 w 是線性獨立」可以用以下式子表示：

$$sv + tw = 0 \iff s = 0 \wedge t = 0 \quad 且 (s, t \in S)$$

「若將座標平面視為 $\mathbb{R}$ 上的線性空間，向量 $\vec{e_x}$ 與 $\vec{e_y}$ 是線性獨立」可以用以下式子表示：

$$a_x\vec{e_x} + a_y\vec{e_y} = 0 \Longleftrightarrow a_x = 0 \wedge a_y = 0 \quad \text{且}(a_x, a_y \in \mathbb{R})$$

「將 $\mathbb{C}$ 視為 $\mathbb{R}$ 上的線性空間，線性獨立的條件會變成實數與複數」的基本命題可以用以下式子表示：

$$a + bi = 0 \Longleftrightarrow a = 0 \wedge b = 0 \quad \text{且}(a, b \in \mathbb{R})$$

「將 $\mathbb{Q}(\sqrt{2})$ 視為 $\mathbb{Q}$ 上的線性空間」的線性獨立條件是：

$$p + q\sqrt{2} = 0 \Longleftrightarrow p = 0 \wedge q = 0 \quad \text{且}(p, q \in \mathbb{Q})$$

◎　◎　◎

「啊！」我大叫，「這個我在解角三等分問題的時候用過。」

「因為在線性空間的領域，線性獨立很重要。」米爾迦滿不在乎地說。

「全部是一樣的形式呢。」蒂蒂說。

「的確……」

◎　◎　◎

我很感動。

像在不同樂器所演奏的曲子中，發現同樣旋律，這個旋律是──線性獨立。

- 在線性空間，$sv + tw = 0 \Longleftrightarrow s = 0 \wedge t = 0$。
- 在座標平面，$a_x\vec{e_x} + a_y\vec{e_y} = 0 \Longleftrightarrow a_x = 0 \wedge a_y = 0$。
- 在複數體，$a + bi = 0 \Longleftrightarrow a = 0 \wedge b = 0$。
- 在體 $\mathbb{Q}(\sqrt{2})$，$p + q\sqrt{2} = 0 \Longleftrightarrow p = 0 \wedge q = 0$。

「複數 $a+bi$ 等於 0」與「a 與 b 都等於 0」等價是數學考試常出現的規律，但我沒想到這和向量有關。$a+bi=0 \Leftrightarrow a=0 \wedge b=0$，這個命題是將 $\mathbb{C}$ 視為 $\mathbb{R}$ 上的線性空間的「線性獨立」條件，命題中的 1 與 i 是線性獨立。

我思考著 $a+bi=0$ 的意思，亦即 $a=-bi$。如果 $a \neq 0$，則 $1=-\dfrac{b}{a} \cdot i$，1 向量可以用 i 向量的線性組合來寫。此外，如果 $b \neq 0$，則 $i=-\dfrac{a}{b} \cdot 1$，i 向量可以用 1 向量的線性組合來寫。也就是說，$a=0 \wedge b=0$ 這個條件主張 1 不能用 i 的線性組合來寫，i 也不能用 1 的線性組合來寫。

1 與 i 都不能用對方的線性組合來表示──即是線性獨立。

◎　◎　◎

「目前為止都是二次元。」米爾迦說：「我們將它一般化吧。」

線性獨立(一般化)

將 V 當作「S 上的線性空間」，令 $v_k \in V$ 及 $s_k \in S (k=1, 2, 3, \cdots\cdots, m)$。若以下算式成立，向量 $v_1, v_2, \cdots\cdots, v_m$ 是**線性獨立**。

$$s_1 v_1 + s_2 v_2 + \cdots + s_m v_m = 0 \Longleftrightarrow s_1 = 0 \wedge s_2 = 0 \wedge \cdots \wedge s_m = 0$$

若不成立，向量 $v_1, v_2, \cdots\cdots, v_m$ 是**線性相關**。

「好、好多詞彙充滿我的腦袋！」蒂蒂說。

「試著俯瞰整體吧。」米爾迦淡淡地說：「向量的數如果太少，無法擴展至整個線性空間。」

- 可以用 $\vec{e}_x$ 的實數倍得出的只有直線，不能得出座標平面。
- 可以用 1 的實數倍得出的只有 $\mathbb{R}$，不能得出 $\mathbb{C}$。
- 可以用 1 的有理數倍得出的只有 $\mathbb{Q}$，不能得出 $\mathbb{Q}(\sqrt{2})$。

「確實如此。」我說：「只有純量倍無法擴展。」

「另一方面。」米爾迦繼續說：「向量的數如果太多，無法成為表示線性空間的點的唯一方法。」

「對，唯一性會消失。」蒂蒂說。

「為了要成為線性空間任意點的唯一表示方法，基底應是必須且充分的向量集合。或者說，基底必須是『生成整個線性空間，最小的向量集合』，而且必須是『線性獨立最大的向量集合』。最小、最大指元素的數。另外，雖然基底的選法不只有一種，不過無論怎麼選基底，元素數都不會改變。」

米爾迦的眼睛閃閃發光。

不變的東西有命名的價值。

「我們賦予線性空間的基底元素數的名字是——次元。」

6.3.2　次元的不變性

「『不變的東西有命名的價值』聽起來好有趣！」蒂蒂說。

「的確。」我同意，「米爾迦好厲害！」

「在物理上，稱為保存。」米爾迦的視線忽然從我們身上，「為保存量與保存項命名是非常合理的吧。」

我從未這樣想過。數學的概念只要有人說明、自己好好用功便能明白，所有定理——雖然太難的還是不行——只要自己肯努力便能了解。可是，米爾迦剛才說的「不變的東西有命名的價值」這種思考方式……到底是什麼呢？這是來自哪裡的說法呢？

「米爾迦學姊！這真是 well-defined 呢！」蒂蒂在胸前握緊雙

手說。

「嗯？」米爾迦一臉困惑。

「以前妳說過 well-defined 吧，意思是不依賴選法才能定義的概念。在線性空間上，基底的選法有很多種，但屬於基底的向量個數不變，基底的個數不因選法而不同，所以才能定義次元的概念。既然如此，我認為次元的概念正是 well-defined……呃、那個……我、我說了奇怪的話嗎？」

聽到此話的米爾迦臉上漾出一抹笑容。

「蒂德菈、蒂德菈，妳實在是……妳到底是什麼人？蒂德菈妳過來一下——不，我過去。」

米爾迦像一陣風地走到蒂蒂身邊，張大雙臂輕輕抱住元氣少女——並親吻她的臉頰！

「啊哇哇哇！……米米米米米米米米米爾迦學姊！」

「我最喜歡聰明的孩子。」

6.3.3　擴張次數

在圖書室太過吵鬧，會引來瑞谷女士，所以必須注意。要是吵得太過分，後果不堪設想，於是我們趕緊降低音量。

「妳研究過體嗎？」我問蒂蒂。

「對！」蒂蒂很開心地說：「……因為我想深入思考之前我們討論過的 $\mathbb{Q}(\sqrt{判別式})$，雖說如此，我只是多讀點書，而且我連定理和證明都搞不懂。」

「對啊。」

我也有這種經驗。數學的專業書籍裡，都是我懂的單詞，例子我也明白，但要跟著書籍的論述，追上定理→證明→定理→證明→定理→證明的流程非常辛苦。

「在 $\mathbb{Q}$ 的範圍內無法解開的二次方程式，可以在 $\mathbb{Q}(\sqrt{判別式})$ 的

範圍內解開，是因為公式解讓人明白……讓人覺得好像懂了。繼續探索體的話題，好像可以發現很多寶物。」蒂蒂說。

「在 $\mathbb{Q}$ 添加 $\sqrt{判別式}$ 的體很常見。」米爾迦說：「如果 $\sqrt{判別式} \in \mathbb{Q}$，則擴張體等於 $\mathbb{Q}$，亦即 $\mathbb{Q} = \mathbb{Q}(\sqrt{判別式})$。」

「是啊，保持原樣。」

「若 $(\sqrt{判別式}) \notin \mathbb{Q}$ 擴張體會擴大成 $\mathbb{Q}(\sqrt{判別式})$。」

「對，$\mathbb{Q}$ 收到禮物，擴張數的世界！」

「那麼──會擴張多少呢？」米爾迦問。

「多少……是什麼意思？」蒂蒂嘴巴微張，一臉不可思議。

「擴張的大小啊。」米爾迦惡作劇地說，她有時會用這種表情吊人胃口──引發對方的反應。

「妳說擴張的大小是？」

「或說『擴展的大小』。」米爾迦瞇起眼睛說。

「擴展的大小……是次元！」

「是啊。」米爾迦用右手握住蒂蒂的手，動作非常自然，「體的擴張可以用線性空間的觀點來掌握。體 $\mathbb{Q}$ 與擴張體 $\mathbb{Q}(\alpha)$ 之間擴張的大小，可以用次元來記述。」

「……！」我恍然大悟，想驚呼，但沒順利發出聲音。

「說得正確點。」米爾迦用左手握住我的手。

(好溫暖)

「把體 $\mathbb{Q}(\alpha)$ 視為『$\mathbb{Q}$ 上的線性空間』。此時，最大的線性獨立向量是多大呢？$\mathbb{Q}(\alpha)$ 在 $\mathbb{Q}$ 上是幾次元呢？要回答這個問題，要定量地掌握體的擴張，亦即掌握 α 這個元所具有的某個特徵，而這與線性空間的研究有關。」

「研究……什麼研究？」我問。

「當然是對方程式解法的研究。」

「方程式？」為什麼會出現方程式呢？

「用代數方式解方程式，關鍵在於因式分解；做因式分解，必

須釐清要用哪個體來思考。如果是包含全部方程式解的擴張體，方程式可以因式分解成一次式的積。這就是方程式論——體的理論。」

米爾迦歌唱似地繼續說：

「在體添加元，體會擴張多少呢？使用線性空間的次元概念可以定義擴張的大小——**擴張次數**。用線性空間的次元概念，可以計算體的擴張。我們對方程式的概念——根、根的個數、方程式的次數、公式解——對應於線性空間的什麼概念呢？這非常有意思，因為——」

米爾迦的手用力牽著我們的手。

「因為線性空間是連結兩個世界的橋樑。它是連結『方程式的世界』與『體的世界』的橋樑。」

「又來了啊。」我讚嘆。

又來了啊。

數學帶我們遊歷的「兩個世界」。

在費馬最後定理是「代數」與「幾何」、「代數」與「解析」。

在哥德爾不完備定理是「形式」與「意義」。

在角的三等分問題是「作圖」與「數」。

而這次是「方程式」與「體」啊。

數學家喜歡為「兩個世界」架起橋梁。

「用線性空間這個概念連結兩個世界啊。」我說。

米爾迦輕輕將食指貼在嘴唇上。

「兩個世界的接觸總是令人開心。」

向量空間的意義，
在於設定了這樣的觀點——
從數學的許多研究對象中，
只挑出加法與純量積這個「運算的骨架」來看。
——志賀浩二

第 7 章
拉格朗日預解式的秘密

年輕王子心中沒有任何懷疑，
相信自己所做的冒險決定。
他受到愛與榮譽的激勵，
決心朝那座城堡前進。
——《睡美人》

7.1　三次方程式解的公式

7.1.1　蒂蒂

「啊，學長！」蒂蒂說。

「妳很努力呢。」我窺探她的筆記本。

這裡是學校的圖書室，如同往常，上午補習班的暑期課程結束後，我來到這裡。明明是暑假我卻常遇到蒂蒂，真不可思議。

蒂蒂一直盯著筆記本。

「學長……算式好難喔。」

她的筆記本寫著許多算式，看來她正在進行各種試驗，而不是單純地計算。

「妳在解方程式嗎？」

「村木老師要我在暑假練習計算……他給我七張卡片！」

「練習計算？那可真稀奇啊。」

「你看。」蒂蒂把有顏色的卡片給我看，「這的確是計算……不過據說依序解開這些算式，可以導出三次方程式的公式解！」

她將七張卡片排成一串，呈現紅、橙、黃、綠、藍、靛、紫

——一道彩虹在書桌上展開，十分炫目。

「導出三次方程式的公式解嗎……」我看著卡片。

- 紅色的卡片「契爾恩豪斯轉換」。
- 橙色的卡片「根與係數的關係」。
- 黃色的卡片「拉格朗日預解式」。
- 綠色的卡片「三次方的和」。
- 藍色的卡片「三次方的積」。
- 靛色的卡片「從係數到解」。
- 紫色的卡片「三次方程式的公式解」。

「我還沒解開，三次方程式的公式解比二次方程式的公式解還難吧。」

「應該吧。到底三次方程式的公式解是什麼形式呢？蒂蒂的挑戰進展到哪裡？」

「啊，我來說明，到這裡來！」

蒂蒂把旁邊的椅子拉過來，要我坐下。

我們展開求「三次方程式公式解」的旅行。

7.1.2　紅色的卡片「契爾恩豪斯轉換」

第一張是紅色的卡片，上面寫著「契爾恩豪斯轉換(Tschirnhaus transformation)」

「契爾恩豪斯？」

「據說是位數學家的名字。」

問題 7-1(契爾恩豪斯轉換)

給定 y 的三次方程式($a \neq 0$)，如下：

$$ay^3 + by^2 + cy + d = 0$$

進行以下的變數轉換：

$$y = x - \frac{b}{3a}$$

如此一來，能得出 x 的三次方程式，如下：

$$x^3 + px + q = 0$$

此時，p, q 可以用 a, b, c, d 表示。

　　「變 數 轉 換 啊──但 是，這 裡 只 要 把 $y = x - \dfrac{b}{3a}$ 代 入 $ay^3 + by^2 + cy + d$ 即能知道答案吧，這的確是計算問題。」

　　「是這樣沒錯……」

　　蒂蒂給我看筆記本。

◎　◎　◎

$$ay^3 + by^2 + cy + d$$

將 $x - \dfrac{b}{3a}$ 代入這個式子的 y，

$$= a\left(x - \frac{b}{3a}\right)^3 + b\left(x - \frac{b}{3a}\right)^2 + c\left(x - \frac{b}{3a}\right) + d$$

將三次方與二次方的部分展開。

$$= a\left(x^3 - 3 \cdot \frac{b}{3a}x^2 + 3 \cdot \frac{b^2}{9a^2}x - \frac{b^3}{27a^3}\right)$$
$$+ b\left(x^2 - 2 \cdot \frac{b}{3a}x + \frac{b^2}{9a^2}\right) + c\left(x - \frac{b}{3a}\right) + d$$

去掉括弧，

$$= ax^3 - 3a \cdot \frac{b}{3a}x^2 + 3a \cdot \frac{b^2}{9a^2}x - a \cdot \frac{b^3}{27a^3}$$
$$+ bx^2 - 2b \cdot \frac{b}{3a}x + b \cdot \frac{b^2}{9a^2} + cx - c \cdot \frac{b}{3a} + d$$

整理式子，

$$= ax^3 - bx^2 + \frac{b^2}{3a}x - \frac{b^3}{27a^2} + bx^2 - \frac{2b^2}{3a}x + \frac{b^3}{9a^2} + cx - \frac{bc}{3a} + d$$

合併 x 的同類項，

$$= ax^3 + (-b + b)x^2 + \left(\frac{b^2}{3a} - \frac{2b^2}{3a} + c\right)x - \frac{b^3}{27a^2} + \frac{b^3}{9a^2} - \frac{bc}{3a} + d$$

整理式子，

$$= ax^3 - \frac{b^2 - 3ac}{3a}x + \frac{2b^3 - 9abc + 27a^2d}{27a^2}$$

因此，$ay^3 + by^2 + cy + d = 0$ 可以變形為以下的形式：

$$ax^3 - \frac{b^2 - 3ac}{3a}x + \frac{2b^3 - 9abc + 27a^2d}{27a^2} = 0$$

因為要把 x^3 的係數變成 1，湊出 $x^3 + px + q = 0$，所以兩邊除以 a，

$$x^3 - \frac{b^2 - 3ac}{3a^2}x + \frac{2b^3 - 9abc + 27a^2d}{27a^3} = 0$$

接著，只要比較 $x^3 + px + q = 0$ 與係數，便能求出 p, q：

$$\begin{cases} p & = -\dfrac{b^2 - 3ac}{3a^2} \\ q & = \dfrac{2b^3 - 9abc + 27a^2d}{27a^3} \end{cases}$$

◎　◎　◎

「嗯，這麼仔細地解式子很有蒂蒂的風格。妳覺得哪裡有問題？」

「呃，這個變數轉換的確是計算問題。代入、展開、合併同類項……但是，這又怎樣？我本來以為會發生有趣的事，但是直到計算結束，什麼也沒發生。」

她一臉不可思議。

「不不不，不是這樣，蒂蒂。」我說：「妳看，請仔細比較。轉換之後，二次方的項消失。」

$$ay^3 + by^2 + cy + d = 0 \qquad y \text{ 的方程式（轉換前）}$$
$$\downarrow \text{契爾恩豪斯轉換}$$
$$x^3 \qquad\quad + px + q = 0 \qquad x \text{ 的方程式（轉換後）}$$

「啊！真的耶！」

「我想紅色的卡片『契爾恩豪斯轉換』，是要把方程式單純化吧。」我說：「這一定是在為導向三次方程式的公式解做準備。」

解答 7-1(契爾恩豪斯轉換)

y 的三次方程式 $ay^3+by^2+cy+d=0$ 進行 $y=x-\dfrac{b}{3a}$ 的變數轉換，變成 x 的三次方程式 $x^3+px+q=0$，於是 p,q 可以用 a,b,c,d 表示成以下形式：

$$\begin{cases} p &= -\dfrac{b^2-3ac}{3a^2} \\ q &= \dfrac{2b^3-9abc+27a^2d}{27a^3} \end{cases}$$

7.1.3　橙色的卡片「根與係數的關係」

「那麼，蒂蒂突破第二張卡片的難關了嗎？」

「橙色的卡片⋯⋯是這個。」

問題 7-2(根與係數的關係)

令三次方程式 $x^3+px+q=0$ 的根為 $x=\alpha,\beta,\gamma$，請表示根與係數的關係。

「這是簡單的計算吧。」我說。

「是的。根為 α,β,γ ⋯⋯先展開 $(x-\alpha)(x-\beta)(x-\gamma)$。」

$$\begin{aligned} &(x-\alpha)(x-\beta)(x-\gamma) \\ =&(x^2-\beta x-\alpha x+\alpha\beta)(x-\gamma) \\ =&(x^2-(\alpha+\beta)x+\alpha\beta)(x-\gamma) \\ =&x^3-\gamma x^2-(\alpha+\beta)x^2+(\alpha+\beta)\gamma x+\alpha\beta x-\alpha\beta\gamma \\ =&x^3-(\alpha+\beta+\gamma)x^2+(\alpha\beta+\beta\gamma+\gamma\alpha)x-\alpha\beta\gamma \end{aligned}$$

「這式子會等於 x^3+px+q，所以對照比較係數求得 p 與 q。」

$$x^3 - (\alpha+\beta+\gamma)x^2 + (\alpha\beta+\beta\gamma+\gamma\alpha)x - \alpha\beta\gamma$$
$$= x^3 \qquad\qquad\qquad\qquad + \qquad\qquad px + \quad q$$

解答 7-2(根與係數的關係)

令三次方程式 $x^3+px+q=0$ 的根為 $x=\alpha,\beta,\gamma$，以下式子成立。

$$\begin{cases} 0 &= \alpha+\beta+\gamma \\ p &= \alpha\beta+\beta\gamma+\gamma\alpha \\ q &= -\alpha\beta\gamma \end{cases}$$

「到這裡為止我會算……不過下一張卡片我卡住了。」
蒂蒂像隻鴨子噘起嘴。

7.1.4 黃色的卡片「拉格朗日預解式」

「蒂蒂正在算第三張黃色的卡片吧。」

問題 7-3(拉格朗日預解式)

令三次方程式 $x^3+px+q=0$ 的根為 $x=\alpha,\beta,\gamma$。

而且 L 與 R 的定義如下：

$$\begin{cases} L &= \omega\alpha+\omega^2\beta+\gamma \\ R &= \omega^2\alpha+\omega\beta+\gamma \end{cases}$$

請用 L, R 表示 α,β,γ。

但假設 ω 是 1 的原始三次方根(Primitive Root of Unity)之一。

「是的。為了用 L 與 R 表示 α, β, γ，我剛才正在解聯立方程式——但是怎麼做都不順利。問題所寫的式子是 $L = \omega\alpha + \omega^2\beta + \gamma$ 與 $R = \omega^2\alpha + \omega\beta + \gamma$ 這兩個，可是我現在想求的有 α, β, γ 這三個。要解有三個符號的聯立方程式，我覺得需要三個式子……」

蒂蒂如此說，雙手抱頭。

「原來如此……嗯。」我看著蒂蒂的筆記本思考，「做聯立方程式，應該想辦法消去 α, β, γ 當中的兩個吧？」

「對，但這需要多一個式子……」

「有啊。」

「咦？」

「橙色的卡片『根與係數的關係』可以提出 $0 = \alpha + \beta + \gamma$ 這個式子！」

$$\begin{cases} L & = \omega\alpha + \omega^2\beta + \gamma \\ R & = \omega^2\alpha + \omega\beta + \gamma \\ 0 & = \alpha + \beta + \gamma \end{cases} \quad \text{根據根與係數的關係}$$

「啊！原來如此！有這三個式子，便能消去符號！」

蒂蒂一臉躍躍欲試。

我制止她。

「蒂蒂，接下來可以心算喔。」

「啊，心算嗎？」

「ω 是 1 的原始三次方根，所以以下式子當然成立——

$$\omega^3 = 1$$

因為是分圓多項式 $\Phi_3(x) = x^2 + x + 1$ 的根，所以以下式子成立——

$$\omega^2 + \omega + 1 = 0$$

妳看，沒錯吧。」

「我聽不懂……」

「把這三個式子的左右邊加起來吧。」

$$
\begin{array}{rl}
L = & \omega\alpha + \omega^2\beta + \gamma \\
R = & \omega^2\alpha + \omega\beta + \gamma \\
+)\quad 0 = & \alpha + \beta + \gamma \\
\hline
L+R = & (\omega+\omega^2+1)\alpha + (\omega^2+\omega+1)\beta + (1+1+1)\gamma \\
L+R = & 0\alpha + 0\beta + 3\gamma \\
L+R = & 3\gamma
\end{array}
$$

「啊啊！α 和 β……」

「消失。」我說：「因為 $L+R=3\gamma$，γ 可以用 L 與 R 表示。」

$$
\gamma = \frac{1}{3}(L+R)
$$

「咦、咦……」

「求 β 一樣，可以用 $\omega^3=1$ 與 $\omega^2+\omega+1=0$ 來消去符號。呃……只需考慮 $\omega L+\omega^2 R$。」

$$
\begin{array}{rl}
\omega L = & \omega^2\alpha + \omega^3\beta + \omega\gamma \\
\omega^2 R = & \omega^4\alpha + \omega^3\beta + \omega^2\gamma \\
+)\quad 0 = & \alpha + \beta + \gamma \\
\hline
\omega L+\omega^2 R = & (\omega^2+\omega^4+1)\alpha + (\omega^3+\omega^3+1)\beta + (\omega+\omega^2+1)\gamma \\
\omega L+\omega^2 R = & (\omega^2+\omega+1)\alpha + (1+1+1)\beta + (\omega+\omega^2+1)\gamma \\
\omega L+\omega^2 R = & 0\alpha + 3\beta + 0\gamma \\
\omega L+\omega^2 R = & 3\beta
\end{array}
$$

「真的耶，$\omega L+\omega^2 R=3\beta$！意思是……」

$$
\beta = \frac{1}{3}(\omega L+\omega^2 R)
$$

「嗯，沒錯。另一個解 α 可以用 $\omega^2 L+\omega R$ 求得。」

$$
\begin{array}{rrrr}
\omega^2 L = & \omega^3\alpha + & \omega^4\beta + & \omega^2\gamma \\
\omega R = & \omega^3\alpha + & \omega^2\beta + & \omega\gamma \\
+)\quad 0 = & \alpha + & \beta + & \gamma \\
\hline
\omega^2 L + \omega R = (\omega^3 + \omega^3 + 1)\alpha + & (\omega^4 + \omega^2 + 1)\beta + & (\omega^2 + \omega + 1)\gamma \\
\omega^2 L + \omega R = (1 + 1 + 1)\alpha + & (\omega + \omega^2 + 1)\beta + & (\omega^2 + \omega + 1)\gamma \\
\omega^2 L + \omega R = 3\alpha + & 0\beta + & 0\gamma \\
\omega^2 L + \omega R = 3\alpha
\end{array}
$$

「嗚哇哇……這次是 $\omega^2 L + \omega R = 3\alpha$，順利求得 α。」

$$\alpha = \frac{1}{3}(\omega^2 L + \omega R)$$

「妳看，可以很漂亮地用 L 與 R 來表示 α, β, γ。」

$$
\begin{cases}
\alpha & = \dfrac{1}{3}(\omega^2 L + \omega R) \\[2mm]
\beta & = \dfrac{1}{3}(\omega L + \omega^2 R) \\[2mm]
\gamma & = \dfrac{1}{3}(L + R)
\end{cases}
$$

解答 7-3(拉格朗日預解式)

令三次方程式 $x^3 + px + q = 0$ 的根為 $x = \alpha, \beta, \gamma$。

而且 L 與 R 的定義如下：

$$
\begin{cases}
L & = \omega\alpha + \omega^2\beta + \gamma \\
R & = \omega^2\alpha + \omega\beta + \gamma
\end{cases}
$$

以下式子成立：

$$
\begin{cases}
\alpha & = \dfrac{1}{3}(\omega^2 L + \omega R) \\[2mm]
\beta & = \dfrac{1}{3}(\omega L + \omega^2 R) \\[2mm]
\gamma & = \dfrac{1}{3}(L + R)
\end{cases}
$$

「$\omega^2 + \omega + 1 = 0$ 的用法好有趣！」

她的目光閃閃發亮，讓我有點害羞。

「很有趣吧，α, β, γ 可以用 L 與 R 來表示。如果用係數來表示 L 與 R，可以得到三次方程式的公式解！下一張卡片是不是求 L 與 R 的問題？」

「呃……好像不是。」蒂蒂看著綠色卡片說：「不是求 L 與 R，好像是求 $L^3 + R^3$。」

「竟然是 $L^3 + R^3$？」

7.1.5 綠色的卡片「三次方的和」

問題 7-4(三次方的和)
令三次方程式 $x^3 + px + q = 0$ 的根為 $x = \alpha, \beta, \gamma$。

而且 L 與 R 的定義如下：

$$\begin{cases} L &= \omega\alpha + \omega^2\beta + \gamma \\ R &= \omega^2\alpha + \omega\beta + \gamma \end{cases}$$

請用 p, q 表示 $L^3 + R^3$。

「綠色的卡片好像是要求 $L^3 + R^3$，而且背面寫著這個式子。」蒂蒂把綠色的卡片翻過來。

提示的式子(綠色卡片的背面)

$$(L + R)(L + \omega R)(L + \omega^2 R)$$

「$(L+R)(L+\omega R)(L+\omega^2 R)$ 嗎……應該要展開吧。」

「我來做！」

$$(L + R)(L + \omega R)(L + \omega^2 R)$$
$$= (L^2 + \omega LR + LR + \omega R^2)(L + \omega^2 R)$$
$$= L^3 + \omega^2 L^2 R + \omega L^2 R + LR^2 + L^2 R + \omega^2 LR^2 + \omega LR^2 + R^3$$
$$= 啊哇哇……$$

「啊哇哇……式子好複雜。該怎麼整理呢？」

「這種時候一般都會『用某種符號整理式子』，我們來指定某一個符號吧。例如，用 L 來整理，可以整理出 L^3, L^2, L 的項以及常數項。」

$$(L + R)(L + \omega R)(L + \omega^2 R)$$
$$= L^3 + \omega^2 L^2 R + \omega L^2 R + LR^2 + L^2 R + \omega^2 LR^2 + \omega LR^2 + R$$
$$= \underbrace{L^3}_{L^3 的項} + \underbrace{(\omega^2 + \omega + 1)RL^2}_{L^2 的項} + \underbrace{(1 + \omega^2 + \omega)R^2 L}_{L 的項} + \underbrace{R^3}_{常數項}$$
$$= L^3 + R^3$$

「嗚哇哇！」蒂蒂：「使用 $\omega^2 + \omega + 1 = 0$，可以乾脆地消去其他項，只剩下 $L^3 + R^3$！」

「原來如此，妳懂這條提示的意思嗎？」

「這是指不要計算 $L^3 + R^3$，而使用提示的式子 $(L+R)(L+\omega R)(L+\omega^2 R)$ 吧。」

「沒錯。以下這條恆等式是村木老師的提示。」

$$L^3 + R^3 = (L + R)(L + \omega R)(L + \omega^2 R)$$

「恆等式……的確，不管 L, R 是什麼這式子都會成立，所以確實是 L 與 R 的恆等式。」

「蒂蒂不會迷失前進的方向呢。」

「當然。綠色的卡片上寫的問題——

請用 p, q 表示 $L^3 + R^3$

可以換成以下形式——

請用 p, q 表示 $(L+R)(L+\omega R)(L+\omega^2 R)$

因此，我認為只要按以下順序，用 p, q 表示即可。

①$(L+R)$

②$(L+\omega R)$

③$(L+\omega^2 R)$

①$L+R$ 在黃色的卡片(解答 7-3, p.228)已求得。」

$$\gamma = \frac{1}{3}(L+R)$$
$$L+R = 3\gamma$$

「嗯，對啊。」

「接著計算②$L+\omega R$。」

「啊，等一下，這也在黃色的卡片算過。」

$$\beta = \frac{1}{3}(\omega L + \omega^2 R)$$

「咦？」

「兩邊同乘以 $3\omega^2$——

$$3\omega^2 \cdot \beta = 3\omega^2 \cdot \frac{1}{3}(\omega L + \omega^2 R)$$

$$= \omega^3 L + \omega^4 R$$

$$= L + \omega R \qquad\qquad 因為\ \omega^3 = 1, \omega^4 = \omega$$

——總之，②是這樣吧。」

$$3\omega^2 \beta = L + \omega R$$

「啊！意思是③$L + \omega^2 R$ 一樣……

$$\alpha = \frac{1}{3}(\omega^2 L + \omega R)$$

……這次兩邊同乘以 3ω！」

$$3\omega \cdot \alpha = 3\omega \cdot \frac{1}{3}(\omega^2 L + \omega R)$$

$$= \omega^3 L + \omega^2 R$$

$$= L + \omega^2 R \qquad\qquad 因為\ \omega^3 = 1$$

「嗯，這樣便可以求 $L + \omega^2 R$，蒂蒂。」

$$3\omega\alpha = L + \omega^2 R$$

「對，可以得出①②③，學長！」
蒂蒂使勁拉我的手臂。

$$\begin{cases} ①\ L + R &= 3\gamma \\ ②\ L + \omega R &= 3\omega^2\beta \\ ③\ L + \omega^2 R &= 3\omega\alpha \end{cases}$$

「對啊，但是還沒結束，還得算乘法。」

「好！」

$$L^3 + R^3 = \underbrace{(L + R)}_{①}\underbrace{(L + \omega R)}_{②}\underbrace{(L + \omega^2 R)}_{③} \qquad \text{根據提示}$$

$$= \underbrace{(3\gamma)}_{①}\underbrace{(3\omega^2\beta)}_{②}\underbrace{(3\omega\alpha)}_{③} \qquad \text{根據目前為止的計算}$$

$$= 27\omega^3\alpha\beta\gamma$$

$$= 27\alpha\beta\gamma \qquad\qquad \text{因為 } \omega^3 = 1$$

「完成！」

「還要用 p, q 表示，再加把勁！」

「咦？咦？咦？」

「有根與係數的關係$(q = -\alpha\beta\gamma)$可以用啊！」

$$L^3 + R^3 = 27\alpha\beta\gamma$$

$$= -27q \qquad \text{根據 } q = -\alpha\beta\gamma \text{ (p. 225)}$$

「成功解開綠色的卡片！」

解答 7-4(三次方的和)

$$L^3 + R^3 = -27q$$

7.1.6　藍色的卡片「三次方的積」

> 問題 7-5(三次方的積)
> 令三次方程式 $x^3 + px + q = 0$ 的根為 $x = \alpha, \beta, \gamma$。
>
> 而且 L 與 R 的定義如下：
>
> $$\begin{cases} L = \omega\alpha + \omega^2\beta + \gamma \\ R = \omega^2\alpha + \omega\beta + \gamma \end{cases}$$
>
> 請用 p, q 表示 $L^3 R^3$。

「這次是算乘法，求 L^3 與 R^3 吧。」

「是啊──不，雖然可以立刻展開 $L^3 = (\omega\alpha + \omega^2\beta + \gamma)^3$，不過先求 LR 會比較輕鬆。」

「學長對算式變形很敏銳呢……」

$$\begin{aligned} LR &= (\omega\alpha + \omega^2\beta + \gamma)(\omega^2\alpha + \omega\beta + \gamma) \\ &= (\omega^3\alpha^2 + \omega^2\alpha\beta + \omega\gamma\alpha) + (\omega^4\alpha\beta + \omega^3\beta^2 + \omega^2\beta\gamma) + (\omega^2\gamma\alpha + \omega\beta\gamma + \gamma^2) \\ &= \alpha^2 + \beta^2 + \gamma^2 + (\omega^2 + \omega^4)\alpha\beta + (\omega^2 + \omega)\beta\gamma + (\omega + \omega^2)\gamma\alpha \\ &= \alpha^2 + \beta^2 + \gamma^2 + (\omega + \omega^2)(\alpha\beta + \beta\gamma + \gamma\alpha) \end{aligned}$$

「這次我使用 $\omega^2 + \omega + 1 = 0$！$\omega^2 + \omega$ 是 -1！」

$$\begin{aligned} LR &= \alpha^2 + \beta^2 + \gamma^2 + (\omega + \omega^2)(\alpha\beta + \beta\gamma + \gamma\alpha) \\ &= \alpha^2 + \beta^2 + \gamma^2 - (\alpha\beta + \beta\gamma + \gamma\alpha) \qquad 使用 \omega + \omega^2 = -1 \end{aligned}$$

「用根與係數的關係 $\alpha\beta + \beta\gamma + \gamma\alpha = p$，式子會變簡單。」

$$LR = \alpha^2 + \beta^2 + \gamma^2 - (\alpha\beta + \beta\gamma + \gamma\alpha)$$

$$= \alpha^2 + \beta^2 + \gamma^2 - p \qquad\qquad \text{根與係數的關係（p.225）}$$

$$= \text{但是}\cdots\cdots$$

「但是……$\alpha^2 + \beta^2 + \gamma^2$ 沒出現在根與係數的關係吧？」

「嗯，不過根與係數的關係有 $\alpha + \beta + \gamma = 0$，所以可以平方後做二次方的項，結果應該會等於 0。」

$$(\alpha + \beta + \gamma)^2 = \alpha^2 + \beta^2 + \gamma^2 + 2(\alpha\beta + \beta\gamma + \gamma\alpha)$$

$$0 = \alpha^2 + \beta^2 + \gamma^2 + 2(\alpha\beta + \beta\gamma + \gamma\alpha)$$

$$\alpha^2 + \beta^2 + \gamma^2 = -2(\alpha\beta + \beta\gamma + \gamma\alpha)$$

「啊……原來如此，要做二次方的項啊。」

「這裡要用 $\alpha\beta + \beta\gamma + \gamma\alpha = p$，以下的式子是武器。」

$$\alpha^2 + \beta^2 + \gamma^2 = -2p \qquad （武器）$$

「哇，正好適用耶！」

$$LR = \underset{\wwww}{\alpha^2 + \beta^2 + \gamma^2} - p$$

$$= \underset{\wwww}{-2p} - p \qquad \text{使用武器}$$

$$= -3p$$

「卡片的問題是 L^3R^3，所以將 LR 變成三次方。」

$$L^3R^3 = (LR)^3 = (-3p)^3 = -27p^3$$

解答 7-5(三次方的積)

$$L^3R^3 = -27p^3$$

「嗯，七張卡片當中我們已解決五張卡片。」

「對，剩下兩張！」

7.1.7 靛色的卡片「從係數到解」

問題 7-6(從係數到解)

令三次方程式 $x^3 + px + q = 0$ 的根為 $x = \alpha, \beta, \gamma$。

請用 p, q 表示 α, β, γ。

「原來如此，用 p, q 表示 α, β, γ，是用係數表示解，所以——

求三次方程式 $x^3 + px + q = 0$ 的公式解

是這個意思吧。」

「突然變成一個大問題呢！」

「不是突然吧，我們已經解開好幾張卡片。」

「對，但是我們只求過 $L^3 + R^3$ 與 L^3R^3。」

「所以這些是引導。」

「啊？」蒂蒂一臉不解。

「不可以迷失前進的方向。在黃色卡片我們已用 L 與 R 表示 α, β, γ，現在我們只要知道 L 與 R 便可以組成公式，換句話說，我們只需知道 L^3 與 R^3 即可。」

「抱、抱歉，為什麼只需知道 L^3 與 R^3 呢？」

「因為只要求 L^3 的三次方根即能求得 L。」

「啊──不對不對，L^3 的三次方根有三個吧。」

「對啊。」

「明明應該把三次方根的三個數──我是不是搞錯什麼？」

「嗯，L^3 的三次方根是──

$$L, \quad \omega L, \quad \omega^2 L$$

──這三個數。」

「咦？咦？為什麼？」

「因為──

$$\begin{cases} L^3 & = L^3 \\ (\omega L)^3 & = \omega^3 L^3 = L^3 \\ (\omega^2 L)^3 & = (\omega^2)^3 L^3 = (\omega^3)^2 L^3 = L^3 \end{cases}$$

所以不管 L、ωL 或 $\omega^2 L$，三次方以後都等於L^3。」

「啊啊……沒錯，我懂。接著要從 $L^3 + R^3$ 與 $L^3 R^3$ 求得L^3 與 R^3 吧。該怎麼做呢？」

要從$L^3 + R^3$ 與 $L^3 R^3$ 求得 L^3 與 R^3 該怎麼做？

「嗯？蒂蒂，數學愛好者應該立刻回答出來喔。知道這兩個數的和與積，請求這兩個數──這是二次方程式吧。」

「二次方程式？」

「為了求 L^3 與 R^3，得解開這個 X 的二次方程式。」

$$X^2 - (L^3 + R^3)X + L^3 R^3 = 0$$

「咦？」

「因為可以因式分解 $X^2 - (L^3 + R^3)X + L^3 R^3 = (X - L^3)(X - R^3)$。令人開心的是，和與積我們已經求得。」

$$L^3 + R^3 = -27q \qquad L^3 R^3 = -27p^3$$

$$\text{綠色的卡片} \qquad\qquad \text{藍色的卡片}$$

「啊，真的耶！」

「嗯，所以只需解開這個 X 的二次方程式。」

$$X^2 + 27qX - 27p^3 = 0$$

「呃……用公式解嗎？」

「對啊，用二次方程式的公式解馬上能解開。」

$$X = \frac{-27q \pm \sqrt{(27q)^2 + 4 \cdot 27p^3}}{2}$$

$$= -\frac{27q}{2} \pm \sqrt{\left(\frac{27q}{2}\right)^2 + 27p^3}$$

「……」

「所以，L^3 與 R^3 是以下兩數的其中一個。」

$$-\frac{27q}{2} + \sqrt{\left(\frac{27q}{2}\right)^2 + 27p^3}, \quad -\frac{27q}{2} - \sqrt{\left(\frac{27q}{2}\right)^2 + 27p^3}$$

「好的。」

「如果在這裡設——

$$\begin{cases} A & = -\dfrac{27q}{2} \\[2mm] D & = \left(\dfrac{27q}{2}\right)^2 + 27p^3 \end{cases} \qquad \sqrt{\ } \text{裡的東西}$$

L^3 與 R^3 是——」

$$A + \sqrt{D}, \quad A - \sqrt{D}$$

「呃，哪個是 L^3 呢？」

「這不一定，或者說，這可以隨喜好決定。」

「可是黃色的卡片『拉格朗日預解式』定義了 L 與 R，應該不能隨意決定吧？」

「沒錯，但 L 與 R 是根據 α, β, γ 定義的。α, β, γ 表示三次方程式的根，但沒有具體限定 α, β, γ 代表哪一個根。因此，現在開始 L, R 與 α, β, γ 是互相結合的，像這樣——

$$\begin{cases} L = \sqrt[3]{A + \sqrt{D}} \\ R = \sqrt[3]{A - \sqrt{D}} \end{cases}$$

——根據黃色的卡片(解答 7-3, p.228)，$x^3 + px + q = 0$ 的根是這樣：

$$\begin{cases} \alpha = \dfrac{1}{3}(\omega^2 L + \omega R) = \dfrac{1}{3}\left(\omega^2 \sqrt[3]{A + \sqrt{D}} + \omega \sqrt[3]{A - \sqrt{D}}\right) \\ \beta = \dfrac{1}{3}(\omega L + \omega^2 R) = \dfrac{1}{3}\left(\omega \sqrt[3]{A + \sqrt{D}} + \omega^2 \sqrt[3]{A - \sqrt{D}}\right) \\ \gamma = \dfrac{1}{3}(L + R) = \dfrac{1}{3}\left(\sqrt[3]{A + \sqrt{D}} + \sqrt[3]{A - \sqrt{D}}\right) \end{cases}$$

解答 7-6(從係數到解)

令三次方程式 $x^3 + px + q = 0$ 的根為 $x = \alpha, \beta, \gamma$。

此時 α, β, γ 可以寫成以下式子：

$$\begin{cases} \alpha = \dfrac{1}{3}\left(\omega^2 \sqrt[3]{A + \sqrt{D}} + \omega \sqrt[3]{A - \sqrt{D}} \right) \\[2mm] \beta = \dfrac{1}{3}\left(\omega \sqrt[3]{A + \sqrt{D}} + \omega^2 \sqrt[3]{A - \sqrt{D}} \right) \\[2mm] \gamma = \dfrac{1}{3}\left(\sqrt[3]{A + \sqrt{D}} + \sqrt[3]{A - \sqrt{D}} \right) \end{cases}$$

但須假設：

$$\begin{cases} A = -\dfrac{27q}{2} \\[3mm] D = \left(\dfrac{27q}{2}\right)^2 + 27p^3 \end{cases}$$

「學長，我好像理解了 $A = \cdots\cdots$ 與 $D = \cdots\cdots$ 的**定義式**力量。以前學長教我方程式、恆等式以及定義式，我那時很討厭增加符號，感覺式子會變複雜，所以很不擅長定義式。但是，我現在了解增加符號也可以變簡單，要是不使用 A 與 D 的符號，會變得很複雜⋯⋯」

「是啊。」

「增加符號更能看透結構！進一步來說，使用符號是看穿結構的依據！」

蒂蒂興奮地說。

「看穿結構的依據——原來如此啊。」

「對。看穿『這裡和這裡一樣』以及『$\sqrt[3]{}$ 裡的東西只有 $+$ 與 $-$ 不同』這種結構的依據，是使用符號！」

蒂蒂興奮地說，停不下來。

7.1.8　紫色的卡片「三次方程式的公式解」

「來吧，最後的問題很簡單……只需計算吧。」我說。

> **問題 7-7(三次方程式的公式解)**
> 令三次方程式 $x^3+px+q=0$ 的根為 $x=\alpha,\beta,\gamma$。請用 a,b,c,d 來表示 α,β,γ。

$$A = -\frac{27q}{2} \qquad\qquad \text{根據 } A \text{ 的定義 } (p.240)$$

$$= -\frac{27}{2} \cdot \frac{2b^3 - 9abc + 27a^2d}{27a^3} \qquad \text{用 } a,b,c,d \text{ 表示 } q \ (p.224)$$

$$= -\frac{2b^3 - 9abc + 27a^2d}{2a^3}$$

$$D = \left(\frac{27q}{2}\right)^2 + 27p^3$$

$$= \left(\frac{27}{2} \cdot \frac{2b^3 - 9abc + 27a^2d}{27a^3}\right)^2 + 27 \cdot \left(-\frac{b^2 - 3ac}{3a^2}\right)^3$$

$$= \left(\frac{2b^3 - 9abc + 27a^2d}{2a^3}\right)^2 - \left(\frac{b^2 - 3ac}{a^2}\right)^3$$

$$= \frac{27 \cdot (27a^2d^2 - 18abcd + 4b^3d + 4ac^3 - b^2c^2)}{4a^4}$$

解答 7-7(三次方程式的公式解)

令三次方程式 $x^3 + px + q = 0$ 的根為 $x = \alpha, \beta, \gamma$。此時 α, β, γ 可以寫成以下形式($-\dfrac{b}{3a}$ 來自契爾恩豪斯轉換的卡片)：

$$
\begin{cases}
\alpha = \dfrac{1}{3}\left(\omega^2 \sqrt[3]{A + \sqrt{D}} + \omega \sqrt[3]{A - \sqrt{D}} \right) \\[2mm]
\beta = \dfrac{1}{3}\left(\omega \sqrt[3]{A + \sqrt{D}} + \omega^2 \sqrt[3]{A - \sqrt{D}} \right) \\[2mm]
\gamma = \dfrac{1}{3}\left(\sqrt[3]{A + \sqrt{D}} + \sqrt[3]{A - \sqrt{D}} \right)
\end{cases}
$$

但須假設

$$
\begin{cases}
A = -\dfrac{2b^3 - 9abc + 27a^2d}{2a^3} \\[3mm]
D = \dfrac{27 \cdot (27a^2d^2 - 18abcd + 4b^3d + 4ac^3 - b^2c^2)}{4a^4}
\end{cases}
$$

7.1.9　描繪旅行的地圖

「是的，學長，非常謝謝你！村木老師的卡片全解開了！但是——」蒂蒂扭扭捏捏地說：「呃，呃，但是我完成公式解不是很高興……對、對不起。」

「怎麼說？」

「我們解開問題，也導出三次方程式的公式解，但是我還——不明白。我們到底做了什麼？」

原來如此。

蒂蒂的想法很實在。

她不認為解開問題就是終點，不覺得自己只需找到答案。七張

卡片引導我們完成公式解，為了讓我們解開問題，卡片按照步驟進展，甚至很好心地附上提示，因此──解開是當然的，跟著引導解開之後，我們更應該思考。

我們到底做了什麼？

這樣自問並回想才是重點。
「但是──該怎麼做呢？」我嘟囔。
「我、我想描繪旅行的地圖！」

◎　◎　◎

我想描繪旅行的地圖！
我們的目的是得到三次方程式的公式解。方程式的公式解，指從係數得到根──用係數來表示根。

$$係數 \xrightarrow{公式解} 根$$

我想村木老師的彩虹卡片，並不是要讓我們做無意義的計算。但是在計算途中，我們只看得見眼前的東西，因此，我從剛才開始便躍躍欲試，想描繪「旅行的地圖」。

▶紅色的卡片「契爾恩豪斯轉換」是轉換方程式，以 a, b, c, d 表示 p, q ──

$$a, b, c, d \xrightarrow{契爾恩豪斯轉換} p, q$$

▶橙色的卡片「根與係數的關係」，則以 α, β, γ 表示 p, q ──

$$\alpha, \beta, \gamma \xrightarrow{根與係數的關係} p, q$$

▶黃色的卡片「拉格朗日預解式」是個謎題。導入我不太懂的 L,

R，出現 ω，不過我知道這是 1 的原始三次方根。總之，要用 L, R 表示 α, β, γ ——

$$L, R \xrightarrow{\text{拉格朗日預解式}} \alpha, \beta, \gamma$$

▶ 綠色的卡片「三次方的和」，用 p, q 表示 $L^3 + R^3$ ——

$$p, q \xrightarrow{\text{三次方的和}} L^3 + R^3$$

▶ 藍色的卡片「三次方的積」，用 p, q 表示 $L^3 R^3$ ——

$$p, q \xrightarrow{\text{三次方的積}} L^3 R^3$$

▶ 靛色的卡片「從係數到解」，根據之前的計算結果，用 p, q 表示 α, β, γ。可以求出 L^3 與 R^3、L 與 R。

$$p, q \xrightarrow{\text{從係數到解}} \alpha, \beta, \gamma$$

▶ 紫色的卡片「三次方程式的公式解」，用 a, b, c, d 表示 α, β, γ。這算是總整理。

$$a, b, c, d \xrightarrow{\text{三次方程式的公式解}} \alpha, \beta, \gamma$$

觀察 a, b, c, d 到 α, β, γ，能看見趨向：

$$a, b, c, d \xrightarrow{\text{契爾恩豪斯轉換}} p, q$$
$$\xrightarrow{\text{三次方的和與積}} L^3 + R^3, L^3 R^3$$
$$\xrightarrow{\text{解二次方程式}} L^3, R^3$$
$$\xrightarrow{\text{求三次方根}} L, R$$
$$\xrightarrow{\text{拉格朗日預解式}} \alpha, \beta, \gamma$$

好的，接著凝神觀看這個過程，完成「旅行的地圖」。

應該……是這樣吧？

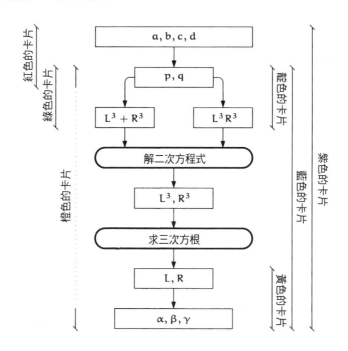

求「三次方程式的公式解」的旅行地圖

「原來如此，整體的流程很清楚。」

蒂蒂盯著「旅行的地圖」。

「學長，我覺得這趟旅行的秘密應該在——

L 與 R

——的身上吧。」

「是嗎？村木老師的提示也很重要吧，我記得綠色的卡片有提示。」

「雖然提示很重要，但沒有那個提示，耐心地計算應該也能突

破難關……但 L 與 R 不行。我絕對無法靠自己想出 L 與 R。」

「的確是這樣。」我點頭。

「因為……L 與 R 不平衡吧。」

「不平衡？」

$$\begin{cases} L &= \omega\alpha + \omega^2\beta + \gamma \\ R &= \omega^2\alpha + \omega\beta + \gamma \end{cases}$$

「雖然交換 α 與 β 的係數，γ 的係數卻維持原樣，這不是很不可思議嗎？L 與 R 真是 extremely magical，我覺得這個式子應該有什麼秘密。」

我讚嘆。

我與蒂蒂碰面的時候，我總是扮演教導蒂蒂的角色。但是現在不同，蒂蒂不斷以她自己的方式學習，我從她身上學到很多，不是知識方面，而是面對數學的態度。

「……」

「……」

我們凝視著拉格朗日預解式。

然後，我們同時——

看向正在窗邊寫東西的黑長髮少女。

那位引領我們數學旅程的人——

米爾迦。

7.2　拉格朗日預解式

7.2.1　米爾迦

我們把七張卡片給米爾迦看，我與蒂蒂向她說明我們到目前為止的研究路程，於是喜歡講課又能言善道的才女說：

　　「第一個發現三次方程式公式解的人是十六世紀的**塔爾塔利亞**。不過，現在通常把這個稱為卡爾達諾公式，因為**卡爾達諾**在自己的著作中公開了解法。」

　　「這個故事我在書上看過。」我說：「我記得當時他們互相提出數學的問題，彼此戰鬥。」

　　「戰鬥啊！」蒂蒂說。為什麼她那麼興奮啊。

　　「嗯，他們對彼此提出數學難題。」我說：「誰解開對方的問題便是贏家。他們自己專用的公式簡直像『武器』。」

　　「關於此事有許多逸聞。」米爾迦說：「其實，早在塔爾塔利亞之前，據說三次方程式的解法是由名叫**費羅**的人發現。然而，費羅卻在數學的公開比賽輸給塔爾塔利亞……逸聞有很多，我們還是繼續研究數學吧。」

　　「導三次方程式的公式解，我總覺得關鍵是拉格朗日預解式。」蒂蒂說：「但是，我不懂 L 與 R 的意義。」

　　「人們公認**拉格朗日**是十八世紀最偉大的數學家之一，他研究卡爾達諾與尤拉老師等人的解法，想從三次方程式與四次方程式的解法得到五次方程式的解法。」米爾迦說：「拉格朗日的慧眼看穿『根的置換』，這與解法密切相關。他將其中一部分以拉格朗日預解式的形式表示。」

　　「真是神來一筆啊。」我說：「竟然可以導入 $\omega\alpha + \omega^2\beta + \gamma$ 與 $\omega^2\alpha + \omega\beta + \gamma$ 的式子。」

　　「來看式子吧。」米爾迦捏起桌上的黃色卡片說：「這裡寫著拉格朗日預解式。」

$$\begin{cases} L &= \omega\alpha + \omega^2\beta + \gamma \\ R &= \omega^2\alpha + \omega\beta + \gamma \end{cases}$$

　　「是啊。」

　　「蒂德菈認為這個式子『不平衡』吧。」

　　「沒錯。因為 α 與 β 的係數交換，但 γ 好像被忽視，孤零零的，沒有規律。」

　　「這裡交換的不是係數而是根——」米爾迦的食指貼在嘴唇上，眼睛閉了一下，「首先，我們以算式來玩場遊戲，找出規律性吧。這規律性最好包含 $\alpha+\beta+\gamma$，我們暫時去掉 L 與 R 吧。」

　　米爾迦重新在筆記本上寫式子。

$$\begin{cases} \omega\alpha + \omega^2\beta + \gamma \\ \omega^2\alpha + \omega\beta + \gamma \\ \underaccent{\wedge\wedge}{\alpha + \beta + \gamma} \end{cases}$$

　　「$\alpha+\beta+\gamma$ 曾出現在根與係數的關係。」我說。

　　「這樣還是忽視 γ 啊……」蒂蒂說。

　　「來整理式子，使我們看得出規律性吧。」米爾迦說：「把係數的 1 寫成 ω^3，ω 寫成 ω^1。」

　　米爾迦重寫式子：

$$\begin{cases} \omega^1\alpha + \omega^2\beta + \omega^3\gamma & \text{根據 } \omega\alpha + \omega^2\beta + \gamma \\ \omega^2\alpha + \omega^1\beta + \omega^3\gamma & \text{根據 } \omega^2\alpha + \omega\beta + \gamma \\ \omega^3\alpha + \omega^3\beta + \omega^3\gamma & \text{根據 } \alpha + \beta + \gamma \end{cases}$$

　　「啊啊……」蒂蒂說：「因為 $\omega^3=1$，但是 ω 的指數是 1, 2, 3、2, 1, 3 以及 3, 3, 3，這沒有規律性。」

$$\begin{cases} \omega^1\alpha + \omega^2\beta + \omega^3\gamma & \omega \text{ 的指數是 } 1, 2, 3 \\ \omega^2\alpha + \omega^1\beta + \omega^3\gamma & \omega \text{ 的指數是 } 2, 1, 3 \\ \omega^3\alpha + \omega^3\beta + \omega^3\gamma & \omega \text{ 的指數是 } 3, 3, 3 \end{cases}$$

　　「ω 的華爾滋是三拍子。」米爾迦說：「因為 $\omega^3=1$，ω^1 可以

寫成 ω^4，ω^3 可以寫成 ω^6 與 ω^9。」

$$
\begin{aligned}
\omega^1 &= \omega^1 \omega^3 & &= \omega^{1+3} & &= \omega^4 \\
\omega^3 &= \omega^3 \omega^3 & &= \omega^{3+3} & &= \omega^6 \\
\omega^3 &= \omega^3 \omega^3 \omega^3 & &= \omega^{3+3+3} & &= \omega^9
\end{aligned}
$$

米爾迦輕快地戴上眼鏡，書寫式子。

$$
\begin{cases}
\omega^1 \alpha + \omega^2 \beta + \omega^3 \gamma & \quad \omega \text{ 的指數是 } 1, 2, 3 \\
\omega^2 \alpha + \omega^4 \beta + \omega^6 \gamma & \quad \omega \text{ 的指數是 } 2, 4, 6 \\
\omega^3 \alpha + \omega^6 \beta + \omega^9 \gamma & \quad \omega \text{ 的指數是 } 3, 6, 9
\end{cases}
$$

「啊！」蒂蒂瞠目結舌。

「$1, 2, 3$、$2, 4, 6$ 以及 $3, 6, 9$ 有規律性嗎？強調一下吧？」

米爾迦慢慢寫式子。

$$
\begin{cases}
(\omega^1)^1 \alpha + (\omega^1)^2 \beta + (\omega^1)^3 \gamma \\
(\omega^2)^1 \alpha + (\omega^2)^2 \beta + (\omega^2)^3 \gamma \\
(\omega^3)^1 \alpha + (\omega^3)^2 \beta + (\omega^3)^3 \gamma
\end{cases}
$$

「這個！」我瞠目結舌。

「不要用 α, β, γ，而添加符號 $\alpha_1, \alpha_2, \alpha_3$ 來表示根，我們可以把這三個式子重新命名為 $L_3(1), L_3(2), L_3(3)$。如此一來，不管直的橫的都是 $1, 2, 3$。蒂德菈，拉格朗日預解式有規律性喔。」

米爾迦這麼說著，眨一下眼睛。

$$
\begin{cases}
L_3(1) = (\omega^1)^1 \alpha_1 + (\omega^1)^2 \alpha_2 + (\omega^1)^3 \alpha_3 \\
L_3(2) = (\omega^2)^1 \alpha_1 + (\omega^2)^2 \alpha_2 + (\omega^2)^3 \alpha_3 \\
L_3(3) = (\omega^3)^1 \alpha_1 + (\omega^3)^2 \alpha_2 + (\omega^3)^3 \alpha_3
\end{cases}
$$

三次方程式的拉格朗日預解式

$$\begin{cases} L_3(1) & = (\omega^1)^1\alpha_1 + (\omega^1)^2\alpha_2 + (\omega^1)^3\alpha_3 \\ L_3(2) & = (\omega^2)^1\alpha_1 + (\omega^2)^2\alpha_2 + (\omega^2)^3\alpha_3 \\ L_3(3) & = (\omega^3)^1\alpha_1 + (\omega^3)^2\alpha_2 + (\omega^3)^3\alpha_3 \end{cases}$$

但須假設：

- ω 是 1 的原始三次方根
- $\alpha_1, \alpha_2, \alpha_3$ 是三次方程式的根

「的確，『直的橫的都是 1, 2, 3』，我明白這規律性。但是，指數和添加符號好多，我覺得好亂……」

「蒂德菈真是貪心呢。」米爾迦笑說：「有很多添加符號會使式子變複雜，可是能看清規律性。」

「啊，我懂！」蒂蒂說：「意思是傳達的訊息會因為式子的寫法而不同！」

「只要知道規律性，便能一般化。」

「這樣啊！」我從米爾迦的手上把自動鉛筆搶過來寫式子。

$$L_3(k) = (\omega^k)^1\alpha_1 + (\omega^k)^2\alpha_2 + (\omega^k)^3\alpha_3 \qquad (k = 1, 2, 3)$$

「把『1 的原始 n 次方根』設為 ζ_n——」米爾迦說。

我不禁叫出聲：「再一個步驟就可以一般化！」

$$L_n(k) = (\zeta_n^k)^1\alpha_1 + (\zeta_n^k)^2\alpha_2 + \cdots + (\zeta_n^k)^n\alpha_n \qquad (k = 1, 2, 3, \ldots, n)$$

「沒錯。」米爾迦似乎對我寫的式子感到很滿意，「到這裡為止，式子已經一般化，可以用 Σ 來寫和。根據指數律，$(\zeta_n^k)^j = \zeta_n^{kj}$ 成

立,所以可以消掉括弧,完成一般化。我們看穿式子的規律性,導出 n 次方程式的拉格朗日預解式。」

$$L_n(k) = \sum_{j=1}^{n} \zeta_n^{kj} \alpha_j \qquad (k = 1, 2, 3, \ldots, n)$$

「啊啊……」蒂蒂發出聲音。

---

n 次方程式的拉格朗日預解式

$$L_n(k) = \sum_{j=1}^{n} \zeta_n^{kj} \alpha_j$$

但須假設:

- $k = 1, 2, 3, \ldots, n$
- ζ_n 是 1 的原始 n 次方根
- $\alpha_1, \alpha_2, \alpha_3, \ldots, \alpha_n$ 是 n 次方程式的根

7.2.2　拉格朗日預解式的性質

米爾迦用手指靜靜地梳著長髮,然後指向蒂蒂所畫的「旅行地圖」(p.245)。

「看到這個,便能明白求三次方程式的公式解,其實是在解兩個方程式。第一個是二次方程式——」

$$X^2 - (L^3 + R^3)X + L^3R^3 = 0 \qquad X \text{ 的二次方程式}$$

「是這樣沒錯。」蒂蒂回答。

「用這個求 $X = L^3, R^3$，接著解三次方程式。」

$$Y^3 - L^3 = 0, \quad Y^3 - R^3 = 0 \qquad \text{γ 的三次方程式}$$

「這個三次方程式從哪裡來？」蒂蒂問。

「這個方程式要求 L^3 與 R^3 的三次方根吧。」我說：「這要求 $L, \omega L, \omega^2 L$ 與 $R, \omega R, \omega^2 R$。」

「對。」米爾迦說：「剛才我們為了看出拉格朗日預解式的規律性而關注係數 ω^k，但是關注『根的置換』比較有趣。例如，用『迅速轉換』交換 α 與 β，L 與 R 便會交換。」

$$L = \omega\alpha + \omega^2\beta + \gamma$$
$$\updownarrow \text{交換 } \alpha \text{ 與 } \beta$$
$$R = \omega\beta + \omega^2\alpha + \gamma$$

「我、我不太清楚『根的置換』的意思……」蒂蒂說。

「讓我們來實際計算 L^3 吧，也就是 $L_3(1)^3$。」米爾迦回答。

$$L = \omega\alpha + \omega^2\beta + \gamma$$
$$= \omega\alpha_1 + \omega^2\alpha_2 + \alpha_3$$
$$L^3 = (\omega\alpha_1 + \omega^2\alpha_2 + \alpha_3)^3$$
$$= \alpha_1^3 + \alpha_2^3 + \alpha_3^3 + 6\alpha_1\alpha_2\alpha_3$$
$$+ 3\omega^2(\alpha_1\alpha_2^2 + \alpha_2\alpha_3^2 + \alpha_3\alpha_1^2) + 3\omega(\alpha_1^2\alpha_2 + \alpha_2^2\alpha_3 + \alpha_3^2\alpha_1)$$

「……對，沒錯。」蒂蒂進行驗算。

「接著，仔細看 L^3 的展開結果。」米爾迦說。

$$\alpha_1^3 + \alpha_2^3 + \alpha_3^3 + 6\alpha_1\alpha_2\alpha_3 + 3\omega^2(\alpha_1\alpha_2^2 + \alpha_2\alpha_3^2 + \alpha_3\alpha_1^2) + 3\omega(\alpha_1^2\alpha_2 + \alpha_2^2\alpha_3 + \alpha_3^2\alpha_1)$$

老實的蒂蒂按照吩咐盯著式子。

米爾迦繼續說：

「三個根 $\alpha_1, \alpha_2, \alpha_3$ 的置換共有 $3! = 6$ 種。將出現於 L^3 式子的三個解以六種置換方式實際調換，但須先假設無論哪種置換 S 都不變。」

$$S = \alpha_1^3 + \alpha_2^3 + \alpha_3^3 + 6\alpha_1\alpha_2\alpha_3$$

[123]是「撲通向下」，L^3 維持原樣。

$$S + 3\omega^2(\alpha_1\alpha_2^2 + \alpha_2\alpha_3^2 + \alpha_3\alpha_1^2) + 3\omega(\alpha_1^2\alpha_2 + \alpha_2^2\alpha_3 + \alpha_3^2\alpha_1)$$
$$= L^3$$

[132]是「迅速轉換」，交換 L^3 的 α_2 與 α_3。

$$S + 3\omega^2(\alpha_1\alpha_3^2 + \alpha_3\alpha_2^2 + \alpha_2\alpha_1^2) + 3\omega(\alpha_1^2\alpha_3 + \alpha_3^2\alpha_2 + \alpha_2^2\alpha_1)$$
$$= S + 3\omega^2(\alpha_2\alpha_1^2 + \alpha_1\alpha_3^2 + \alpha_3\alpha_2^2) + 3\omega(\alpha_2^2\alpha_1 + \alpha_1^2\alpha_3 + \alpha_3^2\alpha_2)$$
$$= R^3 \qquad （因為交換了 L^3 的 α_1 與 α_2）$$

[213]是「迅速轉換」，交換 L^3 的 α_1 與 α_2。

$$S + 3\omega^2(\alpha_2\alpha_1^2 + \alpha_1\alpha_3^2 + \alpha_3\alpha_2^2) + 3\omega(\alpha_2^2\alpha_1 + \alpha_1^2\alpha_3 + \alpha_3^2\alpha_2)$$
$$= R^3 \qquad （因為是交換了 L^3 的 α_1 與 α_2 的式子）$$

[231]是「繞圈圈」，把 L^3 的 α_1 轉到 α_2；α_2 轉到 α_3；α_3 轉到 α_1。

$$S + 3\omega^2(\alpha_2\alpha_3^2 + \alpha_3\alpha_1^2 + \alpha_1\alpha_2^2) + 3\omega(\alpha_2^2\alpha_3 + \alpha_3^2\alpha_1 + \alpha_1^2\alpha_2)$$
$$= S + 3\omega^2(\alpha_1\alpha_2^2 + \alpha_2\alpha_3^2 + \alpha_3\alpha_1^2) + 3\omega(\alpha_1^2\alpha_2 + \alpha_2^2\alpha_3 + \alpha_3^2\alpha_1)$$
$$= L^3$$

[312]是「繞圈圈」，把 L^3 的 α_1 轉到 α_3；α_2 轉到 α_1；α_3 轉到 α_2。

$$S + 3\omega^2(\alpha_3\alpha_1^2 + \alpha_1\alpha_2^2 + \alpha_2\alpha_3^2) + 3\omega(\alpha_3^2\alpha_1 + \alpha_1^2\alpha_2 + \alpha_2^2\alpha_3)$$
$$= S + 3\omega^2(\alpha_1\alpha_2^2 + \alpha_2\alpha_3^2 + \alpha_3\alpha_1^2) + 3\omega(\alpha_1^2\alpha_2 + \alpha_2^2\alpha_3 + \alpha_3^2\alpha_1)$$
$$= L^3$$

[321]是「迅速轉換」，交換 L^3 的 α_1 與 α_3。

$$S + 3\omega^2(\alpha_3\alpha_2^2 + \alpha_2\alpha_1^2 + \alpha_1\alpha_3^2) + 3\omega(\alpha_3^2\alpha_2 + \alpha_2^2\alpha_1 + \alpha_1^2\alpha_3)$$
$$= S + 3\omega^2(\alpha_2\alpha_1^2 + \alpha_1\alpha_3^2 + \alpha_3\alpha_2^2) + 3\omega(\alpha_2^2\alpha_1 + \alpha_1^2\alpha_3 + \alpha_3^2\alpha_2)$$
$$= R^3 \qquad （因為交換了 \ L^3 \ 的\alpha_1 與\alpha_2）$$

「好有趣喔！交換排列三個解的模式有六種，但是實際交換排列 L^3 的 $\alpha_1, \alpha_2, \alpha_3$，會變成 L^3 或 R^3 的其中一個！」

「對，而且 L^3 或 R^3 共軛。」米爾迦說：「這個軛是二次方程式 $X^2 - (L^3 + R^3)X + L^3R^3 = 0$。綠色的卡片『三次方的和』與藍色的卡片『三次方的積』提示我們軛的存在，告訴我們和與積屬於係數體。」

「係數體？」蒂蒂問。

「對，請以體的觀點來看。在係數體添加 $\sqrt{}$，接著再加入 $\sqrt[3]{}$，進行二次添加，完成**最小分裂體**。」

「最小分裂體是什麼？」蒂蒂問。

「最小分裂體是將給定的三次方程式分解成一次式的最小的體。一般的三次方程式從係數體開始，透過添加 $\sqrt{}$ 與 $\sqrt[3]{}$ 這些冪根，能變成最小分裂體，所以能夠求得三次方程式的公式解。在係數體添加有理式的平方根——$\sqrt{D}$，形成新的體再添加求得的有理式三次方根，如 $\sqrt[3]{A + \sqrt{D}}$ 等，變成最小分裂體。以代數解方程式，即是在方程式的係數體添加冪根，使之變成最小分裂體，並以此解開方程式的過程。從體的觀點來看，如何擴張體很重要，一個是添加 $\sqrt{}$，一個是添加 $\sqrt[3]{}$，因此蒂德菈『旅行地圖』的精髓是——」

$$a, b, c, d, \omega \xrightarrow{\sqrt[2]{}} L^3, R^3 \xrightarrow{\sqrt[3]{}} L, R, \alpha, \beta, \gamma$$

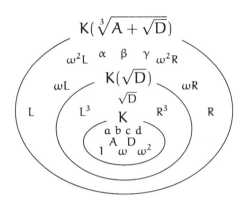

「在[123],[231],[312]L^3 是不變的，因為『繞圈圈』的[231]是生成的循環群，L^3 維持不變——」

「請、請等一下，米爾迦學姊。我好像不知不覺把體和群的觀念混在一起……為什麼會出現循環群呢？」

「嗯，等由梨在的時候我再好好講解吧。」

「咦，由梨？」我說。

「由梨應該正在研究對稱群 S_4。」

「啊，好像是。」我回答米爾迦。說由梨在研究太小題大作，不過她的確正在努力摸索構成 S_4 的二十四個置換。

「群、子群、正規子群以及商群，這些概念有點抽象，讓它們變具體會比較好懂。我們跟由梨一起學習吧，你負責把由梨帶來。」米爾迦命令我。

「……好好好。」

7.2.3　能應用於其他例子嗎？

　　我們依據村木老師的七張卡片，導出三次方程式的公式解。接著，我們隨意擺弄三次方程式的拉格朗日預解式，找出規律性，使 n 次方程式的拉格朗日預解式一般化。意思是——

　　「咦？米爾迦，拉格朗日預解式可以一般化到 n 次，意思是可以用相同作法導出四次方程式的公式解嗎？」

　　「不能算是『相同作法』，但會出現拉格朗日預解式。」

　　「學、學長姊！請等一下。請讓我來做四次方程式的公式解！」

　　「好，蒂德菈，我不會再解說。妳把挑戰四次方程式的公式解當作回家作業吧。妳最好先思考『二次方程式的拉格朗日預解式』與『二次方程式的公式解』的關係。」

　　「啊？我背得出二次方程式的公式解啊。」

　　「那請妳暫時忘記吧……妳需要藉助親吻來忘記嗎？」

　　米爾迦從座位站起來，一副要走向蒂蒂的樣子。

　　「哇哇哇！我忘記了！」

> 問題 7-8(二次方程式的拉格朗日預解式)
> 求二次方程式的拉格朗日預解式、$L_2(1)$ 與 $L_2(2)$。

7.3　二次方程式的公式解

7.3.1　二次方程式的拉格朗日預解式

　　稍微計算後，蒂蒂開始說話。

問題 7-8(二次方程式的拉格朗日預解式)
求二次方程式的拉格朗日預解式、$L_2(1)$ 與 $L_2(2)$。

1 的原始二次方根是二次方才會變成 1 的數，$\zeta_2 = -1$。

$$\zeta_2 = -1$$

接著，使用 n 次方程式的拉格朗日預解式(p.251)。

$$
\begin{aligned}
L_2(1) &= \sum_{j=1}^{2} \zeta_2^{1j} \alpha_j \qquad \text{令 } n = 2, k = 1 \text{ 的拉格朗日預解式}\\
&= \zeta_2^{1 \times 1} \alpha_1 + \zeta_2^{1 \times 2} \alpha_2 \\
&= (-1)^{1 \times 1} \alpha_1 + (-1)^{1 \times 2} \alpha_2 \qquad \text{因為 } \xi_2 = -1 \\
&= -\alpha_1 + \alpha_2
\end{aligned}
$$

$$
\begin{aligned}
L_2(2) &= \sum_{j=1}^{2} \zeta_2^{2j} \alpha_j \qquad \text{令 } n = 2, k = 2 \text{ 的拉格朗日預解式}\\
&= \zeta_2^{2 \times 1} \alpha_1 + \zeta_2^{2 \times 2} \alpha_2 \\
&= (-1)^{2 \times 1} \alpha_1 + (-1)^{2 \times 2} \alpha_2 \qquad \text{因為 } \xi_2 = -1 \\
&= \alpha_1 + \alpha_2
\end{aligned}
$$

真不過癮啊，結果變成這樣──

$$
\begin{cases}
L_2(1) &= -\alpha_1 + \alpha_2 \\
L_2(2) &= \alpha_1 + \alpha_2
\end{cases}
$$

解答 7-8(二次方程式的拉格朗日預解式)

$$\begin{cases} L_2(1) & = -\alpha_1 + \alpha_2 \\ L_2(2) & = \alpha_1 + \alpha_2 \end{cases}$$

「蒂德菈認為公式解的 L 與 R 是關鍵呢。」米爾迦說。

「沒錯!首先要求 L^3 與 R^3。」

「L^3 與 R^3 是三次方程式拉格朗日預解式的三次方。依此類推,將二次方程式的拉格朗日預解式變成二次方吧。」

「啊啊……我來試試看!」

$$\begin{cases} L_2(1)^2 & = (-\alpha_1 + \alpha_2)^2 = (\alpha_1 - \alpha_2)^2 \\ L_2(2)^2 & = (\alpha_1 + \alpha_2)^2 = (\alpha_1 + \alpha_2)^2 \end{cases}$$

「原來如此。」我很佩服。找出規律性、進行一般化,接著應用於其他具體例子……像個理論。

「$L_2(1)^2$ 等於 $(\alpha_1 - \alpha_2)^2$,這是關鍵嗎?」

「別搶我的問題。」米爾迦問:「這是通往公式解的關鍵嗎?」

蒂蒂凝神看著式子。

「α_1 減掉 α_2……啊,還是不行。添加符號讓我的腦袋亂七八糟!不要添加符號 α_1, α_2,我要改用 α, β 來思考。」

$$\begin{cases} L_2(1)^2 & = (\alpha - \beta)^2 \\ L_2(2)^2 & = (\alpha + \beta)^2 \end{cases}$$

「蒂蒂,根與係數的……」我忍不住開口說話。

「請別說話!」蒂蒂很稀奇地大聲說:「只需達成二次方程式的公式解吧,用係數來寫根……」

「……」我保持沉默。

「將 $(\alpha - \beta)^2$ 用二次方程式 $ax^2 + bx + c = 0$ 的係數來寫……係數、係數。」

「喔……」我差點叫出聲音。

「啊！用係數表示是指用基本對稱多項式表示！是和與積！沒錯沒錯，$(\alpha - \beta)^2$ 是對稱多項式，因為交換 α 與 β，值還是不變！而且，對稱多項式可以用基本對稱多項式來表示！」

$$
\begin{aligned}
L_2(1)^2 &= (\alpha - \beta)^2 \\
&= \alpha^2 - 2\alpha\beta + \beta^2 \\
&= (\underbrace{\alpha + \beta}_{\text{基本對稱多項式}})^2 - 4 \underbrace{\alpha\beta}_{\text{基本對稱多項式}}
\end{aligned}
$$

「嗯。」米爾迦發出聲音。

「對對對，因為基本對稱多項式的意思是『可以用係數表示』，剩下的部分很簡單。」

蒂蒂用非常快的速度在筆記本寫下式子。

$$
\begin{aligned}
L_2(1)^2 &= (\alpha - \beta)^2 \\
&= (\alpha + \beta)^2 - 4\alpha\beta \qquad \text{用基本對稱多項式來寫} \\
&= \left(-\frac{b}{a}\right)^2 - 4 \cdot \frac{c}{a} \qquad \text{根據根與係數的關係} \\
&= \frac{b^2 - 4ac}{a^2}
\end{aligned}
$$

「好的，妳發現了嗎？」米爾迦說。

「對對對對！出現 $b^2 - 4ac$！」

蒂蒂把大眼睛睜得更大，宣布：

「這是二次方程式的判別式！」

7.3.2　判別式

「沒錯。」米爾迦以平靜的聲音說：「只要讓二次方程式的拉格朗日預解式變成二次方，便能得到二次方程式的判別式。」

$$L_2(1)^2 = \frac{b^2 - 4ac}{a^2} = \frac{判別式}{a^2}$$

「好厲害！」蒂蒂說：「拉格朗日預解式竟然出現在二次方程式的公式解！」

我一時語塞。

「B 平方減四 AC」的式子我是背來的。

這個位在二次方程式公式解正中心的式子。

$$\frac{-b \pm \sqrt{\boxed{b^2 - 4ac}}}{2a}$$

判別式 $b^2 - 4ac$ 原來可以用二次方程式的拉格朗日預解式——$L_2(1)$ 的二次方求得！

米爾迦以冷靜的音調繼續說話。

「令係數體為 K，二次方程式的根——

$$K(\sqrt{判別式})$$

——屬於這個體。這個體可以表示為——

$$K(L_2(1))$$

無論是 $L_2(1)^2 = (\alpha - \beta)^2$ 或 $L_2(2)^2 = (\alpha + \beta)^2$，它們對根的置換，亦即根的對稱多項式，都不會改變。因為根的對稱多項式，可以寫成根的基本對稱多項式，亦即能用係數的有理式來寫。拉格朗日預解

式對於找出公式解的確很有幫助，而 $L_2(1) = \alpha - \beta$ 並不是對稱多項式，因此未必可以用係數的有理式來寫。但是，只要將 $L_2(1)$ 添加到係數體，問題便能解決，因為根屬於新的體 $K(L_2(1))$，而且新的體 $K(L_2(1))$ 是 $K\left(\sqrt{判別式}\right)$。」

米爾迦說明完，蒂蒂思考了一陣子。

「我終於搞懂拉格朗日預解式了！我差點叫成蒂德菈日預解式！」

「妳太操之過急。」米爾迦沉著地回答：「等妳導出四次方程式公式解，再這麼叫吧。」

我對兩位數學女孩的玩笑漠不關心，兀自陷入沉思。

$L_2(1)$這個拉格朗日預解式……

- 如果是加入 $L_2(1)$ 的係數體，二次方程式一定能解得開。
- 用 $L_2(1)$ 可以得出 $\sqrt{}$ 判別式。
- $L_2(1)$ 出現於二次方程式的公式解。

公式解看起來很像答案，可是──「可以看穿式子的形式嗎？」才是根本的問題。

我忽然想起由梨。

二 A 分之負 B、
加減、
根號、B 平方減四 AC
舌頭打結啦！
根號那邊很複雜啊──

的確很複雜，不過很有趣喔，由梨。

7.4　五次方程式的公式解

7.4.1　五次方程式是什麼？

「四次方程式的公式解當作我的回家作業吧！」蒂蒂說：「對了，五次方程式的公式解一樣能用拉格朗日預解式呢！」

「不，不行。」

「咦？奇怪？」

「用拉格朗日預解式找不出五次以上的方程式公式解。」

「因為不存在吧。」我說。

「對。五次以上的方程式不存在公式解。換句話說，給定一個五次以上的方程式，從這個方程式的係數開始，重覆做『四則運算與求冪根的運算』來表示根——未必可行。這件事已經由魯菲尼與阿貝爾證明。」

「未必可行……」

「對，未必可行。因此『怎樣的方程式可以用代數方式解開？』變成下一個問題。回答這個問題的人是伽羅瓦。伽羅瓦在數學上遇到這個難題，僅花幾年便解開。」

米爾迦環視我們。

「魯菲尼與阿貝爾證明五次方程式在一般情況不能解開；另一方面，伽羅瓦則指出五次方程式在什麼情況能解開、在什麼情況解不開，而且不只五次方程式，伽羅瓦還指出 n 次方程式可以用代數方式解開的充分必要條件。」

7.4.2　「5」的意義

「一次、二次、三次、四次……」蒂蒂說：「到四次為止的方程式都有公式解，但五次以上的方程式沒有公式解——這真是不可思議。」

「mono、di、tri、tetra……」我不經意地唸著。

「我、我突然想起費馬最後定理。」

「嗯？」米爾迦的眼睛發光。

「若 $n \geq 3$ ，方程式 $x^n + y^n = z^n$ 沒有自然數的解。」

——懷爾斯定理(費馬最後定理)

「費馬最後定理的魔法數字是 3；但這次的魔法數字是 5。」

「若 $n \geq 5$ ，n 次方程式沒有公式解。」

——魯菲尼阿貝爾定理

「魔法數字？」我問。

「這頗有意思。」米爾迦說。

「1, 2, 3, 4——接著是 5。」蒂蒂彎手指數著，「在我們所處的世界，5 有那麼特別嗎？關於方程式的公式解，5 有什麼秘密？」

拉格朗日曾想過三次方程式的其他解法，
但他發現每種情況都面臨相同情況。
不管哪個解法，對於六種可能的置換，
都會出現只取兩個值的三個根的有理式，
使此式子滿足二次方程式。
——卡茨(Victor J. Katz)《數學的歷史》(A History of Mathematics)

No.

Date ・ ・ ・

「我」的筆記本(基本對稱多項式)

α_1 的基本對稱多項式

$$\alpha_1$$

α_1 , α_2 的基本對稱多項式

$$\alpha_1 + \alpha_2$$

$$\alpha_1 \alpha_2$$

$\alpha_1, \alpha_2, \alpha_3$ 的基本對稱多項式

$$\alpha_1 + \alpha_2 + \alpha_3$$

$$\alpha_1 \alpha_2 + \alpha_1 \alpha_3 + \alpha_2 \alpha_3$$

$$\alpha_1 \alpha_2 \alpha_3$$

$\alpha_1, \alpha_2, \alpha_3, \alpha_4$ 的基本對稱多項式

$$\alpha_1 + \alpha_2 + \alpha_3 + \alpha_4$$

$$\alpha_1 \alpha_2 + \alpha_1 \alpha_3 + \alpha_1 \alpha_4 + \alpha_2 \alpha_3 + \alpha_2 \alpha_4 + \alpha_3 \alpha_4$$

$$\alpha_1 \alpha_2 \alpha_3 + \alpha_1 \alpha_2 \alpha_4 + \alpha_1 \alpha_3 \alpha_4 + \alpha_2 \alpha_3 \alpha_4$$

$$\alpha_1 \alpha_2 \alpha_3 \alpha_4$$

第 8 章
建造塔

如果你要為昨天感到後悔，
就後悔吧！
反正你一定會迎接，
為今天後悔的明天。

——小林秀雄《我的人生觀》

8.1 音樂

8.1.1 茶水間

「有一處失誤吧。」米爾迦說。

「是三處，全是巴哈的曲子。」永永回答：「巴哈好難！」

這裡是位於音樂廳旁邊的咖啡廳。我今天和米爾迦一起來聽永永的演奏會。演奏會已結束，我們一起吃總匯三明治當作遲到的午餐。

「非常好啊，我都沒發現失誤。」我說。

「你人真好。」永永說。

永永、我與米爾迦是同高中的三年級生。她是鍵盤少女——擅長彈鋼琴。我一直在學習數學，永永則一直在學習音樂。據說她從小就跟著專業的老師——永永稱為「師父」——學習鋼琴。

這場演奏會由師父的弟子們各發表兩首曲子，永永彈奏的是巴哈的曲子與自創曲。我坐的位子可以看清楚她的手部動作，她彈奏的樣子不像手指在敲擊鍵盤，比較像鍵盤在吸引手指，正確地彈奏出音符。永永上台的造型以一頭大波浪髮型，搭配深綠色禮服，十

分迷人。舞台上的永永盛裝打扮，她現在還穿著這套服裝，讓我神魂顛倒。

「老師會叫永永『請這樣彈』嗎？」我問。

她的師父連鬍鬚都花白，是個白髮紳士，年紀大概在五十五歲到六十之間。

「他不會說『請這樣彈』。」永永回答：「師父會讓我們先彈，再問我們『彈奏時，妳在想什麼』然後他會要我們按照自己的想法再彈一次。接著，他會說『妳剛才是這樣彈的』，徹底模仿我們的彈法。」

「咦……然後呢？」

「這並不是結束。我們很清楚自己無法彈奏出自己的想法，所以很傷腦筋，內心很不好受。因為『想做的事』與『辦得到的事』不一樣，而且有時候老師會說『妳是想要這樣彈嗎』，彈奏給我們聽，那真是非常美妙的旋律。」

「真是和善的老師。」米爾迦說。

「和善的只有語言，師父是個壞心眼的人。」

永永比平常更加興致高昂，吃飯的速度也很快。

「音樂該如何說明呢？」我問：「樂曲的情調等，該如何說明呢？」

「要具體地說明。」永永回答：「哪個音和哪個音串起來、哪一小段的情緒要逐漸加強，同一小節中，哪些音要用同樣力量來彈……每個細節都要具體說明。」

永永吃掉最後一口三明治，繼續說話。

「師父常說『樂譜上不會寫沒用的音符』。整首曲子無法一次練好，必須牢牢鞏固每一個音符，但是曲子不只是音符的拼湊，要是無法掌握曲子的全貌，不會明白每個音符的作用。師父總說『一個音符是為了一首曲子存在；一首曲子是為了一個音符存在』。」

雖然永永批評師父是個壞心眼的人，但她的口氣卻帶著對師父

的信賴。

「剛才的第二首曲子。」我說：「是以巴洛克調開始，然後轉為變拍吧。變拍之前，全部的音倏然消失後響起的第一個音……那個音一直留在我腦中。」

「就是這樣。」永永笑說：「一個音會大大改變樂曲的發展。」

8.1.2 邂逅

用餐結束後，永永回去師父那邊，我與米爾迦繼續喝茶。

「永永要當鋼琴家嗎？」我問。

「比起鋼琴家，她好像想走作曲的路。」米爾迦回答：「兩條路都是嚴苛的挑戰，她應該正在和老師談，畢業後會去歐洲吧。」

「這樣啊……」

對永永而言「無可替代之物」是音樂嗎？

「伽羅瓦也有過如此的『邂逅』。」米爾迦說。

「伽羅瓦？」

「十五歲的伽羅瓦因為成績不佳留級了一年，可是多虧此事，促成他與數學課程的緣分。據說那時他著迷於數學，用兩天讀完勒讓德的幾何學教科書。多虧留級，伽羅瓦遇見數學，數學也獲得伽羅瓦。」

「咦……」

「十六歲的伽羅瓦雖然報考巴黎綜合理工學院，但準備不足，沒有考上。可是，拜此所賜，伽羅瓦得以接受**理查**老師的指導，又促成一段很棒的緣分。據說，伽羅瓦當時正在探索方程式的解法，理查建議他去讀拉格朗日的論文，而且勸他向專業雜誌投稿論文。伽羅瓦因為報考失敗才能邂逅最棒的老師。」

「這樣啊。」

「邂逅會大大改變事情的發展呢。」米爾迦說。

8.2　講課

8.2.1　圖書室

幾天後──

「學長！」

這裡是學校，我和往常一樣正要進入圖書室，卻被蒂蒂抓住手臂。

「妳嚇我一跳，怎麼了？」

「學長！我有話想請你聽我說……但是你很忙吧？」

「嗯──沒關係啦，不能在圖書室說嗎？」

「我剛才已經被瑞谷老師盯上，可以在『學樂』說嗎……」

8.2.2　擴張次數

「前幾天米爾迦學姊解釋了擴張次數。」

我們在高中的學生活動中心「學樂」，蒂蒂如此開啟話題。「學樂」裡有幾位因社團活動而來的學生。

「嗯，體的擴張與擴張次數嗎？」我說。

「對，沒錯。」

蒂蒂歸納前幾天米爾迦的「講課」。

- 體是可以加減乘除的集合，在裡面添加元素，會變成擴張體，這是將體擴張的方法之一。
- 線性空間由向量純量倍與向量和的集合來定義。用線性獨立的向量，組成線性組合，可以表示線性空間的任意元素，並為唯一表示法。此線性獨立的向量集合稱為基底；基底的元

素數稱為次元。

- 擴張體可以視為線性空間，此時的次元稱為擴張次數。

「蒂蒂整理得很漂亮。」我說。

「是嗎！」她回答得很有精神。

咦，和平常的氣氛不同。

她繼續說：「我們可以用擴張次數知道擴張體『變多大』。我在這個話題結束以後，想舉例子來確認自己的理解，畢竟『舉例是理解的試金石』。我從圖書室借來數學書籍，自己研究體的理論，正確來說，我只研究自己能理解的部分。你可以聽我說嗎？」

她用閃閃發光的眼睛注視著我，我不能不聽吧。

於是，蒂蒂的「講課」開始——

會如何結束呢？此時的我想像不到。

8.2.3　擴張體與子體

首先，從我們熟知的體開始複習。

我們熟知的體包含有理數體 $\mathbb{Q}$、實數體 $\mathbb{R}$、複數體 $\mathbb{C}$。兩個有理數進行加減乘除，得到的值還是有理數；兩個實數進行加減乘除，得到的值還是實數；兩個複數進行加減乘除，得到的值還是複數。因此，我們很清楚 $\mathbb{Q}, \mathbb{R}, \mathbb{C}$ 都是體。

而且，這三個體之間有這樣的關係——

$$\mathbb{Q} \subset \mathbb{R} \subset \mathbb{C}$$

$\mathbb{Q}$ 是 $\mathbb{R}$ 的子集，$\mathbb{R}$ 是 $\mathbb{C}$ 的子集。也可以說，$\mathbb{Q} \subset \mathbb{C}$，$\mathbb{Q}$ 是 $\mathbb{C}$ 的子集。

不過，$\mathbb{Q}, \mathbb{R}, \mathbb{C}$ 之間的運算會自然延拓。自然延拓的意思是……舉例來說，即使將有理數 a, b 當成實數，它們的和 $a+b$ 也不會變。以有理數進行的運算，跟用實數進行的運算一樣——$\mathbb{Q}$ 不僅是 $\mathbb{R}$ 的

子集，也是 $\mathbb{R}$ 的子體。

同樣地，$\mathbb{Q}$、$\mathbb{R}$ 可以稱為 $\mathbb{C}$ 的子體。

相反地，$\mathbb{C}$ 是 $\mathbb{Q}$、$\mathbb{R}$ 的擴張體；$\mathbb{R}$ 是 $\mathbb{Q}$ 的擴張體。

特別的是，所有的體都是自己的子體，成為自己的擴張體。

「$\mathbb{C}$ 是 $\mathbb{R}$ 的擴張體」意思是「$\mathbb{R}$ 是 $\mathbb{C}$ 的子體」，這件事該怎麼用算式來寫呢，我查了幾本參考書發現有時借用表示集合包含關係的記號——

$$\mathbb{C} \supset \mathbb{R}$$

有時在體之間插入斜線(/)——

$$\mathbb{C}/\mathbb{R}$$

$\mathbb{C}/\mathbb{R}$　……　$\mathbb{C}$ 是 $\mathbb{R}$ 的擴張體($\mathbb{R}$ 是 $\mathbb{C}$ 的子體)
$\mathbb{R}/\mathbb{Q}$　……　$\mathbb{R}$ 是 $\mathbb{Q}$ 的擴張體($\mathbb{Q}$ 是 $\mathbb{R}$ 的子體)
$\mathbb{C}/\mathbb{Q}$　……　$\mathbb{C}$ 是 $\mathbb{Q}$ 的擴張體($\mathbb{Q}$ 是 $\mathbb{C}$ 的子體)

三個以上的體，有時寫成這樣——

$$\mathbb{C}/\mathbb{R}/\mathbb{Q}$$

但比較多書上寫成這樣——

$$\mathbb{C} \supset \mathbb{R} \supset \mathbb{Q}$$

$\mathbb{C} \supset \mathbb{R} \supset \mathbb{Q}$ 這種排列擴張體與子體的東西，似乎稱為體的塔，又稱為體的擴張列或體的升鏈列。

到這裡為止，我說明的是擴張體與子體。

8.2.4　$\mathbb{Q}(\sqrt{2})/\mathbb{Q}$

「到這裡為止，我說明的是擴張體與子體。」蒂蒂說

「嗯，非常好懂的『講課』，蒂德菈老師。」我說。

我像個向蒂蒂學習的學生，老師與學生的角色對調。蒂蒂的講解很流暢，讓我可以乖乖地變成學生。

「學長，請別這麼說……我接下來要解這樣的問題，當作複習……」

問題 8-1(擴張次數)
求 $\mathbb{Q}(\sqrt{2})/\mathbb{Q}$ 的擴張次數。

「原來如此。」我說。

「先從符號的意義開始。」

$\mathbb{Q}$　　　　　……有理數體

$\mathbb{Q}(\sqrt{2})$　　　……在有理數體 $\mathbb{Q}$ 添加 $\sqrt{2}$ 的體

$\mathbb{Q}(\sqrt{2})/\mathbb{Q}$　　……$\mathbb{Q}(\sqrt{2})$ 是 $\mathbb{Q}$ 的擴張體

「$\mathbb{Q}(\sqrt{2})/\mathbb{Q}$ 是對 $\mathbb{Q}$ 範圍內的線性空間而言，將 $\mathbb{Q}(\sqrt{2})$ 視為『次元』，也就是將 $\mathbb{Q}(\sqrt{2})$ 視為『基底的元素數』。」

「沒錯。」

「我在參考書上看過，$\mathbb{Q}(\sqrt{2})/\mathbb{Q}$ 的擴張次數會寫成——

$$[\mathbb{Q}(\sqrt{2}):\mathbb{Q}]$$

看起來很複雜。」

「原來如此，這種寫法可以在算式中使用擴張次數。」

「是啊……我想可以把 $\mathbb{Q}(\sqrt{2})$ 寫成下面這樣——」

$$\mathbb{Q}(\sqrt{2}) = \{p + q\sqrt{2} \mid p \in \mathbb{Q}, q \in \mathbb{Q}\}$$

「沒錯。」

「屬於 $\mathbb{Q}(\sqrt{2})$ 的任意數，可以用 $\{1, \sqrt{2}\}$ 這個基底寫成 $p + q\sqrt{2}$。」

「變成 $p + q\sqrt{2} = p \cdot 1 + q \cdot \sqrt{2}$。」

「沒錯，而且基底 $\{1, \sqrt{2}\}$ 的元素數是 2，所以擴張次數[$\mathbb{Q}(\sqrt{2}) : \mathbb{Q}$]為 2。因此，可以寫成——」

$$[\mathbb{Q}(\sqrt{2}) : \mathbb{Q}] = 2$$

解答 8-1(擴張次數)

$\mathbb{Q}(\sqrt{2})/\mathbb{Q}$ 的擴張次數等於 2。

$$[\mathbb{Q}(\sqrt{2}) : \mathbb{Q}] = 2$$

「沒錯。」

「擴張次數是 2 的擴張，稱為**二次擴張**。因此，$\mathbb{Q}(\sqrt{2})/\mathbb{Q}$ 算是二次擴張。」

「是的，蒂德菈老師。」我說。

8.2.5　小測驗

「我想出個小測驗……」蒂蒂模仿米爾迦的口吻，她吐了吐舌頭。

[$\mathbb{Q}(\sqrt{3}) : \mathbb{Q}$]的值是？

「嗯……這很簡單。」我說：「把[$\mathbb{Q}(\sqrt{2}) : \mathbb{Q}$]= 2 的 $\sqrt{2}$ 全部

換成 $\sqrt{3}$。對基底而言，取 $\{1, \sqrt{3}\}$ 可以寫成 $\mathbb{Q}(\sqrt{3}) = \{p + q\sqrt{3} \mid p \in \mathbb{Q}, q \in \mathbb{Q}\}$，所以擴張次數還是 2。」

$$[\mathbb{Q}(\sqrt{3}) : \mathbb{Q}] = 2$$

「對。$\mathbb{Q}(\sqrt{3})/\mathbb{Q}$ 是二次擴張。」

「蒂德菈老師，我有問題！」我模仿平常的她舉起手。

假設 n 為正整數，$[\mathbb{Q}(\sqrt{n}) : \mathbb{Q}] = 2$ 嗎？

「沒錯。」她立刻回答。

「蒂蒂，妳很容易上當呢！」

「咦……啊，錯！這會根據 $\sqrt{n}$ 是否為有理數而改變！」

「沒錯，可以分別列出不同情況。」

$$[\mathbb{Q}(\sqrt{n}) : \mathbb{Q}] = \begin{cases} 1 & \sqrt{n} \in \mathbb{Q} \text{ 的時候} \\ 2 & \sqrt{n} \notin \mathbb{Q} \text{ 的時候} \end{cases}$$

「來做下一個小測驗吧。」蒂蒂以猜謎節目的台詞重振氣勢。

$[\mathbb{Q}(\sqrt{5}) : \mathbb{Q}(\sqrt{5})]$ 的值呢？

「嗯……原來如此。$[\mathbb{Q}(\sqrt{5}) : \mathbb{Q}(\sqrt{5})]$ 雖然是 $\mathbb{Q}(\sqrt{5})/\mathbb{Q}(\sqrt{5})$ 的擴張次數，但擴張體是 $\mathbb{Q}(\sqrt{5})$ 本身。所以如果基底是 $\{1\}$，因為元素數是 1，擴張次數會等於 1。」

$$[\mathbb{Q}(\sqrt{5}) : \mathbb{Q}(\sqrt{5})] = 1$$

「學長說的沒錯。因為 $\mathbb{Q}(\sqrt{5})$ 可以這樣寫。」

$$\mathbb{Q}(\sqrt{5}) = \{p \cdot 1 \mid p \in \mathbb{Q}(\sqrt{5})\}$$

8.2.6　$\mathbb{Q}(\sqrt{2}, \sqrt{3})/\mathbb{Q}$

「下個問題是這個。」蒂蒂給我看自她的筆記本。

> **問題 8-2(擴張次數)**
> 求 $\mathbb{Q}(\sqrt{2}, \sqrt{3})/\mathbb{Q}$ 的擴張次數。

「原來如此……」

「$\mathbb{Q}(\sqrt{2}, \sqrt{3})$ 是『在 $\mathbb{Q}$ 的範圍內添加 $\sqrt{2}$ 與 $\sqrt{3}$ 的體』。我們現在要求 $\mathbb{Q}(\sqrt{2}, \sqrt{3})/\mathbb{Q}$ 的擴張次數,亦即——

$$[\mathbb{Q}(\sqrt{2}, \sqrt{3}) : \mathbb{Q}]$$

你看得出來我在做什麼嗎?」

「不是要求基底嗎?」

「沒錯,但是這很容易搞錯。我覺得基底是 $\{1, \sqrt{2}, \sqrt{3}\}$。」

$$\mathbb{Q}(\sqrt{2}, \sqrt{3}) = \{p + q\sqrt{2} + r\sqrt{3} \mid p \in \mathbb{Q}, q \in \mathbb{Q}, r \in \mathbb{Q}\} \quad (\text{?})$$

「咦,難道不是嗎?我也是這麼想的……」

「不對。」蒂蒂一臉認真。

「$\mathbb{Q}(\sqrt{2}, \sqrt{3})/\mathbb{Q}$ 的基底不是 $\{1, \sqrt{2}, \sqrt{3}\}$ 嗎……」

「不是。$\mathbb{Q}(\sqrt{2}, \sqrt{3})/\mathbb{Q}$ 的擴張次數不是 3。」

我思考著。

意思是體 $\mathbb{Q}(\sqrt{2}, \sqrt{3})$ 裡面有不能用 $p + q\sqrt{2} + r\sqrt{3}(p, q, r \in \mathbb{Q})$ 形式表示的數吧……啊,我懂了。

「如果基底是 $\{1, \sqrt{2}, \sqrt{3}\}$,$\sqrt{2}$ 乘以 $\sqrt{3}$,$\sqrt{2}\sqrt{3} = \sqrt{6}$ 不能用線性組合表示。」

滿足 $\sqrt{2}\sqrt{3} = p + q\sqrt{2} + r\sqrt{3}$ 的有理數 p, q, r 不存在。

「不愧是學長，竟然這麼快就懂，蒂德菈無法做到這程度呢。」

「例如，$\mathbb{Q}(\sqrt{2},\sqrt{3})/\mathbb{Q}$ 的基底是——

$$\{1, \sqrt{2}, \sqrt{3}, \sqrt{6}\}$$

——這個妳了解吧？」我說。

「了解。$\mathbb{Q}(\sqrt{2},\sqrt{3})/\mathbb{Q}$ 的擴張次數是 4。」

$$[\mathbb{Q}(\sqrt{2},\sqrt{3}):\mathbb{Q}] = 4 \qquad \mathbb{Q}(\sqrt{2},\sqrt{3})/\mathbb{Q} \text{ 的擴張次數}$$

「原來 $\mathbb{Q}(\sqrt{2},\sqrt{3})/\mathbb{Q}$ 是四次擴張。」

「我仔細思考過自己搞錯的原因，好像是我沒意識到透過線性組合的『數的作法』不同於在體添加數的『數的作法』。」

「什麼意思，蒂蒂？」

「那個啊……」她眨眼好幾次，斟酌用詞地說：「線性組合的『乘法』只會在純量與向量間進行。$\mathbb{Q}(\sqrt{2},\sqrt{3})/\mathbb{Q}$ 的純量是有理數，所以只有有理數能在作為基底元素的向量上進行乘法。」

「妳說的沒錯，線性空間的基底是『向量的純量倍』。」

「另外，因為 $\mathbb{Q}(\sqrt{2},\sqrt{3})$ 是擴張體，可以自由進行 $\mathbb{Q}(\sqrt{2},\sqrt{3})$ 元素之間的『乘法』！但我只注意到有理數的乘法，漏掉 $\sqrt{2}$ 與 $\sqrt{3}$ 進行乘法的可能性……看來我對『線性空間的線性組合』、『體的四則運算』的關係還不是很清楚。因此，我想在這裡豎起——『不懂的旗子』！」

「蒂蒂……『不懂的旗子』是？」我苦笑。

「那是我還不懂的記號。不懂的事容易忘記，因此我要豎起旗子，提醒自己別忘記！」

「原來如此，原來如此。」我很佩服，「蒂蒂好厲害啊，掌握自己『不懂的感覺』，思考『不懂的理由』，還豎起『不懂的旗

子』。」

「是、是的⋯⋯學長這樣說我很不好意思。」

「蒂蒂的『不懂』系列可以做成表呢。」

- 不會『不懂』裝懂。
- 找出『不懂之處』。
- 繼續保持『不懂的感覺』。
- 追求『不懂的理由』。
- 豎立『不懂的旗子』。

「還有『裝不懂遊戲』吧！」

「有啊！」

我們相視而笑。

解答 8-2(擴張次數)

$\mathbb{Q}(\sqrt{2},\sqrt{3})/\mathbb{Q}$ 的擴張次數等於 4。

$$[\mathbb{Q}(\sqrt{2},\sqrt{3}):\mathbb{Q}] = 4$$

「這個問題有後續。」蒂蒂說。

「後續？」

8.2.7 擴張次數的積

元氣少女蒂蒂平常就很有活力，但今天她特別有幹勁，一定是因為紮實地用功過。

「對，有後續。求擴張次數$[\mathbb{Q}(\sqrt{2},\sqrt{3}):\mathbb{Q}]$的參考書解答，從以下等式的說明開始。」

$$\mathbb{Q}(\sqrt{2},\sqrt{3}) = \mathbb{Q}(\sqrt{2})(\sqrt{3})$$

「嗯？右邊的 $\mathbb{Q}(\sqrt{2})(\sqrt{3})$ 是什麼？」

「$\mathbb{Q}(\sqrt{2})(\sqrt{3})$ 是在體 $\mathbb{Q}(\sqrt{2})$ 添加 $\sqrt{3}$ 的體。在 $\mathbb{Q}$ 添加 $\sqrt{2}$ 的體是 $\mathbb{Q}(\sqrt{2})$；在這個體添加 $\sqrt{3}$ 的體寫成 $\mathbb{Q}(\sqrt{2})(\sqrt{3})$。」

「嗯嗯。」

「而擴張次數$[\mathbb{Q}(\sqrt{2},\sqrt{3}):\mathbb{Q}]$——

$$[\mathbb{Q}(\sqrt{2},\sqrt{3}):\mathbb{Q}]$$
$$= [\mathbb{Q}(\sqrt{2})(\sqrt{3}):\mathbb{Q}] \quad \text{因為 } \mathbb{Q}(\sqrt{2},\sqrt{3}) = \mathbb{Q}(\sqrt{2})(\sqrt{3})$$
$$= \underbrace{[\mathbb{Q}(\sqrt{2}):\mathbb{Q}]}_{2} \times \underbrace{[\mathbb{Q}(\sqrt{2})(\sqrt{3}):\mathbb{Q}(\sqrt{2})]}_{2} \quad \text{根據擴張次數的積的定理}$$
$$= 2 \times 2$$
$$= 4$$

——像這樣，運算途中用了**擴張次數的積的定理**，也稱為**塔定理**或**連鎖律**，這個定理很有趣。這個定理是『添加幾個數所做的擴張體的擴張次數』等於『每次擴張次數的積』。這裡為了求『$\mathbb{Q}$ 添加 $\sqrt{2}$ 與 $\sqrt{3}$ 的擴張體的擴張次數』——要使『$\mathbb{Q}$ 添加 $\sqrt{2}$ 的擴張體的擴張次數』與『$\mathbb{Q}(\sqrt{2})$ 添加 $\sqrt{3}$ 的擴張體的擴張次數』相乘。

$$[\mathbb{Q}(\sqrt{2})(\sqrt{3}):\mathbb{Q}] = [\mathbb{Q}(\sqrt{2}):\mathbb{Q}] \times [\mathbb{Q}(\sqrt{2})(\sqrt{3}):\mathbb{Q}(\sqrt{2})]$$

參考書上也有證明……不過出現太多符號，我還沒好好讀。但我想只要認真讀應該會懂！」

我沉默地聽蒂蒂「講課」，她加快速度。

「既然在 $\mathbb{Q}$ 添加一個數($\sqrt{2}$)，擴張次數變成 2；添加兩個數($\sqrt{2}$ 與 $\sqrt{3}$)，擴張次數會變成 3 嗎？我總覺得擴張次數會變成 3，但是這個答案是錯的。」

蒂蒂頻頻點頭。

「只要用這個定理——$\mathbb{Q}(\sqrt{2},\sqrt{3},\sqrt{5},\sqrt{7})/\mathbb{Q}$ 的擴張次數也可以馬上求出來。」

$$[\mathbb{Q}(\sqrt{2}, \sqrt{3}, \sqrt{5}, \sqrt{7}) : \mathbb{Q}]$$
$$= [\mathbb{Q}(\sqrt{2})(\sqrt{3})(\sqrt{5})(\sqrt{7}) : \mathbb{Q}]$$
$$= [\mathbb{Q}(\sqrt{2}) : \mathbb{Q}]$$
$$\qquad \times [\mathbb{Q}(\sqrt{2})(\sqrt{3}) : \mathbb{Q}(\sqrt{2})]$$
$$\qquad\qquad \times [\mathbb{Q}(\sqrt{2})(\sqrt{3})(\sqrt{5}) : \mathbb{Q}(\sqrt{2})(\sqrt{3})]$$
$$\qquad\qquad\qquad \times [\mathbb{Q}(\sqrt{2})(\sqrt{3})(\sqrt{5})(\sqrt{7}) : \mathbb{Q}(\sqrt{2})(\sqrt{3})(\sqrt{5})]$$
$$= 2 \times 2 \times 2 \times 2$$
$$= 2^4$$
$$= 16$$

「這樣啊,喂,蒂蒂,妳說的是這個意思吧。」
我畫出一張圖。

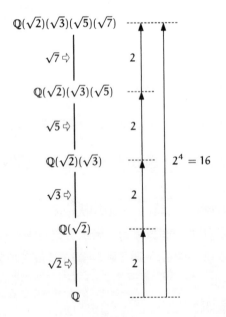

體的塔

「啊，沒錯沒錯！不愧是學長！」

「剛才蒂蒂說『體的塔』我才想到，真的是塔呢，我們透過添加數建造體的塔！」

$$\mathbb{Q} \subset \mathbb{Q}(\sqrt{2}) \subset \mathbb{Q}(\sqrt{2})(\sqrt{3}) \subset \mathbb{Q}(\sqrt{2})(\sqrt{3})(\sqrt{5}) \subset \mathbb{Q}(\sqrt{2})(\sqrt{3})(\sqrt{5})(\sqrt{7})$$

「的確是這樣，學長……數學好有趣！」

「啊，抱歉打斷妳。」

「不會不會，結果變成$[\mathbb{Q}(\sqrt{2}, \sqrt{3}, \sqrt{5}, \sqrt{7}) : \mathbb{Q}]$。」

$$[\mathbb{Q}(\sqrt{2}, \sqrt{3}, \sqrt{5}, \sqrt{7}) : \mathbb{Q}] = 2^4 = 16$$

「沒錯。」

「我看到這個，瞬間想到『這樣啊，添加四個數以後擴張次數會變成2^4』。因為$\mathbb{Q}(\sqrt{2}, \sqrt{3})/\mathbb{Q}$添加兩個數，擴張次數變成$2^2$，所以我覺得添加$n$個數，擴張次數可能是$2^n$……但是，這想法很膚淺，翻參考書我馬上明白我的錯誤。」

「嗯？」

「因為有例子，只添加一個數，擴張次數就會變成 4！」

8.2.8　$\mathbb{Q}(\sqrt{2} + \sqrt{3})/\mathbb{Q}$

> **問題 8-3(擴張次數)**
> 求 $\mathbb{Q}(\sqrt{2} + \sqrt{3})/\mathbb{Q}$ 的擴張次數。

「$\mathbb{Q}(\sqrt{2} + \sqrt{3})/\mathbb{Q}$ 的擴張次數是 4 嗎？」我問。

「對，沒錯！因此，實質的問題是——」

請證明$[\mathbb{Q}(\sqrt{2} + \sqrt{3}) : \mathbb{Q}] = 4$

「原來如此，但是這個情況的思考方式也一樣吧。從擴張次數的定義來思考。把 $\mathbb{Q}(\sqrt{2}+\sqrt{3})$ 當作 $\mathbb{Q}$ 範圍內的線性空間，求它的基底，求基底的元素數……」

「於是問題變成『怎樣求 $\mathbb{Q}(\sqrt{2}+\sqrt{3})$ 的基底』。」

「對喔……我沒想到。」

「我想了一天，最後放棄。接著我看到書上寫著如此令人驚訝的式子——」

$$\mathbb{Q}(\sqrt{2}+\sqrt{3})$$
$$= \{p + q(\sqrt{2}+\sqrt{3}) + r(\sqrt{2}+\sqrt{3})^2 + s(\sqrt{2}+\sqrt{3})^3 \mid p, q, r, s \in \mathbb{Q}\}$$

「咦，那基底——

$$\{1,\quad \sqrt{2}+\sqrt{3},\quad (\sqrt{2}+\sqrt{3})^2,\quad (\sqrt{2}+\sqrt{3})^3\}$$

——可以取這個嗎？元素數是 4，所以擴張次數確實是 4 吧。」

「對。」

解答 8-3(擴張次數)

$\mathbb{Q}(\sqrt{2}+\sqrt{3})/\mathbb{Q}$ 的擴張次數等於 4。

$$[\mathbb{Q}(\sqrt{2}+\sqrt{3}) : \mathbb{Q}] = 4$$

「$\{1, \sqrt{2}+\sqrt{3}, (\sqrt{2}+\sqrt{3})^2, (\sqrt{2}+\sqrt{3})^3\}$ 的意思，一定是——

$$\{(\sqrt{2}+\sqrt{3})^0,\quad (\sqrt{2}+\sqrt{3})^1,\quad (\sqrt{2}+\sqrt{3})^2,\quad (\sqrt{2}+\sqrt{3})^3\}$$

——可以用冪次做基底嗎？」

「可以，而且這種基底的作法似乎可以一般化。」她唰唰地翻

著筆記本，「確實……把體的擴張 $\mathbb{Q}(\theta)/\mathbb{Q}$ 當作 $\mathbb{Q}$ 的線性空間，基底是──

$$\{1, \theta, \theta^2, \theta^3, \ldots, \theta^{n-1}\}$$

不是角度的數為什麼要用 θ 呢？」

「θ 可以是任意數嗎？這是真的嗎？喂，妳的筆記本上有寫證明嗎？」我窺探她的筆記本。

「沒有，還不到證明的地步……」

「啊，蒂蒂，妳跳過添加數的條件。」

「啊？」

(根據蒂蒂的筆記本)

對於複數 θ，滿足以下條件的有理數係數的 n 次多項式 $p(x)$ 存在，而多項式 $p(x)$ 稱為 θ 在 $\mathbb{Q}$ 範圍內的**最小多項式**。

- $p(x)$ 的根有 θ
- $p(x)$ n 次的係數等於 1
- 有 θ 這個根，且未滿 n 次有理數係數的多項式不存在

此時，把擴張體 $\mathbb{Q}(\theta)/\mathbb{Q}$ 當作 $\mathbb{Q}$ 的線性空間，基底是──
$$\{1, \theta, \theta^2, \theta^3, \ldots, \theta^{n-1}\}$$

「剛才蒂蒂跳過『最小多項式』的定義吧？」

「是、是的……其實這裡我還不懂。果然，因為不懂隨便跳過條件很糟糕呢。」

「但我無法立刻明白其中的意義。」

8.2.9 最小多項式

「這裡出現了最小多項式。」蒂蒂重新說：「條件有三個，好困難……」

「是這樣嗎？」我讀了筆記本，思考一陣子，「不會，仔細想想並不難，舉例來說——

- $p(x)$ 的根有 θ。

總而言之，這是考慮 $p(\theta) = 0$ 的方程式，意思是關注於具有數 θ 特徵的方程式。」

「原來如此。θ 是 $p(x)$ 的根，所以 $p(\theta) = 0$。那其他條件是什麼？」

「其他條件是——

- $p(x)$ n 次的係數等於 1。
- 有 θ 這個根，且未滿 n 次有理數係數的多項式不存在。

這兩個條件，不可以縮小為一個多項式嗎？」

「縮小為一個……什麼意思？」

「有 θ 這個根的多項式，不是有無數個嗎？」

「對、對啊。」

「有 $\sqrt{2}$ 這個根的多項式為 $x^2 - 2$，要變成幾倍都可以，可以變成兩倍的 $2(x^2 - 2)$ 或 3 倍的 $3(x^2 - 2)$ 。」我說明，「也可以乘以其他的多項式，$x(x^2 - 2)$ 和 $(x^2 + x + 1)(x^2 - 2)$ 都是擁有 $\sqrt{2}$ 這個根的多項式。」

「原來如此，是這樣沒錯。」

「我們再看一次最小多項式的條件吧。」我說。

- $p(x)$ 的根有 θ。
- $p(x)$ n 次的係數等於 1。

- 有 θ 這個根，且未滿 n 次的有理數係數多項式不存在。

「只要具備這些條件，我認為擁有 θ 這個根的多項式會固定而唯一，一定會讓最小多項式擁有**唯一性**。」

「啊……但、但是，多項式是否固定而唯一需要證明吧。」

「當然，妳說的沒錯。若沒有證明，只是預測。我想參考書上一定有寫關於唯一性的事吧。」

「我會重讀一次。」蒂蒂說：「像學長這樣『這種事參考書一定有寫』的讀法很新鮮，有種先發制人、主動出擊的感覺。」

奇怪，怎麼變成戰鬥的話題？

「我們來求 $\sqrt{2}+\sqrt{3}$ 的最小多項式吧？」我問。

「那、那個，學長，請等一下。關於這個部分……」

多項式 $p(x)$ 稱為 θ 在 $\mathbb{Q}$ 範圍內的最小多項式。

「為什麼要特地寫『在 $\mathbb{Q}$ 範圍內』？」

「是啊，為什麼呢？樂譜上應該不會寫沒用的音符吧。」

「什麼？」

「沒有啦，鋼琴發表會後永永說過這句話。」

我告訴蒂蒂，我們前幾天在咖啡廳有關音樂的對話。

「學長和米爾迦學姊去演奏會啊。」

不知為何，蒂蒂的聲音忽然轉低。

「嗯，在音樂廳的鋼琴演奏氣勢磅礴喔。」

「……這樣啊。對了，為什麼要預先說明『在 $\mathbb{Q}$ 範圍內』呢？」

「啊，這一定是要我們注意，在考慮最小多項式時，係數體是什麼吧。」

「改變係數體，最小多項式也會改變嗎？」

「沒錯！」我不禁高聲一叫。

「呀！」蒂蒂嚇一跳。

「抱歉抱歉。因為在 $\mathbb{Q}$ 範圍內思考，$\sqrt{2}$ 的最小多項式是 x^2-2，但在 $\mathbb{Q}(\sqrt{2})$ 範圍內思考，$\sqrt{2}$ 的最小多項式是 $x-\sqrt{2}$。」

「啊！這麼說來，這跟因式分解 $x^{12}-1$ 的時候，要注意係數體一樣吧！」蒂蒂說：「我懂了。我們來求 $\sqrt{2}+\sqrt{3}$ 在 $\mathbb{Q}$ 範圍內的最小多項式吧！」

我思考著。要讓係數變成有理數，根號是阻礙……

「原來如此，看來只需逆向地『解方程式』！」

「學長，請不要自己在頭腦裡做題目！」

$$x = \sqrt{2}+\sqrt{3} \qquad \text{想求 } \sqrt{2}+\sqrt{3} \text{ 在 } \mathbb{Q} \text{ 範圍內的最小多項式}$$

$$x-\sqrt{3} = \sqrt{2} \qquad \text{移項準備消去 } \sqrt{2} \text{ 的根號}$$

$$(x-\sqrt{3})^2 = (\sqrt{2})^2 \qquad \bigstar \text{將兩邊平方}$$

$$x^2 - 2\sqrt{3}x + 3 = 2 \qquad \text{展開兩邊}$$

$$x^2 + 3 - 2 = 2\sqrt{3}x \qquad \text{移項準備消去 } \sqrt{3} \text{ 的根號}$$

$$x^2 + 1 = 2\sqrt{3}x \qquad \text{計算}$$

$$(x^2+1)^2 = (2\sqrt{3}x)^2 \qquad \bigstar\bigstar \text{將兩邊平方}$$

$$x^4 + 2x^2 + 1 = 4 \cdot 3x^2 \qquad \text{展開兩邊}$$

$$x^4 + 2x^2 - 12x^2 + 1 = 0 \qquad \text{計算}$$

$$x^4 - 10x^2 + 1 = 0 \qquad \text{整理}$$

「意思是，x^4-10x^2+1 是 $\sqrt{2}+\sqrt{3}$ 在 $\mathbb{Q}$ 範圍內的最小多項式吧。」

「大概是，要是驗證的結果不是最小多項式就糟了。把 x^4 的係數當作 1，擁有 $\sqrt{2}+\sqrt{3}$ 這個根的有理數係數的多項式，必須證明它不是比四次方還低的次方。」

「是的。$\bigstar$ 記號與 $\bigstar\bigstar$ 記號是什麼？」

「這是式子由上而下變形的途中，進行不等值變形的地方。例

如★的地方——

$$x - \sqrt{3} = \sqrt{2}$$

$$\Downarrow \nRightarrow$$

$$(x - \sqrt{3})^2 = (\sqrt{2})^2$$

意指雖然運算由上到下成立，但反過來不成立。」

「這是因為平方嗎？」

「是啊。因為 $x - \sqrt{3} = \sqrt{2}$ 兩邊變成平方，將 $x - \sqrt{3} = \pm\sqrt{2}$ 混進一個式子。我們將只擁有 $\sqrt{2} + \sqrt{3}$ 這個根的方程式，變成擁有 $\sqrt{2} + \sqrt{3}$ 與 $-\sqrt{2} + \sqrt{3}$ 這兩個根的方程式。」

「原來如此。★★記號也一樣，將 $x^2 + 1 = 2\sqrt{3}x$ 的兩邊變成平方，整理成 $x^2 + 1 = \pm2\sqrt{3}x$ 吧？」

「對。$x^2 + 1 = 2\sqrt{3}x$ 這個方程式擁有 $\sqrt{2} + \sqrt{3}$ 與 $-\sqrt{2} + \sqrt{3}$ 這兩個根，兩邊只要平方，便會加入 $x^2 + 1 = -2\sqrt{3}x$ 的兩個根——$\sqrt{2} - \sqrt{3}$ 與 $-\sqrt{2} - \sqrt{3}$。最後，$x^4 - 10x^2 + 1$ 這個多項式會擁有以下四個根。」

$$+\sqrt{2} + \sqrt{3}, \quad -\sqrt{2} + \sqrt{3}, \quad +\sqrt{2} - \sqrt{3}, \quad -\sqrt{2} - \sqrt{3}$$

「學長！意思是可以這樣因式分解吧！」

$$x^4 - 10x^2 + 1$$
$$= \left(x - (+\sqrt{2} + \sqrt{3})\right)\left(x - (-\sqrt{2} + \sqrt{3})\right)\left(x - (+\sqrt{2} - \sqrt{3})\right)\left(x - (-\sqrt{2} - \sqrt{3})\right)$$

「嗯，算是吧，一般會去掉裡面的括弧。」

$$x^4 - 10x^2 + 1$$
$$= (x - \sqrt{2} - \sqrt{3})(x + \sqrt{2} - \sqrt{3})(x - \sqrt{2} + \sqrt{3})(x + \sqrt{2} + \sqrt{3})$$

「是的，但我故意不把裡面的括弧拿掉。因為這樣寫，根會很清楚！我想突出式子的根！」

8.2.10　新發現？

「原來如此啊……那接下來要往哪裡前進呢？」

「雖然我們已知道 $\sqrt{2}+\sqrt{3}$ 在 $\mathbb{Q}$ 範圍內的最小多項式是 x^4-10x^2+1，但又怎樣呢？」

「不，求基底以前，我已經知道 $\mathbb{Q}(\sqrt{2}+\sqrt{3})/\mathbb{Q}$ 的擴張次數是 4。」

「嗯……但是我不知道。」蒂蒂一邊拉著自己軟彈的臉頰，一邊嘟嚷，「我知道求 $\mathbb{Q}(\theta)/\mathbb{Q}$ 的擴張次數，只需求得 θ 的最小多項式的次數。啊，『次數』這個用語始終如一呢。畢竟最小多項式的次數等於體的擴張次數……」

蒂蒂每次都會意識到辭彙。

「嗯？新發現、新發現！」蒂蒂拉高音量。

「怎麼了？」

「我發現『四頭牛』！」

「啊？妳在說什麼？」

「是軛。剛才的四個數——

$$+\sqrt{2}+\sqrt{3},\quad -\sqrt{2}+\sqrt{3},\quad +\sqrt{2}-\sqrt{3},\quad -\sqrt{2}-\sqrt{3}$$

——這些數共有一個方程式 x^4-10x^2+1，這是它們共同的軛！這四個數一定可以稱為共軛的數——這、這、這說不定是個了不起的新發現！」

蒂蒂臉頰泛紅，

「新發現？」我很納悶。

「在 $\mathbb{Q}(\sqrt{2}+\sqrt{3})$ 當中，與 $\sqrt{2}+\sqrt{3}$ 共軛的數，全部屬於這個

體啊！如果用算式來寫——以下四個式子成立！」

$$+\sqrt{2}+\sqrt{3} \in \mathbb{Q}(\sqrt{2}+\sqrt{3})$$
$$-\sqrt{2}+\sqrt{3} \in \mathbb{Q}(\sqrt{2}+\sqrt{3})$$
$$+\sqrt{2}-\sqrt{3} \in \mathbb{Q}(\sqrt{2}+\sqrt{3})$$
$$-\sqrt{2}-\sqrt{3} \in \mathbb{Q}(\sqrt{2}+\sqrt{3})$$

「或許……是這樣吧。」我總覺得不對勁。

「一定是這樣！」蒂蒂咬著指甲，陷入沉默，「對！因為 $\mathbb{Q}$ $(\sqrt{2}+\sqrt{3})$ 的元素可以用有理數 p, q, r, s 寫成 $p + q(\sqrt{2}+\sqrt{3}) + r(\sqrt{2}+\sqrt{3})^2 + s(\sqrt{2}+\sqrt{3})^3$ 的形式。因此這樣沒問題吧……

$$\begin{aligned}
&p + q(\sqrt{2}+\sqrt{3}) + r(\sqrt{2}+\sqrt{3})^2 + s(\sqrt{2}+\sqrt{3})^3 \\
&= p + q(\sqrt{2}+\sqrt{3}) + r\left((\sqrt{2})^2 + 2\sqrt{2}\sqrt{3} + (\sqrt{3})^2\right) \\
&\quad + s\left((\sqrt{2})^3 + 3(\sqrt{2})^2\sqrt{3} + 3\sqrt{2}(\sqrt{3})^2 + (\sqrt{3})^3\right) \\
&= p + (q\sqrt{2} + q\sqrt{3}) + (2r + 2r\sqrt{6} + 3r) \\
&\quad + (2s\sqrt{2} + 6s\sqrt{3} + 9s\sqrt{2} + 3s\sqrt{3}) \\
&= \underbrace{(p+5r)}_{\in \mathbb{Q}} + \underbrace{(q+11s)}_{\in \mathbb{Q}}\sqrt{2} + \underbrace{(q+9s)}_{\in \mathbb{Q}}\sqrt{3} + \underbrace{2r}_{\in \mathbb{Q}}\sqrt{6}
\end{aligned}$$

你看，$\mathbb{Q}(\sqrt{2}+\sqrt{3})$ 是在 $\mathbb{Q}$ 範圍內的線性空間，可以取 $\{1, \sqrt{2}, \sqrt{3}, \sqrt{6}\}$ 當作基底。因此以下式子成立！

$$\mathbb{Q}(\sqrt{2}+\sqrt{3}) = \mathbb{Q}(\sqrt{2}, \sqrt{3}, \sqrt{6}) = \mathbb{Q}(\sqrt{2}, \sqrt{3})$$

因為 $\mathbb{Q}(\sqrt{2}, \sqrt{3})$ 是在 $\mathbb{Q}$ 添加 $\sqrt{2}$ 與 $\sqrt{3}$ 的體，所以不管 $+\sqrt{2}+\sqrt{3}$、$-\sqrt{2}+\sqrt{3}$、$+\sqrt{2}-\sqrt{3}$ 或 $-\sqrt{2}-\sqrt{3}$ 都屬於它。因此『四頭牛』的確屬於 $\mathbb{Q}(\sqrt{2}+\sqrt{3})$！」

我一邊凝神聽蒂蒂說話，一邊在頭腦裡做其他計算。

她的聲音越來越大。

「學長學長！我明白為什麼要用體的擴張來思考最小多項式！一定是因為在一般情況下，與 θ 的最小多項式 $p(x)$ 共軛的數，都會屬於 $\mathbb{Q}(\theta)$！」

元氣少女使勁抓住我的手臂。

「共軛的數總是屬於相同的擴張體！數不會孤零零，共軛的數總是在一起——」

「蒂蒂，抱歉。」我抽出手臂。

「嗯？」

「蒂蒂的猜測，化成問題的形式，是這樣吧——」

問題 8-4(最小多項式與共軛的數)

令複數 θ 在 $\mathbb{Q}$ 範圍內的最小多項式為 $p(x)$。

命題「$p(x)$ 的所有根會屬於擴張體 $\mathbb{Q}(\theta)$」恆常成立嗎？

「對！我認為會成立！這個命題很漂亮吧！」

「喂，蒂蒂——能夠想出這個猜測很厲害喔，妳比我還懂體呢。但是，我有發現反例。」

「你說……反例？」

「我想到 ω 的華爾滋。」

「啊？」

「蒂蒂一直關注 $\sqrt{2}$、$\sqrt{3}$ 與 $\sqrt{2}+\sqrt{3}$ 等的平方根吧。所以，我思考了立方根 $\sqrt[3]{}$。」

「啊？」

「討論拉格朗日預解式時我說過，若有一個數 L，則 L, Lω, Lω² 這三個數是方程式 $x^3 - L^3 = 0$ 的根。ω 是 1 的原始三次方根之一，設

$$\omega = \frac{-1 + \sqrt{3}i}{2}\text{。}\rfloor$$

「嗯？」

「試著思考 2 的三次方根吧。$\sqrt[3]{2}$ 在 $\mathbb{Q}$ 範圍內的最小多項式是 $x^3 - 2$，所以我們考慮 $x^3 - 2 = 0$ 這個方程式。這個方程式的根是——

$$\sqrt[3]{2}, \quad \sqrt[3]{2}\omega, \quad \sqrt[3]{2}\omega^2$$

這是與 $\sqrt[3]{2}$ 共軛的三個數，共軛的三頭牛。」

「……」蒂蒂的表情越來越不安。

「我們來思考添加 $\sqrt[3]{2}$ 的體 $\mathbb{Q}(\sqrt[3]{2})$。當然，$\sqrt[3]{2}$ 屬於 $\mathbb{Q}(\sqrt[3]{2})$，但是其他共軛數，$\sqrt[3]{2}\omega$ 與 $\sqrt[3]{2}\omega\sqrt[3]{2}$ 不屬於這個體。寫成算式——

$$\sqrt[3]{2} \in \mathbb{Q}(\sqrt[3]{2})$$
$$\sqrt[3]{2}\omega \notin \mathbb{Q}(\sqrt[3]{2})$$
$$\sqrt[3]{2}\omega^2 \notin \mathbb{Q}(\sqrt[3]{2})$$

這是蒂蒂猜測的反例。」

「但、但是這種事你怎麼能馬上知道！$\sqrt[3]{2}\omega$ 與 $\sqrt[3]{2}\omega^2$ 真的不屬於 $\mathbb{Q}(\sqrt[3]{2})$ 嗎？你又沒有好好算過……」

「蒂蒂、蒂蒂，不屬於啊，這馬上能知道。因為 $\sqrt[3]{2}$ 是實數，所以屬於 $\mathbb{Q}(3\sqrt{2})$ 的數全是實數，但是 $\sqrt[3]{2}\omega$ 與 $\sqrt[3]{2}\omega^2$ 不是實數，剩下的虛數 i 消不掉。」

$$\begin{cases} \sqrt[3]{2}\omega & = \sqrt[3]{2} \cdot \dfrac{-1 + \sqrt{3}i}{2} = -\dfrac{\sqrt[3]{2}}{2} + \dfrac{\sqrt[3]{2}\sqrt{3}}{2}i \notin \mathbb{R} \\ \sqrt[3]{2}\omega^2 & = \sqrt[3]{2} \cdot \dfrac{-1 - \sqrt{3}i}{2} = -\dfrac{\sqrt[3]{2}}{2} - \dfrac{\sqrt[3]{2}\sqrt{3}}{2}i \notin \mathbb{R} \end{cases}$$

「啊……」

本來很興奮的蒂蒂表情一變。我繼續說：

「不是實數的 $\sqrt[3]{2}\omega$ 與 $\sqrt[3]{2}\omega^2$ 不可能屬於 $\mathbb{Q}(\sqrt[3]{2})$。」

「我……太膚淺了。」蒂蒂緊咬嘴唇。

「不會,但是蒂蒂的理解——」

「自己輕易地興奮,像個笨蛋。我是笨蛋。打擾學長念書,還說什麼新發現、新發現!真是個大笨蛋。」

「蒂蒂……」

「學長的一句話便敲醒我。愚蠢的我該告辭了。」

她快速地收拾筆記本,向我鞠躬,離開了「學樂」。

我什麼都來不及說,蒂蒂就遠走,留下我一個人。

問題 8-4(最小多項式與共軛的數)

令複數 θ 在 $\mathbb{Q}$ 範圍內的最小多項式為 $p(x)$。

命題「$p(x)$ 的所有根會屬於擴張體 $\mathbb{Q}(\theta)$」未必成立。

$\theta = \sqrt[3]{2}, p(x) = x^3 - 2$ 是反例。

8.3 信

8.3.1 歸途

我踩著歸途,獨自生悶氣。

又不是我的錯。

一開始把我叫到「學樂」的不是蒂蒂嗎?

我是為了準備考試而去圖書室的。

結果今天下午的時間幾乎都在聽蒂蒂說話。

上午在補習班參加暑期課程;下午在高中的圖書室用功;晚上在家念書。

這是我的暑假計畫。

暑假已經過了一半。

我決定明天開始不去圖書室。

畢竟高三生的暑假，應該一個人準備考試吧。

這不是我的錯。

而且——是蒂蒂學習數學的態度有錯。

自己認真思考卻以白費工夫告終是常有的事，連解單純數學問題都是這樣，更何況是獨自推展數學概念，我也曾犯下好幾次錯誤，蒂蒂應該要從中學習。

儘管如此——

蒂蒂的猜測(錯誤)：
如果最小多項式的其中一個根屬於擴張體，
其他根一定也屬於此擴張體。

我只是指出反例，她竟然鬧彆扭，轉頭離去。

反例：
考慮 $\mathbb{Q}$ 的擴張體 $\mathbb{Q}(\sqrt[3]{2})/\mathbb{Q}$。
雖然 $3\sqrt[3]{2}$ 屬於 $\mathbb{Q}(\sqrt[3]{2})$，
但 $\sqrt[3]{2}$ 在 $\mathbb{Q}$ 範圍內的最小多項式的其他根 $(\sqrt[3]{2}\omega, \sqrt[3]{2}\omega^2)$，
不屬於 $\mathbb{Q}(\sqrt[3]{2})$。

這個反例違反蒂蒂的猜想。反例可以直接推翻主張——而且很具體。

蒂蒂被辭彙牽著鼻子走，光有「共軛」這個辭彙的魅力，並不能推展數學概念。這是蒂蒂的問題。

但是，我為什麼感到如此心煩意亂呢？

8.3.2 家

「我回來了。」

「歡迎回來，這給你。」

母親穿著圍裙出來，遞給我一封信。那不是補習班寄來的廣告郵件，而是一個平凡無奇的白色信封。我翻過來看，但正反面什麼都沒寫。

「這封信是怎麼回事？」

「不知道。」母親笑吟吟地回去廚房。

這是什麼啊。

我正打算拆開信封時——忽然聞到一股香氣。

一股很微弱的柑橘芳香。

8.3.3 信

「角的三等分問題，$\frac{\pi}{3}$ 是反例。」

米爾迦的信以此為開端。沒有「敬啟者」也沒有「寒暄語」。蒂蒂的講課加上米爾迦的信——根本角色對調！

我在房間閱讀能言善道的才女給我的信。

◎　◎　◎

角的三等分問題，$\frac{\pi}{3}$ 是反例。

若要對由梨說明，60° 可能比 $\frac{\pi}{3}$ 親切吧。

我聽麗莎說你和由梨在伽羅瓦 festival 的準備委員會那天來過雙倉圖書館。因為你今天好像沒來圖書室，我寫了這封信。雖然我覺得你應由梨的要求，應該已經完成 20° 不可以作圖的證明，不過為了更享受伽羅瓦 festival，我想先用體的擴張次數來大略說明此證明。

8.3.4 可以作圖數

「我想先用體的擴張次數來大略說明此證明。」

我抬起頭。

的確，我已經用三等分方程式與數學歸納法證明不可能三等分 60°。但米爾迦如何用體的擴張次數來證明？

我繼續讀米爾迦的信。

◎　◎　◎

一開始從 (0,0) 與 (0,1) 這兩點為開端來思考，這是「被限制的作圖問題」。除了這兩點，若給予其他初始狀態的圖形，則會是一般的作圖問題。只要加入 0 與 1，用加減乘除便能構成 $\mathbb{Q}$，因此一般的作圖問題，意思是在 $\mathbb{Q}$ 添加給定的數，由這個體開始，重覆二次擴張的問題。

因此，圖形能否用尺與圓規作圖，要看它作圖點的座標值是否為可以作圖數。而可以作圖數是從 0 與 1 開始，可以由加減乘除與開根號求得的數。

用式子來看，讓 α 是可以作圖數的充分必要條件是「以下的整數 n 與實數列 $\sqrt{\alpha_0}, \sqrt{\alpha_1}, \sqrt{\alpha_2}, \ldots\ldots, \sqrt{\alpha_{n-1}}$ 存在」。

- $K_0 = \mathbb{Q}$
- $K_{k+1} = K_k(\sqrt{\alpha_k})$ $\quad \sqrt{\alpha_k} \notin K_k, \alpha_k \in K_k \qquad (k = 0, 1, 2, \ldots, n-1)$
- $\alpha \in K_n$

這意味著以下的「體的塔」存在。在 $\mathbb{Q}$ 添加 $\sqrt{\alpha_k}$，逐漸擴張體，可以達到 α 所屬的體 K_n。

$$\mathbb{Q} = K_0 \subset K_1 \subset K_2 \subset \cdots \subset K_{n-1} \subset K_n \qquad 及 \qquad \alpha \in K_n$$

我們要研究這個「體的塔」，來證明角的三等分問題，值得慶幸的是，擴張次數會告訴我們所需的條件。

體的擴張相當於「體的塔」的「每層」，就是 K_{k+1}/K_k 或 $K_k(\sqrt{\alpha_k})/K_k$。這時，各層的擴張次數等於 2。

$$[K_{k+1} : K_k] = [K_k(\sqrt{\alpha_k}) : K_k]$$
$$= 2$$

所以，當 α 是可以作圖數，$\mathbb{Q}(\alpha)/\mathbb{Q}$ 的擴張次數等於 2^n。

$$[\mathbb{Q}(\alpha) : \mathbb{Q}]$$
$$= [K_n : K_0]$$
$$= [K_1 : K_0] \times [K_2 : K_1] \times \cdots \times [K_n : K_{n-1}]$$
$$= \underbrace{[K_0(\sqrt{\alpha_0}) : K_0]}_{2} \times \underbrace{[K_1(\sqrt{\alpha_1}) : K_1]}_{2} \times \cdots \times \underbrace{[K_{n-1}(\sqrt{\alpha_{n-1}}) : K_{n-1}]}_{2}$$
$$\underbrace{\hspace{9cm}}_{n \text{ 個}}$$
$$= 2^n$$

如果 α 是可以作圖數，$\mathbb{Q}(\alpha)/\mathbb{Q}$ 是 2^n 次擴張。

$$[\mathbb{Q}(\alpha) : \mathbb{Q}] = 2^n$$

60° 的三等分可以作圖，意指 $\cos 20°$ 是可以作圖數。可是，$2\cos 20°$ 在 $\mathbb{Q}$ 範圍內的最小多項式是 $x^3 - 3x - 1$，所以 $\cos 20°$ 在 $\mathbb{Q}$ 範圍內的最小多項式可以表示為三次式 $x^3 - \frac{3}{4}x - \frac{1}{8}$。由此可知，$\mathbb{Q}(\cos 20°)/\mathbb{Q}$ 是三次擴張。

$$[\mathbb{Q}(\cos 20°) : \mathbb{Q}] = 3$$

當然，滿足 $2^n = 3$ 的整數 $n \geq 0$ 不存在。

因為 3 既不等於 1，也不是偶數。

故 $\cos 20°$ 不是可以作圖數。

因此，不可能用尺與圓規三等分 60°。

如此一來，三等分角問題的證明完成，60°是反例。

好的，到此為止，完成一項工作。

8.3.5 晚餐

「吃晚餐囉！」

我還沒讀完米爾迦的信，母親便叫我吃飯。雖然我想繼續讀信，但母親已叫很多次，我只好不甘願地往餐廳移動。我心不在焉地吃晚餐，不斷回想米爾迦的信。

用線性空間的次元，來定義擴張次數等於最小多項式的次數。作圖是個幾何問題，它牽涉到方程式、三角函數與代數，又與整數論密切相關。數學包含各個領域。「用尺與圓規無法三等分 60°」的證明，竟然會出現「因為 3 不是偶數」這個事實——真暢快！

閱讀那封信時，我的耳邊響起米爾迦的聲音。不，不只是聲音，還有柑橘的香氣、她露出的「你懂了嗎」的笑容，以及害羞時迅速轉移視線的舉止，都歷歷在目。

餐後，我趕緊回到自己房間。

我要繼續把信讀完。

8.3.6 朝向方程式的可解性

「五次方程式的公式解不存在。」

等待著我的，是更驚人的發展。

因為米爾迦的信，將目標轉向五次方程式的公式解。

◎　◎　◎

五次方程式的公式解不存在。

而這個事實近似於角三等分問題的不可以作圖性。

以下的兩個問題在結構上很相似：

- 角三等分問題的不可以作圖性。
- 五次方程式的代數非可解性。

因為這兩者很相似，伽羅瓦 festival 的題材才會選擇作圖問題。festival 工作團隊的組成來自雙倉博士的想法。麗莎負責事務性工作，替聚集在雙倉圖書館的志願者分配工作；我一邊接受雙倉博士的建議，一邊檢查所有數學的內容；而角的三等分問題則是由梨的男友來負責。

我們來整理前述的相似性吧。

▶ 執行被限制的有限次手段

思考角的三等分問題，須先釐清「作圖是什麼」。此處，作圖是指「有限次地使用尺與圓規的作圖」。

與此相同，思考五次方程式的公式解，須先釐清「解方程式是什麼」。解方程式是指「對係數執行有限次加減乘除及求冪根的計算，以得到解」。這件事稱為「以代數方式解方程式」。

▶ 一般與特殊

用尺與圓規未必可以三等分被給定的角，可是某些特定的角可以用尺與圓規三等分。

五次方程式一樣。五次方程式不存在公式解，被給定的五次方程式未必能用代數方式解開，可是某些特定的五次方程式能以代數方式解開。

▶ 存在與可能組成

所有的角都能三等分，即使它無法用尺與圓規作圖。

所有的五次方程式都有解，即使它無法用代數方式解開。

▶ 體的塔

這兩個問題都會建造塔——體的塔。

這兩個問題都會形成擴張體。

可是,建造塔以後,這兩個問題的前進道路不同。

求擴張次數的「大小」,能夠解角的三等分問題;可是,五次方程式的可解性問題,並不能只靠擴張次數解決。

8.3.7 最小分裂體

我怎麼也沒辦法停下閱讀這封信。

我繼續讀米爾迦的信。

◎　◎　◎

再稍微思考一下解方程式與體的擴張吧。

從係數體開始,添加冪根製作擴張體,逐步建造體的塔。要擴張到什麼程度才能解開方程式呢?必須將方程式左邊的多項式,分解成一次方程式的積,才能解開方程式。

而將多項式的所有根添加到係數體,形成此多項式的**最小分裂體**,可以如此分解。

「以代數方式解方程式」的意思是「在有理數體添加係數,形成係數體,再添加冪根,建造含有最小分裂體的『體的塔』」。給定的方程式如果能建造成體的塔,此方程式可以用代數方式解開;如果不能,此方程式無法以代數方式解開。

那麼,到底怎樣的方程式可以建造體的塔呢?

8.3.8 正規擴張

我繼續讀米爾迦的信。

◎　◎　◎

來舉個添加與分解的例子吧。

像蒂德菈享受 $x^{12} - 1$ 的樂趣一樣，我們來玩 $x^3 - 2$ 吧。

這是很有名的例子。

在體 $\mathbb{Q}$ 範圍內無法因式分解 $x^3 - 2$，此多項式稱為在 $\mathbb{Q}$ 範圍內的**既約多項式**。多項式 $x^3 - 2$ 在 $\mathbb{Q}$ 範圍內是**既約**，但在 $\mathbb{Q}(\sqrt[3]{2})$ 範圍內變成可約，可分解成以下兩個多項式。

$$x^3 - 2 = (x - \sqrt[3]{2})(x^2 + \sqrt[3]{2}x + \sqrt[3]{4}) \quad \text{在 } \mathbb{Q}(\sqrt[3]{2}) \text{ 範圍內的因式分解}$$

多項式 $x^2 + \sqrt[3]{2}x + \sqrt[3]{4}$ 在 $\mathbb{Q}(\sqrt[3]{2})$ 範圍內是既約多項式，在 $\mathbb{Q}(\sqrt[3]{2})$ 範圍內無法繼續因式分解。

多項式 $x^2 + 3\sqrt[3]{2}x + \sqrt[3]{4}$ 雖然在 $\mathbb{Q}(\sqrt[3]{2})$ 範圍內是既約，但在體 $\mathbb{Q}(\sqrt[3]{2}, \omega)$ 範圍內變成可約，可分解成一次方程式的積——

$x^3 - 2$ 在 $\mathbb{Q}$ 範圍內的既約多項式

$= (x - \sqrt[3]{2})(x^2 + \sqrt[3]{2}x + \sqrt[3]{4})$ 在 $\mathbb{Q}(\sqrt[3]{2})$ 範圍內的兩個既約多項式的積

$= (x - \sqrt[3]{2})(x - \sqrt[3]{2}\omega)(x - \sqrt[3]{2}\omega^2)$ 在 $\mathbb{Q}(\sqrt[3]{2}, \omega)$ 範圍內的三個既約多項式的積

其實，體擴張 $\mathbb{Q}(\sqrt[3]{2}, \omega)/\mathbb{Q}$ 有這樣的性質——

對於任意數 $\alpha \in \mathbb{Q}(\sqrt[3]{2}, \omega)$

「α 在 $\mathbb{Q}$ 範圍內的最小多項式」

在 $\mathbb{Q}(\sqrt[3]{2}, \omega)$ 範圍內可以因式分解成一次方程式的積

與 α 共軛的數全屬於 $\mathbb{Q}(3\sqrt[3]{2}, \omega)$，這樣的擴張稱為**正規擴張**。

- $\mathbb{Q}(\sqrt[3]{2})/\mathbb{Q}$ 不是正規擴張。
- $\mathbb{Q}(\sqrt[3]{2}, \omega)/\mathbb{Q}$ 是正規擴張。

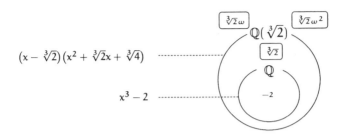

$(x - \sqrt[3]{2})(x^2 + \sqrt[3]{2}x + \sqrt[3]{4})$

$x^3 - 2$

$\mathbb{Q}(\sqrt[3]{2})/\mathbb{Q}$ 不是正規擴張

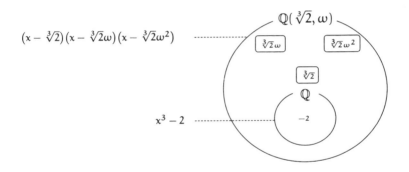

$(x - \sqrt[3]{2})(x - \sqrt[3]{2}\omega)(x - \sqrt[3]{2}\omega^2)$

$x^3 - 2$

$\mathbb{Q}(\sqrt[3]{2},\omega)/\mathbb{Q}$ 是正規擴張

$\mathbb{Q}(\sqrt[3]{2},\omega)$ 是 $\mathbb{Q}$ 添加 $x^3 - 2$ 的所有根，形成的體 $\mathbb{Q}(\sqrt[3]{2}, \sqrt[3]{2}\omega, \sqrt[3]{2}\omega^2)$。

$$\mathbb{Q}(\sqrt[3]{2}, \omega) = \mathbb{Q}(\sqrt[3]{2}, \sqrt[3]{2}\omega, \sqrt[3]{2}\omega^2)$$

一般來說，在體擴張 L/K 的範圍內，滿足以下條件者稱為正規擴張。

對於任意數 $\alpha \in L$

「α 在 L 範圍內的最小多項式」

在 L 範圍內可以因式分解成一次方程式的積

只不過，這裡的擴張次數只考慮有限的體擴張。

正規擴張的定義，可以換句話說——

假設最小多項式有一個根屬於擴張體
則其他所有根一定屬於此擴張體
這樣的體擴張稱為正規擴張

如果是蒂德菈，應該會把正規擴張叫作「漂亮的擴張」吧。因為正規擴張擁有最小多項式的根的對稱性。

而且，把正規擴張稱為「漂亮的擴張」——

不僅有關於「擴張的大小」，還牽涉到「擴張的形式」。

我們擁有觀察數學「形式」的工具——

「**群**」。

思考方程式的可解性，讓我們建造 2 座塔——

「體的塔」與「群的塔」。

這兩座塔精準地對應。

這位於伽羅瓦理論中心的對應關係，稱為**伽羅瓦對應**。

我們正在接近埃瓦里斯特·伽羅瓦所遺留的東西。

啊，瑞谷女士好像展開行動，快要到放學時間了。

好，到此為止完成一項工作——暫時。

8.3.9　面對真實的對象

「好，到此為止完成一項工作——暫時。」

米爾迦的信到此結束。

我大口深呼吸。

好有趣。

多麼有趣啊。

不懂的地方和省略邏輯的地方很多。

即使如此，還是非常有趣。

體的擴張、體的塔、最小多項式、最小分裂體、正規擴張。

「群的塔」對應於「體的塔」？

真是有趣。

我想起蒂蒂的「新發現」。

她的猜測的確是錯的。

蒂蒂的猜測(錯誤)：

如果最小多項式的一個根屬於擴張體，

其他所有的根必定屬於此擴張體。

可是她發現了正規擴張這個「漂亮的擴張」！

正規擴張的定義(換句話說)：

假設最小多項式的一個根屬於擴張體，

則其他所有的根一定屬於此擴張體。

這樣的體擴張稱為正規擴張。

沒錯。

蒂蒂發現了重要概念——正規擴張。

如果是米爾迦，一定會這麼說吧。

「妳不知道名稱，卻先掌握了概念呢，蒂德菈。」

但我卻一股腦地尋找反例，沒察覺到這個「新發現」的意義。

……我思考「邂逅」的意義。

寄給我這封信的是米爾迦。

為我講解類似正規擴張概念的是蒂蒂。

無可替代的邂逅絕不能白費。

無論有怎樣的理由——即使對方失誤——我不能失去一起研究數學的夥伴。我們把遼闊的數學領域當作研究對象，不可因為自己微不足道的想法，失去一起面對數學的夥伴。我體認到這一點。

能夠一起學習的時間有限。

她們未必能一直在我身邊。

她們未必會永遠在我身邊。

我打算將米爾迦的信收回信封時，發現信封裡還有一張小紙條。

伽羅瓦 festival 的最終準備委員會，在下個星期五。
早上十點，地點雙倉圖書館。別忘了告訴由梨。

米爾迦

他教室的椅子上坐著優秀的學生們。
因為他是優秀的教師，
所以能夠看透學生的前途，
授予適合不同學生精神的方向性與文化。
——出自塔爾凱姆寫給教師理查的追悼文

第 9 章
心情的形式

線條所構成的圖畫，
超越了構成這幅畫的線條集合，
這是為什麼呢？
——馬文·閔斯基 [1]

9.1 對稱群 S_3 的形式

9.1.1 雙倉圖書館

「因此叫作……『撲通向下』、『迅速轉換』、『繞圈圈』。」由梨說。

這裡是雙倉圖書館的會議室「銍」，由梨正在講述她所學習到的內容。在橢圓形桌子四周聽她說話的人有我、米爾迦和蒂蒂等常見的成員。跟我說話時無所顧忌的由梨，在米爾迦面前顯得有點緊張。

今天是伽羅瓦 festival 的前一天，明天會有一般民眾來看展覽，今天算是最終準備。來做準備的人是聚集在雙倉圖書館的數學愛好者，我不清楚詳細情形，但大學生與高中生應該有幾十人。準備委員會分成幾個小組，各自準備海報或立牌。由梨的男友是國三生，他參加的是「角的三等分問題」小組，應該正在圖書館的某處做準備。整間圖書館士氣高漲，簡直像學園祭的前一天。

我們今天早上十點集合，米爾迦劈頭就說：「來展示由梨準備

---

1 《心的社會》（安西祐一郎譯）

的暑假研究吧！」我們是為了慰問工作人員而來的，卻不知不覺變成主辦方的成員。

「展覽場所請麗莎想辦法，我們來做展示用的海報吧。」米爾迦強制推進話題。雙倉麗莎聽到此話露出不高興的表情……不對，她的表情好像和平常一樣，沒什麼表情。以麗莎負責事務性工作的立場來看，她應該很受不了突然改變預定計畫。可是，麗莎只說了句「麻煩」，便馬上著手安排。

現在時間是十一點，我們打算補充由梨的說明內容。我們計畫在中午以前先商量，下午製作海報，傍晚回家，這算是轉換考生心情的好方法吧。

由梨繼續說明。

「稱作『撲通向下』、『迅速轉換』、『繞圈圈』……我覺得能使畫鬼腳的分類變容易、清楚。但是此時，我們雖稱之為畫鬼腳，但不考慮中間的橫線怎麼畫，只考慮 1, 2, 3 這些末端的數如何排列。這樣一來，要表示三條直線的畫鬼腳，只需排列三個數字，例如：交換左邊兩個數字的『迅速轉換』可以寫成[213]。呃，我不擅長說明，請看這張圖。」

由梨在桌上攤開筆記本。

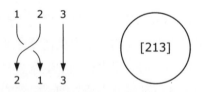

交換左邊兩個數字的「迅速轉換」

「很好，繼續。」米爾迦說。

「三條直線畫鬼腳的模式總共有 3! = 6 種。」由梨繼續說：「像這樣。」

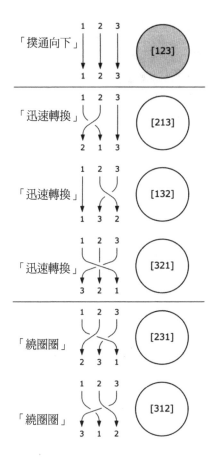

三條直線畫鬼腳的所有模式

「繼續。」米爾迦說。

「好的。畫出許多畫鬼腳相連的圖⋯⋯」由梨說:「例如在 [213]的下面接上[231]變成[132],可以寫成[213] ★ [231] = [132],像 這張圖。」

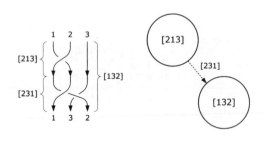

$$[213] \star [231] = [132]$$

「聽妳這樣說。」我說：「我想起蒂蒂畫過正三角形的圖，米爾迦也有把子群圈起來的圖。」

「所有三條直線的畫鬼腳稱為**對稱群** S_3。」蒂蒂說。

「嗯，但是……」由梨繼續說。

◎　◎　◎

嗯，但是……圖太複雜會讓人掌握不了整體！

將「撲通向下」、「迅速轉換」、「繞圈圈」全部畫出來，會亂七八糟混在一起，沒辦法一下子明白對稱群 S_3 的整體形式喵，所以我想畫得單純點。

我選出一個「迅速轉換」與「繞圈圈」。呃，就是[213]與[231]。盡可能畫得簡潔。

這是那張圖，上色的是單位元素。

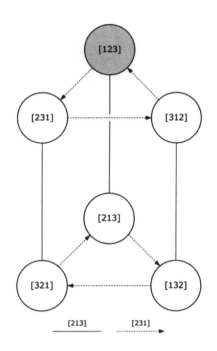

單純化對稱群 S_3 的圖

這張圖使人一目瞭然對稱群 S_3 的整體形式。

看起來簡單，但這可是我絞盡腦汁畫的圖喔。

例如「迅速轉換」的[213]，因為在兩個畫鬼腳之間來回，所以我不畫箭頭末端的箭號。但是「繞圈圈」[231]的箭頭方向很重要，所以要畫上箭號。

你看，這張圖的「上三角形」與「下三角形」明顯地有兩個系統。

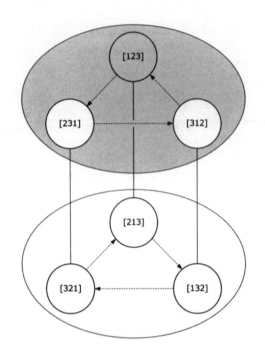

「上三角形」與「下三角形」兩個系統

　　但是很可惜！若「上三角形」與「下三角形」的箭頭同方向，圖會更漂亮……「上三角形」是逆時針轉，「下三角形」卻是順時針轉。

　　呃，總之，我用這種感覺畫出對稱群 S_3。

　　「我用這種感覺畫出對稱群 S_3。」由梨說。

　　「確實有趣。」我說：「限制箭頭能使『系統』變得很清楚。這種『系統』也算是一種結構嗎？」

　　「當然。」米爾迦說。

　　「但是，我對 S_3 的認識只有──『上三角形』與『下三角形』

整齊排列，上下的轉向卻相反──米爾迦大小姐。」

「由梨的圖。」米爾迦說：「稱為**凱萊圖** [2]，用這個可以單純化並掌握群的整體結構。」

「咦！有名字嗎？」由梨很驚訝。

「因為凱萊圖，由梨找到『上三角形』的系統，發現『上三角形』與『下三角形』是一樣的形式。」

我們點頭。

「『上三角形』與『下三角形』的關係可以不用圖，而用式子來表示嗎？」米爾迦指著我，如同指揮家對獨奏者下指示。

「咦……用式子來表示『系統』嗎？」我驚惶失措。

「看來你沒辦法馬上回答，我來說吧。」

本來指著我的手指瞬間縮回，米爾迦開始「講課」。

9.1.2 類別

米爾迦面向會議室的白板。

「因為三條直線的畫鬼腳是三次對稱群，所以寫成 S_3。」

$$S_3 = \{[123], [231], [312], [213], [321], [132]\}$$

「這是排列集合元素的寫法吧。」蒂蒂說。

「對。」米爾迦說：「『上三角形』是對稱群 S_3 的子群，這是三次循環群，所以寫成 C_3。」

$$C_3 = \{[123], [231], [312]\} \qquad 「上三角形」$$

「好的。」由梨說。

「你們記得循環群的定義吧？循環群是由一個元素生成的群。

---

2 凱萊圖（Cayley Graph）也稱為凱萊著色圖（Cayley Diagram）。

『上三角形』C_3 由[231]生成,因此可以寫成以下形式。」

$$C_3 = \langle [231] \rangle \qquad 「上三角形」是由〔231〕生成的群$$

「因為『繞圈圈』的三次方會變成『撲通向下』!」由梨大叫。

「沒錯。」米爾迦豎起食指,「[231]的三次方會恢復成單位元素,因此[231]是基數為 3 的循環群。」

「我懂了,米爾迦大小姐!」

「我們將『上三角形』命名為 C_3;『下三角形』暫時命名為 X_3 吧。」

$$C_3 = \{[123], [231], [312]\} \qquad 「上三角形」$$
$$X_3 = \{[213], [321], [132]\} \qquad 「下三角形」$$

「……」我們沉默地聆聽。

「這裡來個小測驗。『下三角形』X_3 是怎樣的群?」

咦?

所有人默不作聲,過了 10 秒。

「沒有人上當啊。」米爾迦說。

「X_3 不是……群吧。」蒂蒂說。

「對,因為沒有單位元素,所以 X_3 不是群。X_3 不是群,當然也不是 S_3 的子群。」

「呼——!」由梨深呼吸。

「可是。」米爾迦繼續說:「C_3 與 X_3 從外表來看很類似。」

「是啊,X_3 也用[231]一圈圈地旋轉。」

「C_3 與 X_3 的聯集是整個 S_3,C_3 與 X_3 的交集是空集合。」

米爾迦如此說著,在白板上寫式子。

$$\begin{cases} C_3 \cup X_3 = S_3 & C_3 \text{ 與 } X_3 \text{ 的聯集是整個 } S_3 \\ C_3 \cap X_3 = \{\} & C_3 \text{ 與 } X_3 \text{ 的交集是空集合} \end{cases}$$

「把 C_3 與 X_3 合在一起是全體，而且 C_3 與 X_3 沒有共同的元素。意思是 S_3 的元素毫無遺漏、沒有重覆地分類成 C_3 與 X_3。這種分類一般稱為**類別**。」

「類別。」由梨覆述。

「這裡導入這種寫法吧。」

$$C_3 \star [213]$$

「咦？這個★是？」由梨說。

「這個★原本是『在畫鬼腳下方，接上畫鬼腳的運算』。可是，在這裡★是擴張的意思。因為我們不是在畫鬼腳之間進行運算★，而是在——

『畫鬼腳的集合』與『畫鬼腳』之間

——進行運算★。」

「呃、呃……」由梨面有難色。

「我來說明 $C_3 \star [213]$ 的意思吧。」

米爾迦減緩說話的速度，應該是為了配合由梨。

◎　◎　◎

我來說明 $C_3 \star [213]$ 的意思吧。

集合 C_3 的元素全是畫鬼腳，下面連接 $[213]$。

這個畫鬼腳集合寫成 $C_3 \star [213]$。這並非在邏輯上可以自然導出的結果，而是故意把 $C_3 \star [213]$ 定義成這樣。

我們來具體地寫出 $C_3 \star [213]$ 吧。為了容易辨識，我在 $[213]$ 加上波浪底線，這與分配法則有點像。

$$C_3 \star [213] = \{ \ [123], \ [231], \ [312] \ \} \star \underline{[213]}$$

$$= \{ \ [123] \star \underline{[213]}, \ [231] \star \underline{[213]}, \ [312] \star \underline{[213]} \ \}$$

$$= \{ \ [213], \ [321], \ [132] \ \}$$

在 C_3 的元素下連接[213]，會形成[213],[321],[132]。這可以用圖來確認。

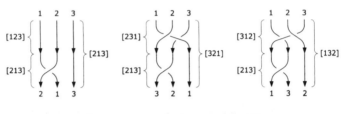

$\{ [213],[321],[132] \} \star [213]$的計算

在這裡，你會發現集合 $C_3 \star [213]$是「下三角形」，等於X_3。

$$C_3 \star [213] = \{[213],[321],[132]\}$$
$$X_3 = \{[213],[321],[132]\}$$

「上三角形」可以寫成C_3；「下三角形」可以寫成$C_3 \star [213]$。

換句話說，我們知道屬於「上三角形」的畫鬼腳之下連接[213]的畫鬼腳，所形成的集合是「下三角形」。

統整到此為止的理解，我們用C_3來寫集合S_3吧。

$$\begin{aligned}
S_3 \ &= \qquad \text{「上三角形」} \qquad \cup \qquad \text{「下三角形」} \\
&= \ \{[123],[231],[312]\} \ \cup \ \{[213],[321],[132]\} \\
&= \qquad\qquad C_3 \qquad\qquad \cup \qquad\qquad X_3 \\
&= \qquad\qquad C_3 \qquad\qquad \cup \qquad\qquad C_3 \star [213]
\end{aligned}$$

到這裡為止可以理解嗎？

9.1.3　陪集

「到這裡為止可以理解嗎？」米爾迦看我們。

「沒問題，我理解。」我回答。

「勉強可以。」蒂蒂說。

「大概吧。」由梨說。

「大概？」米爾迦皺眉，「來練習計算吧。現在開始，對於C_3 = {[123],[231],[312]} 與 $a \in S_3$，實際求 $C_3 \star a$，做以下的計算。」

$$C_3 \star [123] =$$
$$C_3 \star [231] =$$
$$C_3 \star [312] =$$
$$C_3 \star [213] =$$
$$C_3 \star [321] =$$
$$C_3 \star [132] =$$

我們開始計算，大家馬上察覺……

「米爾迦學姊……計算結果只有兩種吧。」蒂蒂說。

$$C_3 \star [123] = \{[123],[231],[312]\} = C_3$$
$$C_3 \star [231] = \{[231],[312],[123]\} = C_3$$
$$C_3 \star [312] = \{[312],[123],[231]\} = C_3$$
$$C_3 \star [213] = \{[213],[321],[132]\} = C_3 \star [213]$$
$$C_3 \star [321] = \{[321],[132],[213]\} = C_3 \star [213]$$
$$C_3 \star [132] = \{[132],[213],[321]\} = C_3 \star [213]$$

「對。」米爾迦點頭，「計算 $C_3 \star a$ 會發現，或許元素的順序會調換，但求得的集合必定是 C_3 或 $C_3 \star [213]$。」

「米爾迦大小姐，這真是不可思議。」由梨說：「雖然聽妳說的時候我還不太懂，但自己實際做$\star$的計算，我就懂了。」

「由梨，這很重要。」米爾迦溫柔地說。

「米爾迦學姊……」蒂蒂說：「我把 $C_3 \star a$ 這個式子看成『子群 C_3 碰上 a』。於是，『子群 C_3 碰上 a』會產生 C_3 或 $C_3 \star [213]$。我覺得……這的確是使用 C_3 來分類 S_3 的元素。雖然看圖很好懂，但算式能用另一種方式讓人理解！」

米爾迦靜靜地點頭，再次進行說明。

「用 C_3 來分類的結果——C_3 與 $C_3 \star [213]$，稱為 S_3 除以 C_3 的陪集。此外，S_3 除以 C_3 所有陪集的集合，寫成 $C_3 \backslash S_3$。$C_3 \backslash S_3$ 是『集合的集合』。」

$$C_3 \backslash S_3 = \{C_3, C_3 \star [213]\} \qquad S_3 \text{ 除以 } C_3 \text{ 所有陪集的集合}$$

「陪集。」由梨說。

「陪集……是什麼意思？」蒂蒂問。

「陪集有『餘數』的意思。S_3 除以 C_3，使用餘數來分類的結果稱為陪集。」

「但是……S_3 是群，C_3 是子群吧，群可以除以子群嗎？可以做除法嗎？」

「可以。如果妳很難理解 $C_3 \backslash S_3$，看圖吧。」

米爾迦在白板上畫圖。

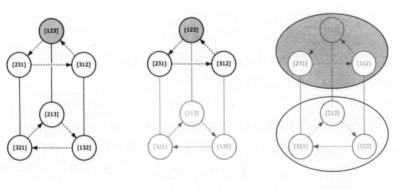

群 S_3　　　　　　　子群 C_3　　　　　　所有陪集的集合 $C_3 \backslash S_3$

「原來如此！」蒂蒂說：「我因為這張圖而明白 $C_3 \backslash S_3$ 的意思。這是以子群 C_3 為基準，來做 C_3 與 $C_3 \star [213]$ 這個大『系統』呢。『除法』這個辭彙不太恰當⋯⋯」

9.1.4　漂亮的形式

我們明明應該商量明天伽羅瓦 festival 要展示的資料，卻不知不覺著迷於米爾迦的「講課」。六個元素的對稱群 S_3 有很多值得思考的地方。

「米爾迦學姊⋯⋯關於剛才的『除法』。」元氣少女蒂蒂面有難色地盯著筆記本說：「$C_3 \backslash S_3$ 是群 S_3 除以子群 C_3。只要是 S_3 的子群，無論哪個子群都能整除 S_3 嗎？」

「可以，如果想證明——」

「啊，抱歉。」蒂蒂打斷，「一般的證明待會再想，我想試著用 S_3 除以其他的子群。呃，例如除以二次的循環群 C_{2a}。」

$$C_{2a} = \{[123], [213]\}$$

「原來如此啊，蒂蒂。」我說：「因為在凱萊圖上 C_{2a} 是縱向的柱子，所以 $C_{2a} \backslash S_3$ 是三根柱子吧。」

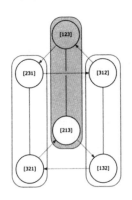

$C_{2a} \backslash S_3$ 是三根柱子嗎？

「那、那個,我想的和學長一樣。但是,實際一做發現,柱子沒那麼漂亮……雖然不知道為什麼,但柱子歪斜了!」

蒂蒂給我看筆記本。

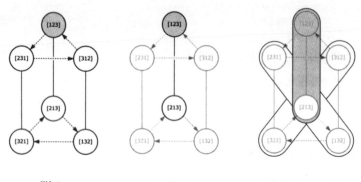

群 S_3 　　　　子群 C_{2a} 　　　　所有陪集的集合 $C_{2a} \backslash S_3$

「蒂德菈同學,妳這是怎麼畫的?」由梨問。

「呃,剛才為了做 $C_3 \backslash S_3$,我對 $a \in S_3$ 計算了 $C_{2a} \star a$。」

$$C_{2a} \star [123] = \{[123],[213]\} = C_{2a}$$
$$C_{2a} \star [231] = \{[231],[132]\} = C_{2a} \star [231]$$
$$C_{2a} \star [312] = \{[312],[321]\} = C_{2a} \star [312]$$
$$C_{2a} \star [213] = \{[213],[123]\} = C_{2a}$$
$$C_{2a} \star [321] = \{[321],[312]\} = C_{2a} \star [312]$$
$$C_{2a} \star [132] = \{[132],[231]\} = C_{2a} \star [231]$$

「原來如此……」這和剛才的「計算練習」一樣,不只是想像,而是實際計算。而且蒂蒂算得好快。

「這樣一來,可以用 C_{2a} 來寫集合 S_3。」

$$S_3 = \{[123],[213]\} \cup \{[132],[231]\} \cup \{[312],[321]\}$$
$$= C_{2a} \cup C_{2a} \star [231] \cup C_{2a} \star [312]$$

「3 本の柱は $\{[123],[213]\}$ と $\{[132],[231]\}$ と $\{[312],[321]\}$

「三根柱子是 $\{[123],[213]\}$，$\{[132],[231]\}$ 以及 $\{[312],[321]\}$ ……」我說。

「柱子是歪斜的——」由梨對比圖與式子。

「是啊，不是漂亮的柱子。」

「的確不『漂亮』。」米爾迦說：「群 $C_3 \backslash S_3$ 與 $C_{2a} \backslash S_3$ 哪裡不一樣呢？換句話說，子群 C_3 與子群 C_{2a} 哪裡不一樣呢？這是該思考的地方。」

「我整理一下。」蒂蒂說。

- 我們學了用群除以子群，得出陪集的方法。
- S_3 除以 C_3，可以得出漂亮的兩個陪集。
- S_3 除以 C_{2a}，可以得出三個陪集。
  但是，並不漂亮。
- C_3 與 C_{2a} 的差別是什麼？

9.1.5　製作群

我、蒂蒂與由梨討論了一陣子，但對於差別是什麼、哪裡漂亮很難得到共識。

「我知道哪裡看起來不漂亮。」蒂蒂說：「把三個陪集畫成圖，柱子會交叉。」

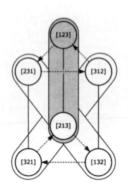

柱子交叉

「那個……米爾迦學姊。」蒂蒂戰戰兢兢地開口,「雖然有點偏離話題,但我想問妳式子的寫法真的可以用 $C_3 \backslash S_3$ 真的可以嗎?」

「嗯?」米爾迦用手推了推眼鏡。

「我覺得一般說到『S_3 除以 C_3』,會用斜線(/)寫成 S_3/C_3。但是,從剛才開始我們是用逆向的斜線寫成 $C_3 \backslash S_3$。我一直很在意……」

「兩種寫法都有。」米爾迦的手指發出啪的聲音,「群除以子群的時候,S_3/C_3 與 $C_3 \backslash S_3$ 兩種寫法都有,可是意思不同。差別在於用 $a \star C_3$ 來求陪集或用 $C_3 \star a$ 來求。」

$$S_3/C_3 = \{\ C_3,\ [213] \star C_3\ \} \quad \text{用 } a \star C_3 \text{ 求所有陪集的集合}$$

$$C_3 \backslash S_3 = \{\ C_3,\ C_3 \star [213]\ \} \quad \text{用 } C_3 \star a \text{ 求所有陪集的集合}$$

「有兩種啊!我明白了!我來確認一下……

$a \star C_3$ 是在 C_3 的元素上,連接 a 所做成的所有畫鬼腳的集合	$C_3 \star a$ 是在 C_3 的元素下,連接 a 所做成的所有畫鬼腳的集合

──是這個意思嗎？」

「沒錯。因為我們如此定義★……」

「啊！這個意思是！……請等我一下！」

蒂蒂開始慌張地在筆記本上畫圖。

她難以回神。

我們保持沉默等她。

但是，我們當然不只是安靜地待著。

米爾迦閉上眼睛，食指轉來轉去。

由梨重看自己的筆記本，正在計算。

我用自己的方式思考 C_3 與 C_{2a} 的差別。首先，最大的差別是元素數──基數的差別。C_3 的基數是 3；C_{2a} 的基數是 2。

但是，這個差別與陪集的「漂亮形式」有關嗎？

到底「漂亮形式」是什麼？這種曖昧的語言，會讓人無法進行數學的思考。應該把「漂亮形式」寫成算式……

「我懂了！」過了一陣子，蒂蒂大聲說。

「懂什麼？」我問。

「我懂米爾迦學姊所說的『C_3 與 C_{2a} 的差別』！」

蒂蒂一如既往地興奮。

「畫凱萊圖的時候，小由梨畫的是『向下連接的圖』；我反過來試著畫『向上連接的圖』。結果……

- C_3 的『向下連接的圖』與『向上連接的圖』一樣。
- 但是，C_{2a} 的『向下連接的圖』與『向上連接的圖』不一樣。

……它們組成『系統』的方式改變了！」

▶ C_3 的情形(系統不變)

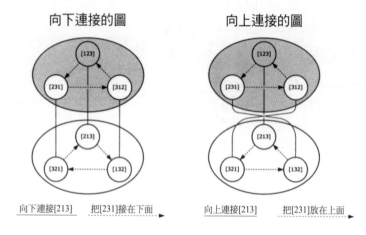

$$C_3 \star [213] = \{[213], [321], [132]\}$$

$$[213] \star C_3 = \{[213], [321], [132]\}$$

▶ C_{2a} 的情形(系統改變)

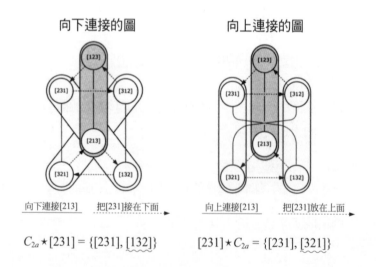

$$C_{2a} \star [231] = \{[231], [132]\}$$

$$[231] \star C_{2a} = \{[231], [321]\}$$

聽完蒂蒂的發言，我們好一陣子說不出話。不，我們並不是感動到說不出話，老實說——

「抱歉，這好像很厲害，可是我聽不懂。」

「不懂喵。」由梨變成疲累的貓模式。

「啊，我又說了奇怪的話嗎？」

「蒂德菈。」米爾迦慢慢地說：「這是本質。」

「嗯？」蒂蒂說：「我、我只是說出我的發現，那是什麼意思我不知道！」

「我提出的課題是『 C_3 與 C_{2a} 的差別是什麼？』我本來以為沒有人會發現，可是蒂德菈發現了那個。」

「那個是什麼？」

「正規子群。」

「正規子群？」由梨說。

「來整理蒂德菈發現的事吧。」米爾迦說：「把剛才的圖，直接寫成式子是這樣——」

$$C_3 \star [213] = [213] \star C_3$$
$$C_{2a} \star [231] \neq [231] \star C_{2a}$$

「這個式子是什麼意思？」

「這指『是否可以交換』吧。」

「沒錯。$C_3 \star$[213]交換$\star$運算的左右，與[213]$\star C_3$ 相等，$C_{2a} \star$[231]則與[231]$\star C_{2a}$ 不相等，蒂德菈所畫的圖是這個意思。其實，這可以證明更一般的情況。」

米爾迦輕快地把眼鏡往上推，繼續說：

「C_3 的情況——

$$C_3 \star a = a \star C_3$$

——這個等式對於 S_3 的任意元素 a 成立，可以交換，可是 C_{2a} 的情況不成立，S_3 的元素 a 會變成——

$$C_{2a} \star a \neq a \star C_{2a}$$

這是 C_3 與 C_{2a} 非常重要的差異。」

「等一下米爾迦，這個式子 $C_3 \star a = a \star C_3$ 的等號，是用在集合的等號吧？」我問。

「沒錯。」

「哥哥，用在集合的等號是什麼意思？」由梨問。

「由梨。」我說：「$C_3 \star a$ 與 $a \star C_3$ 都是集合。$C_3 \star a = a \star C_3$ 這個式子的意思，是兩邊的集合相等。可以用 $C_3 \star a$ 做的集合，以及可以用 $a \star C_3$ 做的集合，以整個集合而言是相等的，但不代表對於 C_3 的任意元素 x，$x \star a = a \star x$ 成立。」

「嗯……」由梨說。

「米爾迦學姊。」蒂蒂面有難色地說：「我明白 $C_3 \star a = a \star C_3$ 這個交換法則成立，但又怎樣？雖然 C_3 是正規子群，但 C_{2a} 不是正規子群吧。」

「是啊。」米爾迦簡潔地回應。

- C_3 是 S_3 的正規子群。
- C_{2a} 不是 S_3 的正規子群。

「但是，C_3 是正規子群……又怎樣呢？」

「嗯……」米爾迦停頓一下，接著一字一字地仔細說明，「正規子群的最大特徵，是——」

除以正規子群所得到的、所有陪集的集合是**群**。

「咦？」發出愚蠢聲音的人是我。

「你沒聽到嗎？除以正規子群所得到的、所有陪集的集合是**群**。」米爾迦說。

看看發呆的我們，米爾迦重新說：

「我們研究群的結構時，做了什麼呢？

- 算元素的個數求基數。
- 製造群找出生成元素。
- 找出群所包含的子群。
- 只需除以子群求陪集……

這些是研究群的基本步驟，現在我們要進一步『找出正規子群』。因為——群除以正規子群，所有陪集的集合會保有群的結構。將所有陪集的集合視為群，稱為**商群**或**因子群**。找出群所包含的正規子群，製造商群，這是探索群的重要方法。」

我很驚訝。不對，我嚇呆了。

數學要做到這個地步嗎？

用邏輯匯集凌亂的數學研究對象，變成集合。

定義集合元素間的運算，在集合加入群的結構。

在子集當中，找出變成群的子群。

群除以子群，求得整個陪集的集合。

然後將群加入這個集合，形成商群。

群只要除以子群，便能形成商群……

我腦袋發昏。

「如此一來，$C_3 \backslash S_3$ 是商群吧。」蒂蒂說。

「對，因為 C_3 是正規子群，商群可以寫成 $C_3 \backslash S_3$ 或 S_3/C_3，因為 $C_3 \backslash S_3$ 與 S_3/C_3 相等。」

$$
\begin{aligned}
C_3 \backslash S_3 &= \{C_3, C_3 \star [213]\} \\
&= \{C_3, [213] \star C_3\} \quad \text{因為} C_3 \star [213] = [213] \star C_3 \\
&= S_3/C_3
\end{aligned}
$$

「商群 S_3/C_3 到底是怎樣的群？」

「嗯⋯⋯蒂德菈知道 S_3/C_3 的元素嗎？」

「知道。S_3/C_3 的元素是 C_3 與[213]$\star C_3$，因為它是所有陪集的集合。」

$$S_3/C_3 = \{C_3, [213]\star C_3\}$$

「妳知道 S_3/C_3 的元素數嗎？」

「兩個——C_3 與[213]$\star C_3$。」

「蒂德菈不了解元素數等於 2 的群嗎？」

「咦⋯⋯啊！了解、我了解，世界上只有一個元素數是 2 的群！」

「對，元素數等於 2 的群，只有和循環群 C_2 同構的群。所以，S_3/C_3 是和循環群 C_2 同構的群。」

「米爾迦大小姐⋯⋯」由梨發出虛弱的聲音，「由梨跟不上話題。」

「是嗎？」米爾迦說。

「陪集之間的 $\star$ 是什麼意思？」

「我們來談談這個運算吧。」

「喂，米爾迦。」我打斷她，「這個的確非常有趣，但要現在追究嗎？明天就是伽羅瓦 festival，我們該回到伽羅瓦理論吧，我們應該集中精神在由梨的海報吧。」

「我正在集中啊。」米爾迦一臉不高興，「正規子群——屬於所有陪集的集合所形成的群子——正是伽羅瓦重視的東西，甚至被寫在伽羅瓦決鬥前託給好友舍瓦利耶的信。伽羅瓦在追求方程式可以用代數方式解開的條件時，發現所有陪集的集合所形成的群的子群——**正規子群**。」

「等一下，米爾迦。」我說：「米爾迦所說的——『所有陪集的集合所形成的群的子群』，也就是『正規子群』，聽起來好像和

能不能解開方程式有關。」

「沒錯。」米爾迦微笑，「正規子群是方程式的代數可解性最重要的概念之一。由梨與蒂德菈所畫的凱萊圖，可以幫助我們觀察正規子群。」

「米爾迦大小姐……我肚子餓。」由梨說。

「差不多到午餐時間了吧。」米爾迦看時鐘。

已經兩點多。

該吃飯了。

「我們去『氧』吧。」

9.2　書寫法的形式

9.2.1　氧

我、米爾迦、蒂蒂和由梨在雙倉圖書館三樓的咖啡餐廳「氧」用餐。這裡室外的開放式座位雖然很舒適，但今天很悶熱，我們在室內用餐。

一個看來是大學生的男生向米爾迦打招呼，應該是伽羅瓦 festival 的工作人員吧。他們展開困難的數學對話，我們在一旁閒得發慌。

「明天應該也是晴天吧。」蒂蒂對由梨說。

「外面好像很熱喵。」

「由梨，妳懂正規子群了嗎？」我問。

「嗯——勉強吧。」由梨一邊綁馬尾一邊回答：「正規子群是交換法則 $C_3 \star a = a \star C_3$ 成立，到這裡為止我懂。雖然我還不懂商群，但是畫鬼腳很有趣！」

「是啊。」我說。

「學長……」蒂蒂一臉認真地說：「畫鬼腳是調換數字吧？」

「什麼意思？」我反問。

蒂蒂又提出本質上的問題。

9.2.2　置換的書寫法

我們喝著餐後飲料，一邊聽蒂蒂說話。

◎　○　◎

畫鬼腳是調換數字吧？

剛才我談過畫鬼腳的「向下連接」、「向上連接」⋯⋯兩種方法。

畫凱萊圖，只要想像畫鬼腳，很容易想到向下連接。但是，很難想像「向上連接」。因為我、我很死腦筋。

因此，我發現其他的思考方式。與其思考畫鬼腳的「向上連接」，不如思考「調換數字」。

畢竟⋯⋯在[231]的下面接上[213]，並不是在調換數字。因為[213]若是交換 1 與 2，[231]應該變成[132]吧？

在[231]的下面接上[213]，是調換「從左數來第一個位置的數」與「從左數來第二個位置的數」。[231]從左數來第一個位置的數是2，第二個位置的數是 3，所以調換第一個與第二個是交換 2 與 3。

有點複雜呢⋯⋯

回歸正題吧。我認為不要用置換位置來想「在[231]的上面連接[213]」，想成數的置換比較簡單。

意思是：在[231]的上面連接[213]，就是在排列成[231]的數字當中，交換 1 與 2 的位置，使[231]變成[132]。這正是在[231]的上面連接[213]所形成的畫鬼腳。

這剛好對應於我們研究對稱群所學過的，<u>將置換用圓括弧（ ）表示的寫法</u>。

畫鬼腳[213]，1 的下面是 2；2 的下面是 1。1→2 接著 2→1。把這個過程寫為(12)，代表 1 與 2 交換。

$$[213]\left\{ \quad \begin{pmatrix} 1 & 2 & 3 \\ 2 & 1 & 3 \end{pmatrix} \qquad \stackrel{\curvearrowright}{1 \to 2} \qquad\qquad (12) \right.$$

[213]與$\left(\begin{smallmatrix} 1 & 2 & 3 \\ 2 & 1 & 3 \end{smallmatrix}\right)$與(12)

畫鬼腳[231]，1 的下面是 2；2 的下面是 3；3 的下面是 1。1→2→3 接著 3→1。把這個過程寫為(123)，代表 1, 2, 3 轉一圈。

$$[231]\left\{ \quad \begin{pmatrix} 1 & 2 & 3 \\ 2 & 3 & 1 \end{pmatrix} \qquad \stackrel{\curvearrowright}{1 \to 2 \to 3} \quad (123) \right.$$

[231]與$\left(\begin{smallmatrix} 1 & 2 & 3 \\ 2 & 3 & 1 \end{smallmatrix}\right)$與(123)

這樣一想，小由梨的書寫法與圓括弧的書寫法，呈現這樣的對應關係——

由梨的書寫法	[123]	[213]	[321]	[231]	[312]	[132]
圓括弧的書寫法	()	(12)	(13)	(123)	(132)	(23)

我認為小由梨所寫的[213]，在數學上不標準，所以在海報上，改成數學常用的圓括弧來標記比較好。你們覺得呢？

◎　◎　◎

「你們覺得呢？」蒂蒂為難地說。

「……」由梨也一臉難色。

「用由梨的書寫法意思很明確。」米爾迦說。看來她已結束和大學生的數學對話,「的確,[213]不是表示置換的標準書寫法。可是,若寫上定義便沒問題,而且能整合畫鬼腳這個直覺性的模式。」

「原來如此。」我說。

「而且……」米爾迦說:「伽羅瓦的第一論文有伽羅瓦自創的、群的書寫法。伽羅瓦把方程式的解假設為 a, b, c, d,並將這些解的置換寫成 abcd, bacd, cbad, dbca,……由梨的書寫法將它寫成 [1234],[2134],[3214],[4231]……反而更適合伽羅瓦 festival。」

「啊,沒錯!」蒂蒂說:「……什麼是伽羅瓦的第一論文?」

「伽羅瓦的第一論文探討『可以用代數方式解開方程式的充分必要條件』。明天再說吧,我有準備海報。」

「好期待!」蒂蒂說。

「不管哪種書寫法都有長處與短處。」米爾迦說:「雖然[213]與$\left(\begin{smallmatrix} 1 & 2 & 3 \\ 2 & 1 & 3 \end{smallmatrix}\right.$ 122133)符合畫鬼腳的構想,但很難理解是哪個和哪個交換。可是,寫成(12)便能明白是 1 與 2 交換。」

「好想有可以『立刻明白』的寫法……」由梨說。

9.2.3 拉格朗日定理

「我知道每個書寫法都有長處和短處。」蒂蒂說:「不管是用圖或算式,這些表示方法都有好有壞。但用圖可以知道整體樣貌、容易理解……」

「嗯!還可以找出『系統』!」由梨說。

「……但有時候可以用算式找出模式。」蒂蒂說。

「如果要證明,用算式思考比較好,以免被圖騙。」我說。

「但是,很多時候看圖比較清楚……呃,說到證明,群除以子群所形成的陪集,元素數都一樣嗎?」蒂蒂說。

「什麼意思？」由梨說。

「S_3/C_3 的陪集是 C_3 與[213]$\star C_3$，兩者的元素數都等於 3。」

「嗯。」

「S_3/C_{2a} 的陪集是 C_{2a}、[231]$\star C_{2a}$ 以及[312]$\star C_{2a}$，元素數都等於 2。陪集的元素數全部相等，應該不是偶然⋯⋯這可以證明吧？」

「當然。」米爾迦開始在手邊的餐巾紙上寫算式，「因為寫起來很麻煩，所以我省略 $\star$ 記號，把[231]$\star$[213]寫成[231][213]，[213]$\star C_3$ 寫成[213]C_3。一般情況下⋯⋯

- $g \star h$ 寫成 gh。
- $g \star H$ 寫成 gH。

這麼做不會讓意義不明確。」

「乘法 $a \times b$ 寫成 ab 吧。」我補充。

的確，用手寫算式，會把理所當然的事省略，例如：$a \times b$ 寫成 ab，x^1 寫成 x。

「蒂德菈的疑問是這樣。」米爾迦說：「為了消除用語的分歧，先假設元素是有限個。」

問題 9-1(陪集的元素數)

令群 G 與子群 H 所有陪集的集合為 G/H。

屬於 G/H 的陪集，元素數全等於 H 的元素數嗎？

所有陪集的集合 G/H，可以寫成以下形式——

$$G/H = \left\{\, gH \mid g \in G \,\right\}$$

所以，我們只需證明集合 gH 的元素數等於 H 的元素數。

慎重起見，我們來複習集合 gH 吧。gH 是 $g \star H$ 的意思。它

的定義是——

$$gH = \{ gh \mid h \in H \}$$

總之，先決定一個 G 的元素 g，對這個 g 乘以所有 H 內的元素 h 所形成的集合，即為 gH。

為了讓集合 gH 的元素數等於 H 的元素數，必須——

⑴集合 H 的任何一個元素，

只會對應於一個集合 gH 的元素。

⑵相反地，集合 gH 的任何一個元素，

只會對應於一個集合 H 的元素。

——我們只需證明這種對應關係。

首先，⑴條件是：尋找一個集合 gH 的元素 gH，會對應到集合 H 的元素 h。符合這個對應關係，可以對應到 h 的 gH 只有一個。

接著，⑵條件是：跟⑴條件相反，尋找一個集合 H 的元素 h，會對應到集合 gH 的元素 gH。符合這個對應關係，可以對應到 gh 的 h 元素只有一個。因為如果元素 h' 滿足 gh = gh'，且 h'∈H，那麼對 gh = gh' 的兩邊，乘以 g 的反元素 g^{-1}，便能得到 $g^{-1}gh = g^{-1}gh'$。因為 $g^{-1}g$ 等於單位元素 e，所以 eh = eh' 成立。根據單位元素的性質，可以得到 h = h'。

對屬於 G/H 的任意陪集 gH 而言，gH 的元素數等於 H 的元素數。因此，我們可以說屬於 G/H 的陪集，元素數全等於 H 的元素數。

這就是我們該證明的地方。

Quod Erat Demonstrandum——證明結束。

解答 9-1(陪集的元素數)

令群 G 與子群 H 的所有陪集集合為 G/H。屬於 G/H 的陪集，元素數全等於 H 的元素數。

總而言之，這證明「H 與 gH 之間存在對射 f ── f : h ↦ gh」。

此外，這個證明讓我們知道「G 的元素數」除以「H 的元素數」，可以得到「陪集的個數」。

這稱為拉格朗日定理。

拉格朗日定理

對於群 G 與子群 H 而言，以下式子成立。

$$|G|/|H| = |G/H|$$

但須假設：

- |G| 是群 G 的基數(元素數)
- |H| 是子群 H 的基數(元素數)
- |G/H| 是所有陪集的集合 G/H 的元素數(陪集的個數)

「好令人懷念的名字……」蒂蒂說：「這是拉格朗日預解式的拉格朗日先生呢！」

「對，就是那個拉格朗日。」米爾迦說：「群 S_3 的元素數是 $|S_3|=6$，子群 C_3 的元素數是 $|C_3|=3$，S_3/C_3 的元素數(陪集的個數)是 $|S_3/C_3|=2$。這裡的除法用 $|S_3|/|C_3|$ 的斜線來表示，看起來很舒服。」米爾迦繼續說。

$$|S_3| \quad / \quad |C_3| \quad = \quad |S_3/C_3|$$
$$\vdots \qquad\quad \vdots \qquad\qquad \vdots$$
$$6 \quad / \quad 3 \quad = \quad 2$$

「原來如此⋯⋯S_3/C_{2a} 成立，$6/2 = 3$。」

$$|S_3| \quad / \quad |C_{2a}| \quad = \quad |S_3/C_{2a}|$$
$$\vdots \qquad\qquad \vdots \qquad\qquad\quad \vdots$$
$$6 \quad / \quad 2 \quad = \quad 3$$

「而且，根據拉格朗日定理，子群的基數是原本的群的因數。」

「米爾迦大小姐！陪集的元素數全部相等吧？」由梨也在餐巾紙上熱情地一邊畫圖一邊說：「這樣的圖不行嗎？」

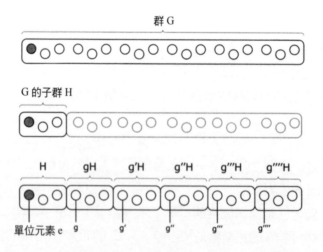

群 G、子群 H 以及所有陪集的集合 G/H 的示意圖

「喔！這樣畫很好懂呢。」我說。

「在陪集裡面放入代表相同數的○！」由梨說。

「沒錯。」米爾迦瞇起眼睛，「對了，拉格朗日定理雖然是關於所有陪集的集合的定理，但在商群也成立。」

「因為商群由所有陪集的集合構成。」我說。

「一般會假設群 G 有它的正規子群 H——G▷H。此時，商群 G/H 的基數表示為(G：H)，稱為**群指數**。舉例來說，商群 S_3/C_3 的基數是——」

$$(S_3 : C_3) = |S_3/C_3| = 2 \qquad \textbf{群指數}$$

9.2.4　正規子群的書寫法

「剛才的 G▷H 是用來表示正規子群嗎？」蒂蒂問。

「對，我沒說明嗎？H 是 G 的正規子群，寫成 G▷H，這是標準的書寫法。」

正規子群的定義

假設 G 是群，H 為 G 的子群。

對於群 G 的任意元素 g 而言，以下式子成立——

$$gH = Hg$$

群 H 稱為群 G 的**正規子群**，寫成——

$$G \triangleright H$$

9.3 部分的形式

9.3.1 孤零零的 $\sqrt[3]{2}$

不知不覺中，餐桌上寫滿圖和式子的餐巾紙已經堆積如山。我們是時候該回會議室，大家開始動身。

由梨與米爾迦談著凱萊圖離開餐廳。蒂蒂卻不知為何磨磨蹭蹭的。

「怎麼了，蒂蒂，大家要走了喔。」我說。

「學長……我有話要說。」

她把我拉到咖啡廳的角落。

「學長，真的很抱歉！」蒂蒂深深鞠躬，「前幾天，我只顧說任性的話，轉頭就走……」

啊……原來她是指那時候的事啊。

「是我不知為何讓妳生氣，對不起。」

「不對，不是這件事。我生氣的原因和數學沒關係，是其他原因。」

「其他原因？」

「演奏會。」

「演奏會？」什麼啊。

「我沒去的，永永的演奏會。」

「那個啊，只是米爾迦邀我去……」我說。

「我是孤零零的 $\sqrt[3]{2}$。」

「咦？」

「我聽學長說明 $\sqrt[3]{2}$。即使特地在 $\mathbb{Q}$ 添加 $\sqrt[3]{2}$，$\mathbb{Q}$ 也不會有 $\sqrt[3]{2}\omega$ 和 $\sqrt[3]{2}\omega^2$，我覺得自己像孤零零的 $\sqrt[3]{2}$……但是，那是我的任性想法。學長沒有錯。」蒂蒂瞥我一眼後垂下雙眼，「我只是想為前幾天的事情道歉……學長，我們回『鈹』吧！利用時間，一起完成小

由梨的海報吧！」

9.3.2 探求結構

我與蒂蒂追上米爾迦她們。

雙倉圖書館內的工作人員，正在籌備明天的伽羅瓦 festival。我們邊走邊檢查各個房間，中途和推著小型手推車的麗莎擦肩而過。她正在忙著把貨物發到各個房間，由梨好像在問她問題。

「話說回來，只有一個畫鬼腳也很有趣呢。」我向並肩走路的蒂蒂搭話。

「是啊。」蒂蒂回答：「而且，探索基數與子群滿有意思的。」

「擁有結構的東西可以劃分成『部分』。」走在前面的米爾迦回頭看。

◎　◎　◎

擁有結構的東西可以劃分成「部分」。

可是，「部分」並不散亂。

圖畫不只是線的匯集。

人不只是細胞的匯集。

群不只是元素的匯集。

結構中的元素相互連結，構成全體。群論是在解開這種「相互連結」的狀態。基數是多少、有怎樣的子群、有怎樣的正規子群、除以正規子群的商群是如何，解開這些群的結構。

像我們從正十二邊形當中，發現正一、二、三、四、六、十二邊形一樣，群當中也可以找到正規子群，發現隱藏的結構。

這全是在——探求群這個結構。

我們只需在研究對象代入群便能探求結構，群論是探求結構的

武器。

伽羅瓦為了探求方程式的結構而使用群。

9.3.3   伽羅瓦的正規分解

我們回到雙倉圖書館的會議室「鈹」。

「我們剛才說到伽羅瓦先生關注於正規子群。」蒂蒂對米爾迦說。

「對。雖然伽羅瓦並非將之稱作正規子群，但伽羅瓦關注的正是正規子群。他使用正規子群分解群，稱作**正規分解**。」

「正規分解？」蒂蒂問。

「群可以根據子群分解成陪集的和。」米爾迦說：「舉例來說，令 $G/H = \{H, aH, a'H, a''H, a'''H\}$，則以下式子成立——

$$G = H \cup aH \cup a'H \cup a''H \cup a'''H$$

這是把 G 分解成 G/H 的元素。此外，不分解成 G/H，也可以分解成 $H\backslash G$ 的元素(陪集)。如果 $H\backslash G = \{H, Hb, Hb', Hb'', Hb'''\}$，則如以下所示——

$$G = H \cup Hb \cup Hb' \cup Hb'' \cup Hb'''$$

H 必須是正規子群，這兩個分解才會相等。伽羅瓦把這稱為正規分解。

舉例來說：

$$S_3 = C_3 \cup [213]C_3$$

以上式子將群 S_3 以正規子群 C_3 做正規分解。[3]」

---

3 伽羅瓦使用的記號是 +，不是 ∪。

9.3.4 進一步除以 C_3

「我在思考為什麼要關注正規子群。」蒂蒂說：「群G除以正規子群H，能得到商群 G/H……我覺得這與研究整數 n 的性質、質因數分解 n 類似。

『整數的結構以質因數表示』

對應於——

『群的結構以正規子群表示』

我覺得或許是這麼回事！雖然這是從『除法』這個詞產生的聯想，但我認為要調查群 G 的性質，可以用 H 與 G/H……」

「原來如此！」我大叫。

「真是的，蒂德菈被你嚇到了。」米爾迦說：「妳說的沒錯，剛才我們雖然用群 S_3 除以正規子群 C_3，但 C_3 本身也可以再除以正規子群。」

「咦？」蒂蒂很驚訝，「C_3 還有正規子群嗎？」

「有。」

「可是 C_3 的元素只有三個。」

「3 是質數。」米爾迦眨眼示意。

「是質數……會發生什麼事？」

「質數 3 的因數是？」米爾迦接口說。

「咦？是 3 與 1……因為只有這兩個是質數。」

「如果 C_3 有子群，基數一定是 3 或 1。」米爾迦說。

「啊！根據拉格朗日定理能得到！」

「對，C_3 有兩個子群。一個是 C_3 本身，基數是 3；另一個是單位群 $E_3 = \{[123]\}$，基數是 1。兩個都是 C_3 的正規子群。因為對於 C_3 的任意元素 a 而言，$aC_3 = C_{3a}$ 與 $aE_3 = E_{3a}$ 成立。」

　　「單位群經常是正規子群呢！這和 1 是所有整數的因數很像！」蒂蒂握緊雙手說：「這個群本身是正規子群！所有整數似乎都是自己的因數！」

　　「沒錯，蒂德菈。」米爾迦溫柔地點頭，繼續說：「好的，我們從 S_3 開始，求得正規子群的連鎖。

- 群 S_3 有正規子群 C_3。
- 群 C_3 有正規子群 E_3。

以下式子成立──

$$S_3 \triangleright C_3 \triangleright E_3$$

我們配合商群，把這個正規子群的連鎖畫成圖吧。」

　　米爾迦在白板上畫很大的圖。

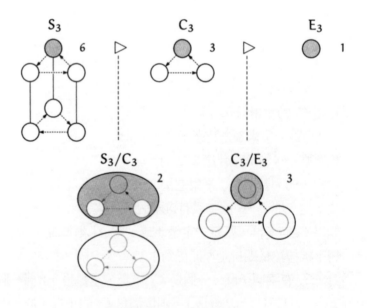

對稱群 S_3 的分解$(S_3 \triangleright C_3 \triangleright E_3)$

「哇……」蒂蒂叫出聲。

「我們離開地面飛上天。」米爾迦說：「從天空俯瞰一切，無視小的結構，看向大的結構。」

麗莎推著手推車進來。

紅髮少女還是老樣子，面無表情地工作。

「調查群當中包含怎樣的正規子群。」米爾迦繼續說：「和分解時鐘觀察內部結構很像，像調查哪個齒輪卡住哪個齒輪，我們要研究正規子群與商群。」

麗莎不知道有沒有在聽米爾迦說話……她把收成圓筒狀的大模造紙束、十二色的麥克筆、美工刀、展示板等用品拿下手推車，攤在桌上。

「曾經有某位女孩。」米爾迦繼續說：「在小學的時候，拿到『算術套組』的時鐘，那是用來教『時鐘面盤讀法』的教材。只要用手轉背後的刻度盤，長針與短針就會轉動。」

某位女孩？

「那位女孩一回家就分解家裡的時鐘，拿出齒輪，因為她想知道時鐘的內部結構。麗莎！是這樣嗎？」

原來那位女孩是麗莎啊。

麗莎無視米爾迦的詢問，繼續工作。

米爾迦繞到麗莎的背後，玩弄紅髮，弄得麗莎一頭亂。

「住手，米爾迦小姐！」麗莎推開米爾迦的手，咳嗽起來。

「妳想研究時鐘的內部結構，才那樣做嗎？」米爾迦重新問。

「親眼確認。」麗莎恢復平靜地回答。

我知道高一的麗莎和高三的米爾迦是表姊妹，但是這兩人的感情到底好不好呢？

「我可以用這個嗎？」蒂蒂指著攤在桌上的文具，「這是準備做海報的吧。」

麗莎無言地點頭。

「謝謝。」我說。

真是應有盡有。麗莎雖然沉默寡言，但非常細心。

麗莎無言地推著手推車，離開房間。

9.3.5　除法與同等看待

重看筆記本，蒂蒂又提出問題。

「為什麼是『除法』呢？」

「除法是同等看待，餘數是分類。」米爾迦立刻回答。

「我不明白。」

「我們用『星期幾』的概念來比喻。例如今天(第 0 天)是星期天，明天(第 1 天)是星期一。那麼，想知道第 n 天是星期幾要怎麼做？」

「……啊，用 n 除以 7。」

「對。n 除以 7，做『除法』。將用 n 除以 7 的餘數分類，餘數是 0 即為星期天、1 是星期一……6 是星期六。換句話說，所謂的星期幾——

整個集合 = {

$$
\begin{aligned}
&\{\ 0,\ 7, 14, \ldots\ \}, &&\cdots\cdots \text{星期天}\\
&\{\ 1,\ 8, 15, \ldots\ \}, &&\cdots\cdots \text{星期一}\\
&\{\ 2,\ 9, 16, \ldots\ \}, &&\cdots\cdots \text{星期二}\\
&\{\ 3, 10, 17, \ldots\ \}, &&\cdots\cdots \text{星期三}\\
&\{\ 4, 11, 18, \ldots\ \}, &&\cdots\cdots \text{星期四}\\
&\{\ 5, 12, 19, \ldots\ \}, &&\cdots\cdots \text{星期五}\\
&\{\ 6, 13, 20, \ldots\ \} &&\cdots\cdots \text{星期六}
\end{aligned}
$$

}

——可以想成這樣的集合。除以 7 的除法，同等看待間隔七天的日

子,而除以 7 的餘數則用星期幾來分類。」

「原來如此……用星期幾分類啊。」蒂蒂說。

「除法是同等看待,餘數是分類。」

「這同於 S_3/C_3。」

$$S_3/C_3 \;=\; \left\{ \begin{array}{ll} \{[123],[231],[312]\}, & \cdots\cdots\; C_3 \\ \{[213],[321],[132]\} & \cdots\cdots\; [213]C_3 \end{array} \right\}$$

「原來如此。」蒂蒂說。

我說:「原來如此,這是『透過除法分析』吧。」

米爾迦稍微加快速度。

「G/H 是用子群 H 的元素來看群 G,也可以算是同等看待子群 H 的元素。」

「這個跟商群有關係嗎喵……」由梨嘀咕。

「來談談集合間的運算吧。」米爾迦對由梨說:「我們來定義群元素間的運算好嗎?由梨?」

「好!」

「把群元素間的運算當作集合間的運算,自然延拓。」米爾迦說。

「自然延拓?」由梨咕噥。

「假設群元素 a 與 b 的積是 $ab=c$。若 a、b 有陪集 aH 與 bH,我們想定義它們的積,使 aH 與 bH 的積$(aH)(bH)$等於 cH。這樣妳懂嗎?」

米爾迦仔細地說明。

「使$(aH)(bH)$等於cH的意思是『想這樣定義』嗎?」由梨問。

「沒錯。群的運算只要能滿足公理,便可以自由定義。機會難

得，我想做有意思的定義。我想定義為：若 $ab = c$，$(aH)(bH) = c$H。」

「嗯──我好像懂了但是……」由梨很不安。

「米爾迦學姊！這是 well-defined 吧！」蒂蒂從旁插話。

「沒錯。」米爾迦說。

「well-defined……」

「沒錯。」蒂蒂幹勁十足地說：「$ab = c$ 是元素間的運算。元素間的運算……是小的結構，相對於此，$(aH)(bH) = cH$ 是陪集間的運算……是大的結構。」

「嗯？」由梨側首不解。

「我們將 aH 與 bH 定義成，aH 任何元素與 bH 任何元素的運算結果，都屬於 cH。這件事米爾迦學姊表示為：若 $ab = c$，$(aH)(bH) = cH$！」

「正確。」米爾迦說。

「我不懂喵！」由梨說：「本來以為我看算式會懂，但我還是不懂喵……」

「可以用凱萊圖來想。」米爾迦說：「由梨所說的『系統』是陪集。選一個陪集 aH 的元素，再選一個其他陪集 bH 的元素做計算。結果會屬於某個陪集 cH。」

「好……」

「蒂德菈所說的 well-defined，是指不管從 aH 選出哪個元素、從 bH 選出哪個元素，運算結果都一樣，所以不用一個個考慮元素。這可以對應於陪集間的運算，因為不管選陪集的哪個元素都沒關係。」

「到這裡我懂。」由梨說：「但是米爾迦大小姐，『不管選陪集的哪個元素都沒關係』，能夠實際進行嗎？」

「未必能實際進行。」米爾迦微笑，「若只使用子群的陪集，就不能實際進行。但是，有的子群可以得出『不管選陪集的哪個元

素都沒關係』的陪集，這是——」

「正規子群！」蒂蒂接話。

「而且凱萊圖的箭頭與『系統』有一致性！」我說。

「嗯嗯嗯嗯……」由梨低吟。

「此時該用正規子群定義。」

$$\circledcirc \quad \circledcirc \quad \circledcirc$$

我們來證明 H 是群 G 的正規子群，對於 G 的任意元素 a, b 而言，$(a\mathrm{H})(b\mathrm{H}) = (ab)\mathrm{H}$ 成立吧。要證明等號成立，只需證明 $\subset$ 與 $\supset$ 成立。

▶ $(a\mathrm{H})(b\mathrm{H}) \subset (ab)\mathrm{H}$ 的證明

$(a\mathrm{H})(b\mathrm{H})$ 的任意元素可以寫成 $(ah)(bh')$，$(h, h' \in \mathrm{H})$。根據結合律，這個元素等於 $a(hb)h'$。因為 H 是正規子群，$\mathrm{H}b = b\mathrm{H}$ 成立，存在滿足 $hb = bh''$ 的 H 元素 h''。因此——

$$
\begin{aligned}
(ah)(bh') &= a(hb)h' & \text{以結合律改變運算順序}\\
&= a(bh'')h' & \text{因為 H 是正規子群，存在滿足 } hb = bh'' \text{的 } h''，\text{且 } h'' \in \mathrm{H}\\
&= (ab)(h''h') & \text{以結合律改變運算順序}\\
&\in (ab)\mathrm{H} & \text{因為 H 是群，} h''h' \in \mathrm{H} \text{ 成立}
\end{aligned}
$$

根據上述，$(a\mathrm{H})(b\mathrm{H})$ 的任意元素屬於 $(ab)\mathrm{H}$，所以 $(a\mathrm{H})(b\mathrm{H}) \subset (ab)\mathrm{H}$ 得證。

▶ $(a\mathrm{H})(b\mathrm{H}) \supset (ab)\mathrm{H}$ 的證明

$(ab)\mathrm{H}$ 的任意元素可以寫成 $(ab)h$，且 $h \in \mathrm{H}$。根據結合律，這個元素等於 $a(bh)$，因為 H 是正規子群，$b\mathrm{H} = \mathrm{H}b$ 成立，存在滿足 $bh = h'b$ 的 H 元素 h'。因此——

$$(ab)h = a(bh)　　\text{以結合律改變運算順序}$$

$$= a(h'b)　　\text{因為 H 是正規子群,存在滿足 } bh=h'b \text{ 的 } h',\text{且 } h' \in H$$

$$= (ah')(b)　　\text{以結合律改變運算順序}$$

$$\in (aH)(bH)　　\text{因為 } ah' \in aH \text{ 且 } b \in bH$$

根據上述,$(ab)H$ 的任意元素屬於$(aH)(bH)$,所以$(aH)(bH) \supset (ab)H$ 得證。

因為$(aH)(bH) \subset (ab)H$ 與$(aH)(bH) \supset (ab)H$ 兩者都得證,證明——

$$(aH)(bH) = (ab)H$$

◎　◎　◎

「在群 G 除以正規子群 H 的所有陪集中,自然會有群的結構——商群G/H。在商群G/H 中,可以無視陪集內部的小結構,關注於陪集間的大結構,從微觀的觀點移到宏觀的觀點。暫時不要看整座森林裡一棵棵的樹木,飛上天空,不看單棵樹,而看森林的全貌。」

米爾迦環視我們。

「好,你們學會俯瞰森林了嗎?」

9.4　對稱群 S_4 的形式

9.4.1　鈹

已經下午四點。

「對了,我們還沒制定製作海報的方針喔。」我說:「我們來整理之前由梨與蒂蒂畫的對稱群 S_3 圖吧。」

「由梨,妳研究過四次對稱群 S_4 嗎?」米爾迦說。

「呃，算吧。」由梨回答：「我畫很多 S_4 的圖，但是最後刪掉很多，把整張圖變單純。模式共有 4! = 24 個！」

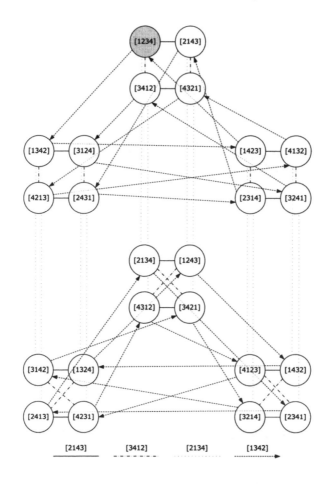

對稱群 S_4 的凱萊圖

「這是凱萊圖。」米爾迦說。

「米爾迦大小姐，由梨有發現 S_4 的圖有『系統』。它有稱為『上三角形』與『下三角形』的『系統』。S_4 的『上三角形』不是普通的三角形，而是類似『以四邊形構成三角形』的『系統的系

統』。」

「的確……」我說。

「好有趣喔……」蒂蒂說。

「米爾迦大小姐，聽妳到剛才為止的說明，我想問這個 S_4 的凱萊圖，可以用『除法』得出『商群』嗎？」

「當然，我們現在一起來試試看吧。建造對稱群 S_4 縮小為單位群 E_4 的正規子群塔吧。這時候『以四邊形構成三角形』能寫成數學方式。」

我們花了很多時間，畫出 S_4 正規子群的連鎖。

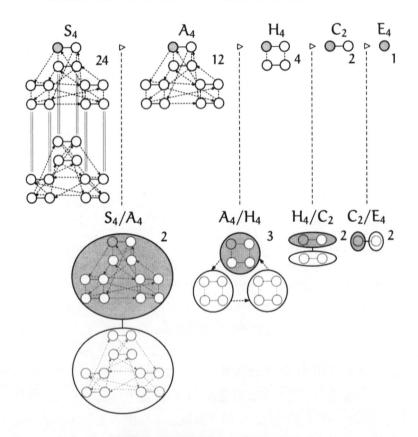

對稱群 S_4 的分解($S_4 \triangleright A_4 \triangleright H_4 \triangleright C_2 \triangleright E_4$)

我們合作完成幾張海報。

之前做的圖、用語的定義、畫鬼腳的具體例子⋯⋯

這些全部完成的時候，外面已經天黑。

真是充實的一天啊。

這是我第一次在山丘上的雙倉圖書館待這麼久。

此時我的心情如此悠哉。

我完全不知道山丘下發生了什麼事。

9.5　心情的形式

9.5.1　碘

「回不去──怎麼回事？」我說。

「電車故障，明天早上才恢復通車。」麗莎說著，輕輕咳嗽。

「呃，意思是明天早上以前電車不會開動⋯⋯」蒂蒂重覆。

這起突發事故竟讓我們親眼目睹麗莎的本事，讓人覺得她不是高中一年級。

麗莎將所有人召集到講堂「碘」，用螢幕說明狀況：電車不開動、今晚大家在雙倉圖書館過夜。

雙倉圖書館有幾間可以用來小睡的房間，過夜並沒有問題。未成年者要聯絡監護人，明天的伽羅瓦 festival 按照計畫舉行，不過──不准熬夜工作。

「禁止熬夜。」

有幾個人對麗莎的這個命令發出噓聲，不過麗莎淡漠地說：

「二十三點熄燈。」

她發給所有人房間分配表，女生在另一棟。

我們依照麗莎的指揮，把寢具搬到房間，準備過夜。

「好像被困在『暴風雨的山莊』呢。」由梨一邊搬枕頭一邊嘀

咕。

「沒有暴風雨。」麗莎一邊搬床單一邊回答:「也不是山莊。」

9.5.2 熄燈時間

二十一點二十五分,大家可能是為了遵守禁止熬夜的命令,準時完成會場準備。

「努力就能成功呢。」麗莎說。

二十二點,所有成員聚在「氧」享受宵夜時間。大學生與高中生有四十人,所有國中生有五人。我們一邊用餐一邊愉快地聊數學,不過還是出現這樣的一幕:有大學生想偷偷帶入不知從哪來的啤酒,被麗莎抓到,遭到嚴重警告。

二十二點四十五分,麗莎用電腦操作投影機,在咖啡廳的牆壁放映給所有人的訊息。

「嚴守二十三點熄燈的規定,明天早上五點以前禁止工作。」我們收拾「氧」,移動到各自的房間。

中途米爾迦把我叫去大廳。

「你和蒂德菈說了什麼?」米爾迦向上推眼鏡。
「呃,沒特別說什麼。」我莫名地心跳加速。
「算了,明天是旅行。」
「旅行?」
「伽羅瓦第一論文的旅行。」
「咦?」
「今天你好好睡一覺。」
「是啊。但是動太多腦筋,能睡得好嗎?」
「嗯……是啦。」

　　米爾迦歪頭思考。我難得能在這種時間和米爾迦共處，實在冷靜不下來，總覺得應該說些什麼。

　　這時，館內的照明熄滅，切換成微弱燈光。

　　變暗的雙倉圖書館與白天的樣子差別很大。微小的亮光與天空的星光，反射在樓梯井的玻璃上，有點夢幻。

　　熄燈時間到──我正要開口這麼說。

　　米爾迦無聲地移動。

　　她湊近臉龐，深邃的瞳孔捕捉了我。

　　我的唇瞬間被柔軟的觸感覆蓋。

　　(好溫暖)

　　米爾迦說「這樣就睡得著了」，然後走向另一棟。

　　留下柑橘的芳香。

> 換句話說，群 G 包含群 H，群 G 是
> $$G = H + HS + HS' + \cdots\cdots$$
> 被分解成 H 的排列乘以相同置換所得的組合是
> $$G = H + TH + T'H + \cdots\cdots$$
> 也能被分解成相同置換乘以 H 的排列所得的組合。
> 這兩種分解通常不相等。
> 若相等，則稱為正規分解。
> ──埃瓦里斯特・伽羅瓦

第 10 章
伽羅瓦理論

> ……要是我現在因為交通意外而死，
> 在我文件夾中的資料，
> 一定沒有人能明白是什麼意思。
> 把這些資料變得所有人都能懂，
> 將之寫成文章，一種類似遺言的東西，
> 就是論文……
> ——森博嗣<喜嶋老師的平靜世界>

10.1 伽羅瓦 festival

10.1.1 簡略年表

「學長！這邊！」蒂蒂說。

「你睡過頭了，哥哥！」由梨說。

「你睡得很好嘛。」米爾迦喝著咖啡，一臉正經地說。

現在是伽羅瓦 festival 的早晨，這裡是雙倉圖書館三樓的咖啡餐廳「氧」，飄散著牛角麵包的香氣。

昨晚我們因為料想不到的事故而在雙倉圖書館過夜。隔天，我們在「氧」吃早餐——除了表妹由梨，和平常在學校才見面的她們一起吃早餐可真新鮮。

「festival 終於到來！」蒂蒂說。

圖書館到處都有「伽羅瓦 festival」的指示牌，貼著會場的導覽圖，館內瀰漫著一股與平時不同的節日氣氛。

伽羅瓦 festival——雙倉圖書館這個活動的目的是要讓一般人也

能接近伽羅瓦理論，由聚在雙倉圖書館的有志者策劃、準備。

「哥哥，你看過簡章嗎？」由梨遞給我小冊子。

那是一本寫著「伽羅瓦 festival」，有好幾頁的簡章。

由梨給我看的頁面刊登著伽羅瓦的簡略年表。

年齡	西曆	
0 歲	1811 年 10 月	25 日，埃瓦里斯特・伽羅瓦出生。
11 歲	1823 年 10 月	進入「lycée Louis le Grand」（路易大帝高中）就讀。
15 歲	1827 年 1 月	留級，邂逅數學。
16 歲	1828 年 8 月 1828 年 10 月	第一次參加巴黎綜合理工學院的入學考試（落榜）。 邂逅理查老師。
17 歲	1829 年 5 月 1829 年 7 月 1829 年 8 月	**向法國科學院提交論文。** 柯西建議他重新投稿參加數學論文大賽。 伽羅瓦的父親自殺。 第二次參加巴黎綜合理工學院的入學考試（落榜）。 喪失巴黎綜合理工學院的報考資格。 經過一番煩惱，參加巴黎高等師範學校的入學考試（考取）。
18 歲	1830 年 2 月	向法國科學院提交**數學論文大賽論文。** （這篇論文因為審查者傅立葉去世而遺失）
19 歲	1831 年 1 月 1831 年 5 月 1831 年 6 月 1831 年 7 月	因投書報紙，而以共和主義活動為由遭學校開除學籍。 **向法國科學院提交論文。** 7 月時審查者帕松與 Lacroix 駁回此篇論文。 （這篇論文是現存的**第一論文**） 因為乾杯事件被逮捕入獄。 判決無罪。 過巴黎新橋的時候再次被逮捕入獄。
20 歲	1831 年 12 月 1832 年 3 月 1832 年 5 月	判決有罪（服刑至 1832 年 4 月 29 日）。 因霍亂流行，從監獄移送到療養所。 邂逅醫生的女兒斯蒂芬妮。 29 日，寫給好友舍瓦利耶最後一封信，推敲第一論文。 30 日，決鬥。 31 日，在醫院去世。

伽羅瓦簡略年表

「伽羅瓦度過被命運捉弄的一生。」米爾迦說：「第一次的入學考試沒考上，快要考第二次之前父親自殺，考試再次落榜。向法國科學院提交的論文因為審查者去世而遺失，統整方程式代數可解性的歷史性論文被駁回。法國革命後，因為參加對抗反動保守勢力的共和主義活動而被關進監獄，最後因決鬥死亡。」

「因決鬥而死……好壯烈啊。」蒂蒂說。

「但好帥喵。」

「由梨！」米爾迦發出尖銳的聲音。

整個餐廳鴉雀無聲，大家都在看我們這邊。

「……別說這種話。」米爾迦放低聲音。

「對不起。」由梨很聽話地道歉。

米爾迦沉默一陣子，開口說：

「很少數學家像伽羅瓦這樣，度過轟轟烈烈的人生。許多人猜測伽羅瓦決鬥的原因，可能是革命的餘波、同胞的背叛或與戀愛有關。可是，比起決鬥的原因，更讓我震驚的是——

米爾迦平靜地閉上眼睛。

「他還不到二十一歲。」

一陣沉默。

麗莎輕輕咳嗽，米爾迦睜開眼睛。

「伽羅瓦死了，可是數學還活著。我們展開追尋伽羅瓦第一論文的旅行吧。」

10.1.2 第一論文

「第一論文……是昨天說過的東西吧？」蒂蒂問。

「對，方程式是伽羅瓦研究的主題之一。」米爾迦說：「伽羅瓦想把自己的方程式論統整成三本論文。伽羅瓦把第一本命名為第

一論文(le premier mémoire)，這是他重寫投稿數學論文大賽卻不幸遺失的論文，也是被帕松駁回的論文——第一論文。在第一論文中，伽羅瓦所追求的目標是——

『能夠以代數方式解方程式的充分必要條件』

伽羅瓦希望能找出這個充分必要條件，使我們只要考慮給定方程式的條件，便能判定這個方程式是否能以代數方式解開，這是在研究方程式的『可解性』。不過，要實際去求得這個充分必要條件是非常複雜的。這篇第一論文上的日期是 1831 年 1 月 16 日，可是伽羅瓦在決鬥前一晚（1832 年 5 月 29 日）似乎做過修改。伽羅瓦在明天說不定會死的情況下，寫信給好友舍瓦利耶，同時不斷推敲這篇第一論文。」

「這真是……驚人。」我說。

「讀懂伽羅瓦留下的訊息，算是給他的供品。」米爾迦說。

「那論文用法文寫嗎？」蒂蒂問。

「原文是法文，可是有日文和英文翻譯。」米爾迦回答：「不過，第一論文難以讀懂，連當時最優秀數學家之一的帕松都難以讀懂。因為論文中省略很多代名詞，而且他不會用群與體等用語。總之，難以讀懂的理由有很多。他之所以不會用群與體的用語，是因為當時這些用語還未出現。而且，難以讀懂的最大理由，我認為是在這篇論文當中，能否以代數方式解方程式的充分必要條件並非用『係數』來表示，而是以『根的置換群』來表示。」

「好像很難啊。」蒂蒂說。

「的確很難。」米爾迦承認，「但是，現在我們已經有整理好的數學辭彙，只要用這些辭彙，要理解伽羅瓦第一論文的主張並不困難。」

「由梨……也可以理解嗎喵？」

「可以理解到某種程度，由梨，這是我展覽海報的方針。我展

覽海報的論述順序與深度仿照伽羅瓦的第一論文，可是即使要對歷史致敬，我還是有幾個表示法或用語採用現在熟悉的用法，雖然我的展覽海報不能完整地證明伽羅瓦理論，但至少能讓人大致理解定理。」

「那個……第一論文探討的是『能夠以代數方式解方程式的充分必要條件』嗎？」

「沒錯，第一論文的標題是這樣——

"Mémoire sur les conditions de résolubilité des équations par radicaux"
(探討能夠用冪根解方程式的條件)

他在裡面論述『能夠以代數方式解方程式的充分必要條件』的【原理】與『能夠以代數方式解某種質數次方程式的充分必要條件』的【應用】。我們要讀的是【原理】。」

「好長喔。」蒂蒂語帶不安。

「這篇論文其實很短，原文不到二十頁。【原理】當中定義了幾個用語，指出四個引理與五個定理。到這部分為止他已經提出『能夠以代數方式解方程式的充分必要條件』。」

米爾迦翻開簡章，指著分條列舉的項目。

- 定義(可約與既約)
- 定義(置換群)
- 引理 1(既約多項式的性質)
- 引理 2(用根製作的 V)
- 引理 3(用 V 表示根)
- 引理 4(V 的共軛)
- 定理 1(「伽羅瓦群」的定義)
- 定理 2(「伽羅瓦群」的縮小)
- 定理 3(添加輔助方程式的所有的根)
- 定理 4(縮小的伽羅瓦群的性質)

- 定理 5(能夠以代數方式解方程式的充分必要條件)

「四個引理與五個定理。」蒂蒂仔細品味似地說。

「哥哥，引理是什麼？」由梨問。

「是準備證明目標定理的定理。」我說。

「理解這四個引理與五個定理，就可以理解『能夠以代數方式解方程式的充分必要條件』吧！」蒂蒂說。

「對，我們馬上來讀吧。」米爾迦站起身。

我們收拾好餐具，跟隨麗莎走向展覽室。

「只要跟米爾迦大小姐在一起，即使困難也沒問題！」由梨說。

「只要跟小由梨在一起，即使牽涉到邏輯也沒問題！」蒂蒂說。

「只要跟蒂蒂在一起，即使複雜也沒問題！」我說。

「只要跟你在一起……」米爾迦才剛開口，就閉口不說。

「沒問題。」麗莎說。

我們奔赴伽羅瓦第一論文之旅。

米爾迦的「講課」即將展開。

「順著路線走。」麗莎把我們引導到第一間房間。

10.2　定義

10.2.1　定義(可約與既約)

「伽羅瓦首先定義用語。」米爾迦說。

（可約與既約）

假設體 K 為係數體，令 $f(x)$ 為體 K 的 x 多項式。

多項式 $f(x)$ 可以用體 K 因式分解，在 K 範圍內稱為**可約**。

若不是可約，$f(x)$ 在 K 範圍內稱為**既約**。

「這並非伽羅瓦第一論文的原樣。伽羅瓦沒有使用『體』這個辭彙，他用『有理』來代替。他用有理這個用語，表達加減乘除可以得到的數。或許他當時並未想像出『體』這個概念，但他絕對意識到『體的元素』。『體的元素』在伽羅瓦的論文中以『有理又已知的數』與『有理的量』出現。現在我們用『體』這個用語吧。」

「我記得定義『體』的人是戴德金吧。」我說。

「沒錯，戴德金是使用 Körper(體)這個用語的第一人。」

「啊，所以體的名稱才會是 K 吧，是 Körper 的字首。」蒂蒂說。

「總之，這裡重要的是可約、既約。」米爾迦說：「討論多項式能不能因式分解，需要釐清用哪個體來思考。」

「用哪個體……思考？」由梨說。

「對，因為如果沒釐清，沒辦法確定能不能因式分解。舉例來說，這個小測驗要怎麼辦呢？」

多項式 x^2+1 可以因式分解嗎？

「不能因式分解！」由梨立刻回答。

「不對。」蒂蒂說：「這樣做可以因式分解。」

$$x^2 + 1 = (x+i)(x-i)$$

「突然跑出 i ？」由梨說。

「這證明『釐清體的必要性』。」米爾迦說：「如果在有理數體 $\mathbb{Q}$ 的範圍內考慮係數，x^2+1 不能因式分解，是既約；可是，如果在複數體 $\mathbb{C}$ 的範圍內考慮係數，x^2+1 能分解成兩個多項式——$x+i$ 與 $x-i$，是可約。」

- 在有理數體 $\mathbb{Q}$ 範圍內，x^2+1 是既約。
- 在複數體 $\mathbb{C}$ 範圍內，x^2+1 是可約。

「伽羅瓦在第一論文寫過類似的例子。這些例子讓我們能理解伽羅瓦第一論文的主張。」

米爾迦繼續說：

「伽羅瓦接著思考的是『已知的數』——已經知道的數。『在整個有理數的集合中，添加指定的數，用這些數的有理式可以得到的數』稱為已知的數。總而言之，伽羅瓦考慮的是，添加數到某個體可以得到新的體。」

「有理式是用加減乘除做的式子吧。」蒂蒂問。

「沒錯。」米爾迦回答：「別把有理式與有理數搞錯。假設 $\phi(x)=\dfrac{x+1}{3}$，$\phi(x)$ 是 x 的有理式，而 $\phi(1)=\dfrac{2}{3}$ 是有理數。可是，$\phi(\sqrt{2})=\dfrac{\sqrt{2}+1}{3}$ 不是有理數。」

我們點頭。

「到這裡為止——」米爾迦歸納，「引進了可約、既約、有理式、已知的數，以及添加等辭彙，這些用語是我們接下來踏入代數學的基礎。」

「伽羅瓦想做的是擴張體吧？」我說：「考慮有理數體 $\mathbb{Q}$、在有理數體添加係數的體 $\mathbb{Q}(a, b)$，有時又考慮添加冪根等數的體 $\mathbb{Q}(a, b, \sqrt{2}, \sqrt[3]{2})$……」

「你說的這些。」米爾迦說：「伽羅瓦寫成『從某個數使用有理式表示』，以結果而言，他想表達體的觀念。接下來我們要繼續

思考體的擴張，而在擴張的各階段，可以當作係數使用的數稱為
『已知的數』。」

「我認為我懂『已知的數』……」蒂蒂說。

「伽羅瓦接著引進置換群。」米爾迦說。

10.2.2 定義(置換群)

伽羅瓦接著引進置換群，這是因為伽羅瓦想活用拉格朗日提出
的暗示：「使用根的置換」。

將有限個根排成一列的方法，稱為**排列**。

然後，改變排好的根順序，稱為**置換**。

伽羅瓦考慮的是置換根的排列。而且，並非只是一個一個置
換，他考慮的是置換的集合。伽羅瓦把這個稱為置換的 groupe——
群。

(置換群)

把置換想成一個群，先假設從某個排列開始。因為我們只處理
不按照起初順序排列的問題，如果置換 S, T 屬於群，置換 ST 也
會屬於這個群。

「這裡出現的『不按照起初順序排列』，這個說法讓人難以理
解，伽羅瓦在這裡思考的置換群——用現代用語來說，是對稱群的
子群。」米爾迦說。

「米爾迦大小姐，可以把置換群想成畫鬼腳的群呢。」由梨戰
戰兢兢地說。

「沒錯……」米爾迦點頭。

◎　◎　◎

沒錯,整個 n 條直線畫鬼腳的群是對稱群 S_n,它的子群稱為置換群。

對稱群 S_n 所有 n 條直線畫鬼腳集合而成的群
置換群 對稱群的子群

伽羅瓦考慮的是置換方程式的解(多項式的根),亦即替方程式依序排列的根,改變排列順序。我們試著把四次方程式的根 $\alpha_1, \alpha_2, \alpha_3, \alpha_4$ 排成一列:

$$\alpha_1 \ \alpha_2 \ \alpha_3 \ \alpha_4$$

這是一個排列,假設我們把這個排列改成以下的排列順序:

$$\alpha_1 \ \alpha_3 \ \alpha_4 \ \alpha_2$$

將 $\alpha_1 \alpha_2 \alpha_3 \alpha_4$ 替換成 $\alpha_1 \alpha_3 \alpha_4 \alpha_2$,是一個置換,因為把下標的 1 換成 1;2 換成 3;3 換成 4;4 換成 2,像下圖這樣:

$$\alpha_1 \ \alpha_2 \ \alpha_3 \ \alpha_4 \ \xrightarrow{[1342]} \ \alpha_1 \ \alpha_3 \ \alpha_4 \ \alpha_2$$

用由梨的寫法,這個置換是[1342]:

$$\frac{\alpha_1 + \alpha_2 \alpha_3}{\alpha_1 \alpha_4} \ \xrightarrow{[1342]} \ \frac{\alpha_1 + \alpha_3 \alpha_4}{\alpha_1 \alpha_2}$$

讓置換對根的有理式起作用,使有理式產生變化。

$$\sigma = [1342] = \begin{pmatrix} 1 & 2 & 3 & 4 \\ 1 & 3 & 4 & 2 \end{pmatrix}$$

[1342]的置換會成為四次對稱群 S_4 的一個元素。假設這個置換是 σ,則:

$$\sigma \left(\frac{\alpha_1 + \alpha_2 \alpha_3}{\alpha_1 \alpha_4} \right) = \frac{\alpha_1 + \alpha_3 \alpha_4}{\alpha_1 \alpha_2}$$

此時，讓 σ 對 $\dfrac{\alpha_1 + \alpha_2\,\alpha_3}{\alpha_1\,\alpha_4}$ 起作用，置換根的值，可以寫成以下這樣：

這代表有理函數 $\dfrac{x_1 + x_2\,x_3}{x_1\,x_4}$ 的下標，置換成 σ，並代入根。

$$\frac{x_1 + x_2 x_3}{x_1 x_4} \xrightarrow{\text{置換成}\,\sigma} \frac{x_1 + x_3 x_4}{x_1 x_2} \xrightarrow{\text{代入根}} \frac{\alpha_1 + \alpha_3 \alpha_4}{\alpha_1 \alpha_2}$$

伽羅瓦所考慮的排列與置換是像這樣的東西。

10.2.3　兩個世界

「原來如此……意思是置換在有理式中使用的根，能得到其他有理式。」蒂蒂點頭。

「困難的伽羅瓦理論是畫鬼腳？」由梨說。

「對，是畫鬼腳。」米爾迦說：「伽羅瓦把畫鬼腳——置換群的理論，與方程式的可解性連接起來。」

「那個……我總覺得有勇氣了。」蒂蒂說。

「由梨對畫鬼腳非常拿手！」

「對，妳們有發現兩個世界的存在嗎？」米爾迦說。

「兩個世界……嗎？」蒂蒂說。

「在伽羅瓦的第一論文中，思考多項式的可約、既約，可以看見『體的世界』；思考置換群，可以看見『群的世界』。伽羅瓦理論是架在這兩個世界的橋梁。

　　　　『體的世界』與『群的世界』

這兩個世界因為第一論文而浮現。」

米爾迦如此說，眨眼示意。

「我們往下讀第一論文吧。」

「順著路線走。」麗莎引導我們到下個房間。

10.3 引理

10.3.1 引理 1(既約多項式的性質)

引理 1 →引理 2→引理 3→引理 4→定理 1→定理 2→定理 3→定理 4→定理 5

「伽羅瓦的第一論文接著指出引理,這是之後所需的輔助定理。」

引理 1(既約多項式的性質)

令 $f(x)$ 為體 K 範圍內的多項式;$p(x)$ 為體 K 範圍內的既約多項式。

如果 $f(x)$ 與 $p(x)$ 有共同的根,$f(x)$ 可以被 $p(x)$ 整除。

「不懂。」由梨說:「哥哥,什麼是體K範圍內的多項式?」

「這指係數屬於體K的多項式,由梨。」我回答:「假設有個多項式 $x^2 + 5x + 3$,因為它的係數 $1, 5, 3$ 都屬於有理數體 $\mathbb{Q}$,多項式 $x^2 + 5x + 3$ 即是體 $\mathbb{Q}$ 範圍內的多項式。」

「啊──係數嗎──我懂了。」

「同樣地,多項式也可以視為體 $\mathbb{Q}(\sqrt{2})$ 範圍內的多項式,重要的是意識到係數體。」米爾迦說:「此外,這個引理 1 有關於整數,類似於以下命題。」

設 N 為整數,P 為質數。

N 與 P 若有共同的質因數,N 可以被 P 整除。

「N 是整數，P 是質數……而 N 與 P 有共同的質因數？」由梨思考了一會兒，「啊，沒錯！因為 P 是質數不能分割，質因數是 P 本身！」

「這種說明別人聽不懂，蒂德菈來舉例。」

米爾迦一指到蒂蒂，蒂蒂立刻回答：

「假設 N = 12，P = 3，共同的質因數是 3。N = 12 可以被 P = 3 整除……的確很類似引理 1。既約多項式對應質數；可約多項式則對應合成數。」

多項式的世界	←·········→	整數的世界
多項式	←·········→	整數
既約多項式	←·········→	質數
可約多項式	←·········→	合成數
有共同的根	←·········→	有共同的質因數

「對，既約多項式和質數非常像。像質數不能分解成兩個以上的質因數一樣，既約多項式不能分解成兩個以上的因式。因此，對於與既約多項式擁有共同根的多項式而言，這一個整既約多項式會是它的因式。」

「好，我懂了。」蒂蒂說。

「換句話說。」米爾迦繼續說：「只要多項式 $f(x)$ 與既約多項式 $p(x)$ 有一個共同的根，多項式 $f(x)$ 便擁有既約多項式 $p(x)$ 的所有根。」

「多項式與整數的確很像。」我說。

「因為兩者都是擁有質因數分解的，唯一的環。」米爾迦說：「多項式也稱為**整式**。」

「整數還可以，多項式我不懂喵。」由梨說。

「舉例子。」蒂蒂說：「假設有理數體 $\mathbb{Q}$ 範圍內的多項式為

$f(x)=x^4-1$，既約多項式為 $p(x)=x^2+1$。」

由梨沉默聽蒂蒂說話。

「$f(x)$ 與 $p(x)$ 會擁有共同的根 i，因為 $f(i)=i^4-1=0$，$p(i)=i^2+1=0$。此外，$f(x)$ 可以在體 $\mathbb{Q}$ 範圍內因式分解。

$$f(x) = \underset{\wedge\wedge\wedge\wedge\wedge}{(x^2+1)}(x+1)(x-1)$$

由此可知，$f(x)$ 的確擁有 x^2+1 這個因式，亦即整個 $p(x)$ 是 $f(x)$ 的因式。」

「蒂德菈同學，為什麼妳能馬上舉出這種例子呢？」

「因為這是我在分圓多項式學過的例子，米爾迦學姊說過——

『分圓多項式對 $x^{12}-1$ 發揮質數的作用 (p. 127)』

我記得這句話，而 $p(x)=x^2+1$ 又是剛才既約定義中，出現的例子……」蒂蒂喘口氣，自言自語地說：「我的腦中有許多事情互相連結。」

- 方程式 $f(x)=0$ 有 $x=\alpha$ 這個解。
- 多項式 $f(x)$ 有 α 這個根。
- 把 $x=\alpha$ 代入多項式 $f(x)$ 會得到 $f(\alpha)=0$。
- 多項式 $f(x)$ 有 $x-\alpha$ 這個因式。

「是啊。」我說：「因式分解的時候，意識到 α 所屬的體，是 $\mathbb{Q}$、$\mathbb{Q}(\sqrt{2})$、$\mathbb{R}$ 或 $\mathbb{C}$……」

「說到這個。」米爾迦靈光一閃，「這篇第一論文處理的體，是包含所有有理數體的體，是不考慮有限元素數的體(有限體)。」

「欸——蒂德菈同學……高中會教這種困難的數學嗎？由梨能懂嗎？」由梨說。

「這個嘛……我覺得比起給高中老師教，不如自己好好學

吧。」姊姊模式的蒂蒂說：「重要的是『自己學習』。」

「因為這個引理 1——」米爾迦總結，「我們知道只要多項式和既約多項式有一個共同的根，便會共同擁有這個既約多項式所有的根。在引理 2 當中，這會構成頗有意思的有理式 V。」

「順著路線走。」麗莎引導我們到下個房間。

10.3.2 引理 2(用根製作的 V)

引理 1→ 引理 2 →引理 3→引理 4→定理 1→定理 2→定理 3→定理 4→定理 5

引理 2(用根製作的 V)

假設 $f(x)$ 是 K 範圍內沒有重根的多項式，

令 $f(x)$ 的根為 $\alpha_1, \alpha_2, \alpha_3, \ldots\ldots, \alpha_m$。

此時，

用根的有理式 V，可以組成改變根的排列、使根的值產生變化的東西。

這可以表示成以下形式：

$$V = \varphi(\alpha_1, \alpha_2, \alpha_3, \ldots, \alpha_m)$$

但須假設 $\phi(x_1, x_2, x_3, \cdots, x_m)$ 是 K 範圍內的有理函數。

而且，這個有理函數，

可以用整數係數$(k_1, k_2, k_3, \cdots, k_m)$的線性組合來寫。

$$\varphi(x_1, x_2, x_3, \ldots, x_m) = k_1 x_1 + k_2 x_2 + k_3 x_3 + \cdots + k_m x_m$$

「哥哥，好難喔……」由梨發出沒把握的聲音。

「妳只是因為它被寫成一般式才覺得很難。」我說。

「『舉例是理解的試金石』。」蒂蒂說：「設 $m=2$，來做引理 2 的例子吧！」

◎　◎　◎

來做引理 2 的例子吧！

設 $\mathbb{Q}$ 範圍內的多項式 $f(x)$ 為 x^2+1。

此時，$f(x)$ 的根 $\alpha_1=i, \alpha_2=-i$，$m=2$。

根的排列是——

$$\alpha_1\,\alpha_2 \text{ 與 } \alpha_2\,\alpha_1$$

——根的排列只有這兩種，我們現在只需交換根得到不同值的式子。呃……好的！比方說——

$$V = \alpha_1 - \alpha_2$$

亦即——

$$\varphi(x_1, x_2) = x_1 - x_2$$

這樣便完成「蒂德菈的例子」！

◎　◎　◎

來補充說明吧。

用根得出的有理式 V 會依據根的排列而得到不同的值，意思是 σ 與 τ 作為對稱群的元素，若 $\sigma \neq \tau$，則 $\sigma(V) \neq \tau(V)$。

我們用「蒂德菈的例子」來確認。假設 $\sigma_1 = [\,12\,], \sigma_2 = [\,21\,]$ ——

$$\sigma_1(V) = [12](V) = [12](\varphi(\alpha_1, \alpha_2)) = \varphi(\alpha_1, \alpha_2) = \alpha_1 - \alpha_2 = i-(-i) = +2i$$
$$\sigma_2(V) = [21](V) = [21](\varphi(\alpha_1, \alpha_2)) = \varphi(\alpha_2, \alpha_1) = \alpha_2 - \alpha_1 = (-i)-i = -2i$$

——因為可以這樣寫，所以 $\sigma_1(V) \neq \sigma_2(V)$ 確實成立。

◎　◎　◎

「我相當理解 V 與 σ 是怎樣的東西。」蒂蒂說。

「V 與對稱群相反。」米爾迦說：「根的對稱多項式是置換根以後值不變的式子。這個 V 是置換根以後值一定改變的式子。」

「原來如此……但是伽羅瓦先生為什麼會想到 V 呢？」

「V 在後面的定理，會被當作體的添加元素——這是體的觀點。此外，V 是影響置換根的關鍵——這是群的觀點。」米爾迦說：「理解引理 2 的『透過置換根可以組成改變值的式子』後，往引理 3 前進吧。」

「順著路線走。」麗莎引導我們到下個房間。

10.3.3 引理 3(用 V 表示根)

引理 1→引理 2→引理 3→引理 4→定理 1→定理 2→定理 3→定理 4→定理 5

引理 3(用 V 表示根)

可以用引理 2 的 V 表示 $f(x)$ 的根 $\alpha_1, \alpha_2, \alpha_3, \cdots, \alpha_m$——

$$\alpha_1 = \varphi_1(V), \quad \alpha_2 = \varphi_2(V), \quad \alpha_3 = \varphi_3(V), \quad \ldots, \quad \alpha_m = \varphi_m(V)$$

存在滿足上述的 K 範圍內的有理函數 $\phi_1(x), \phi_2(x), \phi_3(x), \cdots, \phi_m(x)$。

「用引理 2 的『蒂德菈的例子』來思考吧。」米爾迦說——

「$f(x) = x^2 + 1$，$\alpha_1 = i, \alpha_2 = -i$。」蒂蒂說——

「$V = \phi(\alpha_1, \alpha_2) = \alpha_1 - \alpha_2 = 2i$。」我說——

——接著，米爾迦、蒂蒂和我同時看向由梨。

「咦？咦？由梨要想什麼？」由梨很著急。

「用 V 做 α_1 與 α_2 啊。」我說。

「呃、呃……」由梨思考，「啊，對了，剛才是用 α_1 和 α_2 做 V，這次相反！要用 V 做 α_1 和 α_2！」

「對對對。」我鼓勵她。

過了一會兒，由梨提出答案。

$$\alpha_1 = \frac{V}{2}, \quad \alpha_2 = -\frac{V}{2}$$

「$\alpha_1 = i, \alpha_2 = -i, V = 2i$，答案馬上出來——」由梨說。

「不錯。」米爾迦說：「以根得到的 V，它的有理式可以反過來表示根。$\phi_1(x)$ 與 $\phi_2(x)$ 是這樣——」

$$\varphi_1(x) = \frac{x}{2}, \quad \varphi_2(x) = -\frac{x}{2}$$

「啊……」蒂蒂嘆了口氣，「我理解用根可以得到 V，用 V 可以得到根，但是我完全不明白其中意義。這只是第一論文的引理吧……」

「執著於『用有理式表示』，只注意式子會喪失全局觀點。」米爾迦說：「把注意力放在體上面，只思考擴張體，引理 3 的主張便能寫成一行。」

$$K(\alpha_1, \alpha_2, \alpha_3, \ldots, \alpha_m) = K(V)$$

「啊！原來如此。」我發出聲音。

「怎麼回事？」蒂蒂說。

「在 K 添加 V，能得到 $K(\alpha_1, \alpha_2, \alpha_3, \cdots, \alpha_m)$。」

「呃，體 $K(\alpha_1, \alpha_2, \alpha_3, \cdots, \alpha_m)$ 嗎……」

「在係數體 K 添加 $f(x)$ 的所有根形成的體 $K(\alpha_1, \alpha_2, \alpha_3, \cdots, \alpha_m)$，是重要的體。」米爾迦說：「為什麼呢？」

由梨與蒂蒂搖頭。

「因為體 $K(\alpha_1, \alpha_2, \alpha_3, \cdots, \alpha_m)$ 能把 $f(x)$ 因式分解成一次式的積。」我回答米爾迦，「若最高次的係數是 1，會是這樣——」

$$f(x) = (x - \alpha_1)(x - \alpha_2)(x - \alpha_3) \cdots (x - \alpha_m)$$

「沒錯,體 $K(\alpha_1, \alpha_2, \alpha_3, \cdots, \alpha_m)$ 是多項式 $f(x)$ 的最小分裂體。」

「啊,對喔,沒錯。」蒂蒂說。

「根據 $K(\alpha_1, \alpha_2, \alpha_3, \cdots, \alpha_m)=K(V)$。」米爾迦繼續說:「最小分裂體可以把只有一個元素的 V 添加到體 K。」

「原來如此……所以必須注意 $K(V)$。」蒂蒂點頭,「雖然我還沒完全明白,但已大致理解。」

「引理 4,我們要思考與 V 共軛的數。」米爾迦說。

「順著路線走。」麗莎引導我們到下個房間。

10.3.4 引理 4 (V 的共軛)

引理 1→引理 2→引理 3→ 引理 4 →定理 1→定理 2→定理 3→定理 4→定理 5

「前提與引理 1～3 相同。」米爾迦說。

- $f(x)$ 是體 K 範圍內沒有重根的多項式。
- $\alpha_1, \alpha_2, \alpha_3, \cdots, \alpha_m$ 是多項式 $f(x)$ 的根(方程式 $f(x)=0$ 的解)。
- V 是用根 $\alpha_1, \alpha_2, \alpha_3, \cdots, \alpha_m$ 得出的 K 範圍內的有理式,
  根據根的排列,有不同的值(引理 2, p. 366)。
- $\phi_1(x), \phi_2(x), \phi_3(x), \cdots, \phi_m(x)$ 是 K 範圍內的有理函數,$\alpha_k = \phi_k(V)$
  成立(引理 3, p. 369)。

引理 4 (V 的共軛)

在體 K 範圍內造一個以 V 為根的最小多項式 $f_v(x)$,

設 $f_v(x)$ 的根是 $V_1, V_2, V_3, \cdots, V_n$。

此時,

$$\varphi_1(V_k), \quad \varphi_2(V_k), \quad \varphi_3(V_k), \quad \ldots, \quad \varphi_m(V_k)$$

是多項式 $f(x)$ 的根的排列（$k = 1, 2, 3, \cdots, n$）。

「米爾迦大小姐……」由梨的聲音很小，「符號太多我不行。」

「沒問題！」蒂蒂鼓勵她，「耐心地反覆讀吧！」

「造一個以 V 為根的最小多項式 $f_v(x)$。」米爾迦說：「現在我們關心的是，等於最小分裂體的體 $K(V)$，所以要關心添加元素 V，也要關心與 V 共軛的元素。」

「$V_1, V_2, V_3, \cdots, V_n$ 和 V 共軛。」我說。

「對。」米爾迦說：「$f_v(x)$ 是這種形式——

$$f_V(x) = (x - V_1)(x - V_2)(x - V_3) \cdots (x - V_n)$$

——把這個展開後，係數全是 K 的元素。」

「因為 $f_v(x)$ 是 K 範圍內的多項式嗎……」我說。

「因為 $V_1, V_2, V_3, \cdots, V_n$ 是 $f_v(x)$ 的根，所以當中的每一個都等於 V。假設 $V = V_1$，根據引理 3，以下式子成立——

$$\alpha_1 = \varphi_1(V_1), \quad \alpha_2 = \varphi_2(V_1), \quad \alpha_3 = \varphi_3(V_1), \quad \ldots, \quad \alpha_m = \varphi_m(V_1)$$

意思是可以用 $f_v(x)$ 的根來表示 $f(x)$ 的根。」

「好的……我勉強懂。」蒂蒂說。

「引理 4。」米爾迦繼續說：「主張用 $V_1, V_2, V_3, \cdots, V_n$ 當中的任何一個來取代 V，能得出 $f(x)$ 的根 $\alpha_1, \alpha_2, \alpha_3, \cdots, \alpha_m$，亦即與 V 共軛的數。」

「有這麼方便嗎……」蒂蒂提出疑問。

「先用『蒂蒂的例子』來確認吧。」我提議，「設 $V=2i$。在 $\mathbb{Q}$ 範圍內有 V 這個根的最小多項式是 x^2+4，x^2+4 的兩個根是 $V_1=2i, V_2=-2i$。我們只需對 $\phi_1(x)=x/2, \phi_2(x)=-x/2$ 測試 $x=V_1$ 與 $x=V_2$，確認會不會出現 $f(x)$ 的根。」

- 若 $x=V_1$，$\phi_1(V_1)=2i/2=i, \phi_2(V_1)=-2i/2=-i$，確實出現 $f(x)=x^2+1$ 的根。不過，因為 $V=V_1$ 這是當然的。

- 若 $x=V_2$，$\phi_1(V_2)=-2i/2=-i, \phi_2(V_2)=-2i/2=i$，又出現 $f(x)=x^2+1$ 的根。引理 4 得到確認。

「啊啊……我有點懂了。」蒂蒂說：「舉例很重要呢。」

「仔細看剛才的例子吧。」米爾迦：「使用 V_1 的 $i, -i$ 是 <u>α_1, α_2 的排列</u>；使用 V_2 的 $-i, i$ 則是 <u>α_2, α_1 的排列</u>，這是置換 α_1, α_2 的排列。一般而言，只要使用 $V_1, V_2, V_3, \cdots, V_n$，便可以得到 n 組的根排列，如下所示。」

使用 V_1，根的排列是 $\phi_1(V_1), \phi_2(V_1), \phi_3(V_1), \cdots, \phi_m(V_1)$。
使用 V_2，根的排列是 $\phi_1(V_2), \phi_2(V_2), \phi_3(V_2), \cdots, \phi_m(V_2)$。
使用 V_3，根的排列是 $\phi_1(V_3), \phi_2(V_3), \phi_3(V_3), \cdots, \phi_m(V_3)$。
$\vdots$
使用 V_n，根的排列是 $\phi_1(V_n), \phi_2(V_n), \phi_3(V_n), \cdots, \phi_m(V_n)$。

$\circ \quad \circ \quad \circ$

「好複雜！」由梨說。

「伽羅瓦到底先生想用這個做什麼？」蒂蒂說。

「伽羅瓦用 V 的共軛元素得出根的排列集合，想用來做置換群。使用 V 的共軛元素，做置換群的元素(各個置換)。」米爾迦說：「來看『蒂德菈的例子』明吧。」

使用 V_1，根的排列是 α_1, α_2(這對應置換[12])。

使用 V_2，根的排列是 α_2, α_1(這是應置換[21])。

「好，到此為止四個引理結束，我們朝第一論文的定理 1 前進。」

「順著路線走。」麗莎正要引導我們到下個房間……

「麗莎，等等。」米爾迦說：「來回顧第一論文的主題吧。由梨記得在這篇第一論文當中，伽羅瓦想提示什麼嗎？」

「這個嘛。」由梨想了想，「能夠解方程式的條件。」

「對，正確來說是『能夠以代數方式解方程式的充分必要條件』。」

「是的。」由梨點頭。

「我們做了怎樣的準備？」米爾迦指我。

「可約、既約、置換群。」我回答：「類似質數的既約多項式、用根得出置換後會改變值的 V、用 V 表示根、添加 V 能得到最小分裂體、以 V 替代共軛的元素來置換根……」

「伽羅瓦先生是用這些進攻方程式的吧！」蒂蒂說。

「對，可是——伽羅瓦並沒有直接進攻方程式。」

「並沒有直接進攻？」蒂蒂側首不解。

「伽羅瓦引進『**伽羅瓦群**』概念。」

米爾迦用手指碰眼鏡，一字一句慢慢地說：

「到這裡可以嗎？理解這些非常重要。讀伽羅瓦第一論文的人對於『能夠解方程式的充分必要條件』有什麼期待呢？」

沒有人回答。

「大概會期待『以方程式的係數組成，能判定可解性的式子』吧，像方程式的判別式一樣。可是，伽羅瓦第一論文並沒出現那樣的式子。不僅如此，他不用係數，而是用解來判定可解性，審查者帕松對此感到很困惑。**伽羅瓦把能夠以代數方式解方程式的充分必要條件寫成『伽羅瓦群』。**」

「伽羅瓦群……這很重要吧。」蒂蒂說。

「對，定理 1 即定義『伽羅瓦群』。」

「順著路線走。」麗莎引導我們到下個房間——『伽羅瓦群』。

10.4　定理

10.4.1　定理 1(「伽羅瓦群」的定義)

引理 1→引理 2→引理 3→引理 4→ 定理 1 →定理 2→定理 3→定理 4→定理 5

定理 1 陳述「伽羅瓦群」的定義。

我們想知道方程式在怎樣的情況可以用代數方式解開。伽羅瓦並非直接研究方程式——並非直接研究係數——而是先求「伽羅瓦群」，再透過它研究方程式。伽羅瓦把它稱為「群」，現在我們則稱為「伽羅瓦群」。

我們現在開始要看的定理 1，是為了伽羅瓦群而存在的定理，重點是伽羅瓦群的定義。

定理的前提和之前一樣：給定一個沒有重根的多項式 $f(x)$，考慮方程式 $f(x)=0$，$f(x)$ 的根以 $\alpha_1, \alpha_2, \alpha_3, \cdots, \alpha_m$ 表示。

在定理 1，伽羅瓦注意的是「用根得出的有理式」。

- 這個有理式的值是「已知」嗎？
- 置換根的時候，這個有理式的值「不變」嗎？

伽羅瓦定義了關注這兩點的「伽羅瓦群」，具體構成「伽羅瓦群」。

定理 1(「伽羅瓦群」的定義)

用體 K 範圍內的多項式 $f(x)$ 的根，製作有理式 r，並注意其值。

r 的值屬於體 K，r 稱為已知($r \in K$)。

在根的置換 σ 中，r 的值不改變，稱為不變($\sigma(r) = r$)。

此時，對所有 r 而言，存在滿足性質 1 與性質 2 的某個置換群 G。

性質 1(如果不變是已知)

> 有理式 r 的值如果在置換群 G 的所有置換中，維持不變，
> 則有理式 r 的值為已知。

性質 2(如果已知是不變)

> 有理式 r 的值如果是已知，
> 則有理式 r 的值在置換群 G 的所有置換中，維持不變。

這個置換群 G 稱為體 K 範圍內的方程式 $f(x) = 0$ 的**伽羅瓦群**。

「我不懂……」蒂蒂忽然說：「方程式、多項式、有理式、置換群、已知、不變……我覺得這些我都懂，但是這個定理 1 的主張我完全不能理解。」

「是嗎？由梨呢？」米爾迦問。

「我只懂性質 1 與性質 2。」

「意思是在這之前的不懂。」米爾迦接受，「你呢？」

「不舉例我聽不懂。」我說：「若能舉例我好像會懂。」

「『舉例是理解的試金石』。」米爾迦說。

我們坐在海報旁的圓桌。

桌上放著計算用的筆記用具與成束的紙。

10.4.2　方程式 $x^2 - 3x + 2 = 0$ 的伽羅瓦群

「來思考方程式 $x^2 - 3x + 2 = 0$ 的伽羅瓦群吧。」米爾迦說：「假設係數體是有理數體，仿照定理 1，思考體 $K = \mathbb{Q}$ 範圍內的多

項式 $f(x)=x^2-3x+2$。到這裡為止可以吧？」

我們點頭。

「從結論來說，$\mathbb{Q}$ 範圍內的方程式 $x^2-3x+2=0$ 的伽羅瓦群是單位群，是只以單位元素組成的群，滿足伽羅瓦群的性質。」米爾迦說。

「為什麼？」由梨問。

「來確認吧。多項式 x^2-3x+2 的根是什麼？」米爾迦說。

「$x^2-3x+2=(x-1)(x-2)$，根是 1 和 2！」

「我們把根命名為 α1=1, α2=2。由梨，性質 1 是什麼？」

「是『如果不變是已知』，呃……」

▶性質 1 (如果不變是已知) 的確認

有理式 r 的值如果在置換群 G 的所有置換中，維持不變，

則有理式 r 的值為已知。

「請思考用單位群 $E_2=\{[12]\}$ 做置換而值不變，且根 $\alpha_1=1, \alpha_2=2$ 的有理式吧。」

米爾迦指著紙張。

「好。」由梨馬上看向紙張，「以單位群置換根……奇怪？米爾迦大小姐！單位群只有『撲通向下』！」

「對。」米爾迦點頭，「自己試著舉例子便能立刻發現。單位群 E_2 只有單位元素[12]所以根的排列不變。因此，無論是哪種根的有理式，值都不變。我們試著讓置換 $\sigma=[12]$ 對 $\alpha_1-\alpha_2$ 起作用吧。」

$$\sigma(\alpha_1-\alpha_2)=[12](\alpha_1-\alpha_2)=\alpha_1-\alpha_2$$

「嗯！不變！」由梨說：「$\alpha_1-\alpha_2=1-2=-1$，$\sigma(\alpha_1-\alpha_2)=\alpha_1-\alpha_2=1-2=-1$，所以值維持 -1，不變！」

「性質 1『如果不變是已知』在 E_2 成立嗎？」米爾迦問。

「呃,已知是什麼?」由梨說。

「我們已假設係數體是ℚ,所以如果值是有理數則為已知。」

「根的有理式是使用 1 與 2 的有理式——值是有理數。」由梨思考,「呃,對,是已知!性質 1 在 E_2 成立!」

「沒錯。」米爾迦點頭,「由梨,接著讀性質 2。」

▶性質 2(如果已知是不變)的確認

有理式 r 的值如果是已知,

則有理式 r 的值在置換群 G 的所有置換中,維持不變。

「這次是『如果已知是不變』。呃……還是要用 E_2 來思考吧。」由梨說:「如果 1 與 2 的有理式是已知,也就是說,如果它的值是有理數,1 與 2 的有理式的值一定是有理數!用 E_2 置換根——因為是『撲通向下』,所以 1 與 2 的有理式的值不會置換,單位群 E_2 永遠不變!因此,性質 2 在 E_2 成立!」

「完成確認。」米爾迦說:「因為性質 1 與性質 2 成立,單位群 E_2 是 ℚ 範圍內的方程式 $x^2 - 3x + 2 = 0$ 的伽羅瓦群。」

「欸,米爾迦,這不是理所當然嗎?」我插話:「無論是怎樣的有理式,既然『根是有理數』,它的值就是『已知』,而『單位群不會置換根』所以有理式當然『不變』。」

「你點出我們的目標。」米爾迦說:「『根是有理數』與『單位群不會置換根』是我們的目標。」

「目標?」我說。

「『根是已知』是『根屬於係數體』,而『根屬於係數體』是『根可以用係數的加減乘除來表示』,這時方程式能用代數方式解開。**如果伽羅瓦群是單位群,方程式就能以代數方式解開**——先把這點記在心裡吧。」

「……」我沉默地聽著米爾迦說話。

「方程式 $x^2 - 3x + 2 = 0$ 的伽羅瓦群是單位群 E_2,這是伽羅瓦群

最簡單的例子，以體的用語來說，是『因為根屬於係數體所以很簡單』；以群的用語來說，是『因為是不置換根的群所以很簡單』——我們接著來考慮伽羅瓦群最複雜的例子吧。」

「最複雜的伽羅瓦群是什麼？」蒂蒂問。

「是擁有所有根的置換群——對稱群。若方程式有 m 個根，此方程式最複雜的伽羅瓦群是對稱群 S_m。來看這個例子吧。」

10.4.3　方程式 $ax^2 + bx + c = 0$ 的伽羅瓦群

「一般二次方程式 $ax^2 + bx + c = 0$ 的伽羅瓦群是對稱群 S_2。」

「一般二次方程式是什麼？」蒂蒂舉手。

「指係數不是數字，而使用符號來表示的二次方程式。我們一般會把二次方程式寫成 $ax^2 + bx + c = 0$，這時通常以係數 a, b, c 代表數字，但我們試著直接把它當符號。a, b, c 雖然可以形成 $2a$ 或 $b^2 - 4ac$ 這種與其他數字進行四則運算的形式，但符號還是永遠殘留符號的形式。例如，公式解 $\dfrac{-b \pm \sqrt{b^2 - 4ac}}{2a}$ 當中便直接放入 a, b, c 的符號。這時的係數體可以想成在有理數體 $\mathbb{Q}$ 添加 a, b, c 符號的體，亦即 $\mathbb{Q}(a, b, c)$ 的係數體。」

「$\mathbb{Q}(a, b, c)$ 好像葡萄乾麵包喔。」蒂蒂說：「像在 $\mathbb{Q}$ 這種麵包加入 a, b, c 葡萄乾的葡萄乾麵包。即使亂揉麵包，葡萄乾還是會留在麵包裡面。」

「這比喻很有趣。」米爾迦笑，「a, b, c 是符號，在計算上互不相關。在係數體擁有葡萄乾麵包的二次方程式是一般二次方程式。」

「我懂了。」蒂蒂說。

「一般二次方程式 $ax^2 + bx + c = 0$ 的解，可以用公式解寫成——

$$\alpha_1 = \frac{-b + \sqrt{b^2 - 4ac}}{2a}, \quad \alpha_2 = \frac{-b - \sqrt{b^2 - 4ac}}{2a}$$

一般二次方程式 $ax^2 + bx + c = 0$ 的伽羅瓦群是對稱群 S_2。用由梨的寫法來表示，變成——

$$S_2 = \{[1\,2], [2\,1]\}$$

我們來確認 S_2 是否為一般二次方程式的伽羅瓦群吧，只需確認『如果不變是已知』與『如果已知是不變』。」

▶性質 1(如果不變是已知)的確認

性質 1 是如果不變是已知。根置換後值不變的有理式，若不置換根當然不變，所以只需用 S_2 的元素[21]思考不變的有理式。用[21]置換兩個根而不變的有理式，應該是兩個根的對稱多項式。對稱多項式可以用基本對稱多項式來表示，所以要調查基本對稱多項式的和與積是否為已知，只需利用根與係數的關係。

(和)因為 $\alpha_1 + \alpha_2 = -\dfrac{b}{a}$ 屬於係數體 $\mathbb{Q}\,(a, b, c)$ 所以是已知。

(積)因為 $\alpha_1 \alpha_2 = \dfrac{c}{a}$ 屬於係數體 $\mathbb{Q}\,(a, b, c)$ 所以是已知。

對稱多項式可以用基本對稱多項式來表示，因為基本對稱多項式是已知，所以對稱多項式是已知。

因此，S_2 滿足性質 1。

▶性質 2(如果已知是不變)的確認

性質 2 是如果已知是不變，用 α_1, α_2 做的有理式 r，值為已知，意指 r 的值屬於係數體 $\mathbb{Q}(a, b, c)$。根據根與係數的關係，r 算是「可以用 α_1 與 α_2 的基本對稱多項式表示的有理式」。r 為「α_1 與 α_2 的對稱多項式」，即使用[21]置換 α_1 與 α_2，r 的值仍不變。當然[12]也不變。

因此，S_2 滿足性質 2。

根據上述，我們知道 S_2 是伽羅瓦群。

◎　◎　◎

「我不懂喵！」由梨說：「我已經對定理 1 投降——」

「定理 1 的重點可以用一句話來說——存在方程式的伽羅瓦群。」米爾迦說：「那麼方程式的伽羅瓦群是怎樣的群？」

「啊！這是伽羅瓦群的定義——對，剛才做過！是『如果不變是已知』以及『如果已知是不變』成立的群！」

「沒錯。」

「我還沒和伽羅瓦群先生變成朋友……」蒂蒂說。

「嗯——從其他觀點來看吧。」米爾迦說：「二次方程式的解可以用判別式 $D = b^2 - 4ac$ 來分類。」

「對，沒錯。」蒂蒂說。

「假設係數體為 K，解常屬於擴張體 $K(\sqrt{D})$。因為可以用係數與 $\sqrt{D}$ 的四則運算來寫解。」

「對，我知道，這是二次方程式的公式解吧。」

「沒錯。我們來對比係數體 K 與擴張體 $K(\sqrt{D})$，從大局上掌握解屬於哪個體吧。」

- 解不屬於係屬體 K，伽羅瓦群不是單位群。
  而且，添加 $\sqrt{D}$ 便會擴張體。
- 解屬於係數體 K，伽羅瓦群是單位群。
  而且，添加 $\sqrt{D}$ 不會擴張體。

「啊啊……」蒂蒂緩緩點頭。

「我們關心的是方程式能不能以代數方式解開。這與方程式的解屬於什麼體有關。而且，『解屬於什麼體』對應於『伽羅瓦群是什麼群』——這是思考伽羅瓦群的意義。」

「我有點懂了……」蒂蒂說：「但、但是『伽羅瓦群』是很重要的概念。我想再減少一點『不懂的感覺』，特別想了解『如果不變是已知』與『如果已知是不變』！」

蒂蒂非常有耐心呢。

「嗯——」米爾迦閉上眼睛約 4 秒，「我們來談『伽羅瓦群』的兩個性質，如何掌握方程式的本質吧——雖然這是極為直觀的說法。」

◇　◇　◇

假設體 $K = \mathbb{Q}(a, b, c)$ 範圍內的一般二次方程式 $ax^2 + bx + c = 0$ 的伽羅瓦群為 G，G 的一個元素為 σ $(\sigma \in G)$。於是以下敘述成立——

$$\sigma(a) = a, \quad \sigma(b) = b, \quad \sigma(c) = c$$

$K = \mathbb{Q}(a, b, c)$，所以 a, b, c 都是已知。根據「如果已知是不變」，屬於伽羅瓦群的置換 σ，會把 a, b, c 全變得「清晰」。

此外，把 $ax^2 + bx + c$ 的根設為 α_1, α_2，以下敘述成立——

$$a\alpha_1^2 + b\alpha_1 + c = 0$$

試著在等號兩邊讓 σ 起作用。

$$\sigma(a\alpha_1^2 + b\alpha_1 + c) = \sigma(0)$$

因為 σ 把係數變清晰，你們稍微思考便會明白以下敘述成立——

$$a\sigma(\alpha_1^2) + b\sigma(\alpha_1) + c = 0$$

你們也會因此明白 $\sigma(\alpha_1^2) = \sigma(\alpha_1\alpha_1) = \sigma(\alpha_1)\sigma(\alpha_1) = \sigma(\alpha_1)^2$。

$$a\sigma(\alpha_1)^2 + b\sigma(\alpha_1) + c = 0$$

任意根的有理式可以做相同的事，像這樣——

$$\sigma\left(\frac{a\alpha_1 + b\alpha_2\alpha_1}{c\alpha_1^2\alpha_2}\right) = \frac{a\sigma(\alpha_1) + b\sigma(\alpha_2)\sigma(\alpha_1)}{c\sigma(\alpha_1)^2\sigma(\alpha_2)}$$

因為伽羅瓦群擁有「如果已知是不變」與「如果不變是已知」的性質，所以當置換 σ 是伽羅瓦群的元素，而在根的有理式起作用，σ 就能順利無阻地進入有理式的內部，顯示出哪個根與哪個根是可能置換的——伽羅瓦群告訴我們這些情報。方程式的伽羅瓦群可以告訴我們「方程式的形式」。

這會有關於阿廷的優秀構思：將體的自同構群定義為伽羅瓦群」。阿廷使用線性空間再次整理伽羅瓦理論。

◎　◎　◎

「啊啊啊！」蒂蒂啪嗒啪嗒地拍手大叫，「我想起來了！由梨談到 S_3 的時候，我看見正三角形的形狀。這和那個很像！轉動或翻轉看起來是『正三角形的形狀』。同樣地，伽羅瓦群是表示哪個根與哪個根可能置換，而畫出『方程式的形式』！」

「妳說的對。」米爾迦說。

「伽羅瓦群掌握方程式解的相互關係——我有點明白這點。」蒂蒂表情暢快地說：「該怎麼具體地找出方程式的伽羅瓦群呢？」

「去問伽羅瓦吧，伽羅瓦在第一論文寫了伽羅瓦群的做法。」

10.4.4　伽羅瓦群的做法

伽羅瓦在第一論文寫了伽羅瓦群的做法。

假設在 K 範圍內沒有重根的多項式 $f(x)$ 的根是 $\alpha_1, \alpha_2, \alpha_3, \cdots, \alpha_m$。用這個根構成 V(引理 2, p. 366)。

接著重新思考「以 V 為根，在 K 範圍內的最小多項式」，假設為 $f_v(x)$。令 $f_v(x)$ 的根為 $V_1, V_2, V_3, \cdots, V_n$。注意別混淆 $f(x)$ 與 $f_v(x)$ 這兩個多項式。

$f(x)$　　在 K 範圍內沒有重根的多項式，根是 $\alpha_1, \alpha_2, \alpha_3, \cdots, \alpha_m$

$f_v(x)$　　在 K 範圍內的最小多項式，根是 $V_1, V_2, V_3, \cdots, V_n$ $(V = V_1)$

接著，$\alpha_1, \alpha_2, \alpha_3, \cdots, \alpha_m$ 可以用 V 來表示(引理 3, p. 370)。

$$\alpha_1 = \varphi_1(V), \quad \alpha_2 = \varphi_2(V), \quad \alpha_3 = \varphi_3(V), \quad \ldots, \quad \alpha_m = \varphi_m(V)$$

而且 V 改變成 $V_1, V_2, V_3, \cdots, V_n$，可以形成 n 組根的排列(引理 4, p. 370)。

使用 V_1，根的排列是 $\phi_1(V_1), \phi_2(V_1), \phi_3(V_1), \cdots, \phi_m(V_1)$。
使用 V_2，根的排列是 $\phi_1(V_2), \phi_2(V_2), \phi_3(V_2), \cdots, \phi_m(V_2)$。
使用 V_3，根的排列是 $\phi_1(V_3), \phi_2(V_3), \phi_3(V_3), \cdots, \phi_m(V_3)$。
　⋮
使用 V_n，根的排列是 $\phi_1(V_n), \phi_2(V_n), \phi_3(V_n), \cdots, \phi_m(V_n)$。

假設產生這個 n 組排列的置換群為 G，這個 G 是「K 範圍內的方程式 $f(x)=0$ 的伽羅瓦群」。意思是以 $f(x)$ 的根構成 V 的共軛元素，來排列根，產生此排列的置換群是伽羅瓦群。

我們來確認 G 是伽羅瓦群所擁有的兩個性質吧。

▶ **性質 1(如果不變是已知)的確認**

用上述的置換群 G 把值不變的有理式假設為 $F(\alpha_1, \alpha_2, \alpha_3, \cdots, \alpha_m)$，它會等於 $F(\phi_1(V), \phi_2(V), \phi_3(V), \cdots, \phi_m(V))$，因為 $\alpha_k = \phi_k(V)$。V 支配這個有理式，我們重新定義有理式 $F'(V)$ 吧。

$$F'(V) = F(\varphi_1(V), \varphi_2(V), \varphi_3(V), \ldots, \varphi_m(V))$$

因為有理式 $F(\alpha_1, \alpha_2, \alpha_3, \cdots, \alpha_m)$ 的值不變，所以有理式 $F'(V)$ 的值代入 $V_1, V_2, V_3, \cdots, V_n$ 都一樣。

$$F'(V) = F'(V_1) = F'(V_2) = F'(V_3) = \cdots = F'(V_n)$$

從這裡開始 $F'(V)$ 可以用 $V_1, V_2, V_3, \cdots, V_n$ 來表示。

$$F'(V) = \frac{1}{n}\left(F'(V_1) + F'(V_2) + F'(V_3) + \cdots + F'(V_n)\right)$$

$F'(V)$ 成了 $V_1, V_2, V_3, \cdots, V_n$ 的對稱多項式，所以我們只需確認 $V_1, V_2, V_3, \cdots, V_n$ 的基本對稱多項式是已知。

$V_1, V_2, V_3, \cdots, V_n$ 是最小多項式 $f_v(x)$ 的根，因此以下敘述成立 ——

$$f_V(x) = (x - V_1)(x - V_2)(x - V_3) \cdots (x - V_n)$$

展開此式的係數是 $V_1, V_2, V_3, \cdots, V_n$ 的基本對稱多項式，而且 $f_v(x)$ 是 K 範圍內的多項式，所以係數是 K 的元素。因此，$V_1, V_2, V_3, \cdots, V_n$ 的基本對稱多項式屬於 K，值是已知。

根據上述，$F'(V)$ 的值是已知，所以可以說 $F(\alpha_1, \alpha_2, \alpha_3, \cdots, \alpha_m)$ 的值是已知。

由此可知，性質 1「如果不變是已知」成立。

▶ 性質 2(如果已知是不變)的確認

反之，假設 K 係數的有理式 $F(\alpha_1, \alpha_2, \alpha_3, \cdots, \alpha_m)$ 的值是已知(是 K 的元素)。把這個值設為 $R(R \in K)$，$F'(V)$ 做以下假設 ——

$$F'(V) = F(\varphi_1(V), \varphi_2(V), \varphi_3(V), \ldots, \varphi_m(V)) - R$$

因為 $F'(V) = 0$，所以有理函數 $F'(x)$ 有 V 這個根。消去方程式 $F'(x) = 0$ 的分母，左邊變成多項式，再把這個多項式設為 $F''(x)$。於是 V 是 $F''(x)$ 的根。

多項式 $F''(x)$ 共同擁有最小多項式 $f_v(x)$ 的一個根 V。因為最小多項式是既約多項式，所以 $F''(x)$ 共同擁有 $f_v(x)$ 的所有根 $V_1, V_2, V_3, \cdots, V_n$(引理 1, p. 362)。

因此，以下式子成立——

$$F''(V) = F''(V_1) = F''(V_2) = F''(V_3) = \cdots = F''(V_n) = 0$$

$V_1, V_2, V_3, \cdots, V_n$ 的排列是置換群 G，所以上列式子的意思是，$F''(V)$ 若是置換群 G，則維持不變，值恆等於 0。因此，$F'(V)$ 的值在置換群 G 中維持不變(值為 0)，$F(\alpha_1, \alpha_2, \alpha_3, \cdots, \alpha_m)$ 的值在置換群 G 中維持不變(值為 R)。

由此可知，性質 2「如果已知是不變」成立。

根據上述，置換群 G 是伽羅瓦群。

◎　◎　◎

「用 V 的共軛元素 $V_1, V_2, V_3, \cdots, V_n$ 製作伽羅瓦群……」我說：「一個個共軛元素可以構成置換群的元素的意思，是用既約多項式 $f_v(x)$ 這個軛做連結，創造伽羅瓦群 G 的結構嗎？」

「嗯，可以這麼說。」米爾迦說。

「米爾迦大小姐！好困難。」由梨說。

「米爾迦學姊，用這個方法可以做伽羅瓦群吧？」蒂蒂說。

「對。」黑髮才女回答：「我們來實際做做看簡單的伽羅瓦群吧。」

10.4.5　方程式 $x^3 - 2x = 0$ 的伽羅瓦群

我們來實際做做看簡單的伽羅瓦群吧。

假設 $K = \mathbb{Q}$，$m = 3$。

假設 $\mathbb{Q}$ 範圍內沒有重根的多項式為 $f(x) = x^3 - 2x$。

$f(x)$ 的根馬上能求出來。把 $f(x)$ 因式分解：

$$x^3 - 2x = x(x - \sqrt{2})(x + \sqrt{2})$$

變成這樣，再設根為 $\alpha_1, \alpha_2, \alpha_3$，則以下式子成立：

$$\alpha_1 = 0, \quad \alpha_2 = +\sqrt{2}, \quad \alpha_3 = -\sqrt{2}$$

接著，用根構成 V(引理 2, p. 366)。用三個根的置換構成不同值的 V，除了可以用有理式 $\phi(x_1, x_2, x_3)$ 來構成，還有無數種方式可構成。

$$\varphi(x_1, x_2, x_3) = 1x_1 + 2x_2 + 4x_3$$

為了強調係數，把 x_1 寫成 $1x_1$。

確認將 $\alpha_1, \alpha_2, \alpha_3$ 代入 $\phi(x_1, x_2, x_3)$ 的六種置換所得到的有理式，值都不同。將六個值設為 $V_1, V_2, V_3, V_4, V_5, V_6$，便能做以下計算。

$$
\begin{aligned}
V_1 &= \varphi(\alpha_1, \alpha_2, \alpha_3) = 1\alpha_1 + 2\alpha_2 + 4\alpha_3 = 0 + 2\sqrt{2} - 4\sqrt{2} = -2\sqrt{2} \\
V_2 &= \varphi(\alpha_1, \alpha_3, \alpha_2) = 1\alpha_1 + 2\alpha_3 + 4\alpha_2 = 0 - 2\sqrt{2} + 4\sqrt{2} = +2\sqrt{2} \\
V_3 &= \varphi(\alpha_2, \alpha_1, \alpha_3) = 1\alpha_2 + 2\alpha_1 + 4\alpha_3 = +\sqrt{2} + 0 - 4\sqrt{2} = -3\sqrt{2} \\
V_4 &= \varphi(\alpha_2, \alpha_3, \alpha_1) = 1\alpha_2 + 2\alpha_3 + 4\alpha_1 = +\sqrt{2} - 2\sqrt{2} + 0 = -\sqrt{2} \\
V_5 &= \varphi(\alpha_3, \alpha_1, \alpha_2) = 1\alpha_3 + 2\alpha_1 + 4\alpha_2 = -\sqrt{2} + 0 + 4\sqrt{2} = +3\sqrt{2} \\
V_6 &= \varphi(\alpha_3, \alpha_2, \alpha_1) = 1\alpha_3 + 2\alpha_2 + 4\alpha_1 = -\sqrt{2} + 2\sqrt{2} + 0 = +\sqrt{2}
\end{aligned}
$$

由此可知六個值的確都不同。

接著，重新思考「在 K 範圍內有 V 這個根的最小多項式」，假設為 $f_v(x)$。用 $V_1, V_2, V_3, V_4, V_5, V_6$ 其中之一當作 V。假設 $V = V_1 = -2\sqrt{2}$，求「在 $\mathbb{Q}$ 範圍內有 $-2\sqrt{2}$ 這個根的最小多項式 $f_v(x)$」。這並不難，只需求擁有 $-2\sqrt{2}$ 這個根的 $\mathbb{Q}$ 係數多項式中，次數最低、最高次項係數是 1 的多項式。接著使用 V_1 與 V_2，進行以下運算：

$$
\begin{aligned}
f_V(x) &= (x - V_1)(x - V_2) \\
&= \big(x - (-2\sqrt{2})\big)\big(x - (+2\sqrt{2})\big) \\
&= x^2 - 8
\end{aligned}
$$

關於 $\mathbb{Q}$ 範圍內的多項式 $x^2 - 8$，以下敘述成立：

- 在 $\mathbb{Q}$ 範圍內是既約。
- 是擁有 $V_1 = -2\sqrt{2}$ 這個根的最低次數多項式。
- 最高次項的係數是 1。

因此——

$$f_V(x) = x^2 - 8$$

上式是 $V_1 = -2\sqrt{2}$ 的最小多項式。在伽羅瓦的做法中，n 是 $f_v(x)$ 的次數，等於 2($n=2$)。

$\alpha_1, \alpha_2, \alpha_3$ 可以用 V 來寫(引理 3, p. 368)。此時，將使用的有理函數各設為 $\phi_1(x), \phi_2(x), \phi_3(x)$，寫成以下形式——

$$\varphi_1(x) = 0, \quad \varphi_2(x) = -\frac{x}{2}, \quad \varphi_3(x) = \frac{x}{2}$$

我們來驗算 $x = V_1$ 是否可以得到根 $\alpha_1, \alpha_2, \alpha_3$ 吧。

$$\alpha_1 = \varphi_1(V_1) = 0, \quad \alpha_2 = \varphi_2(V_1) = +\sqrt{2}, \quad \alpha_3 = \varphi_3(V_1) = -\sqrt{2}$$

如上所示，確實可以。把 V_1 與 V_2 代入 x，做出 $n=2$ 組的根排列吧(引理 4, p. 370)。這個排列透過伽羅瓦的做法變成伽羅瓦群。

使用 V_1，根的排列是 $\phi_1(V_1), \phi_2(V_1), \phi_3(V_1)$，
亦即 $0, +\sqrt{2}, -\sqrt{2}$ 是 $\alpha_1, \alpha_2, \alpha_3$ 的排列。
使用 V_2，根的排列是 $\phi_1(V_2), \phi_2(V_2), \phi_3(V_2)$，
亦即 $0, -\sqrt{2}, +\sqrt{2}$ 是 $\alpha_1, \alpha_3, \alpha_2$ 的排列。

根據 $\alpha_1, \alpha_2, \alpha_3$ 與 $\alpha_1, \alpha_3, \alpha_2$ 這兩個排列，對 $\mathbb{Q}$ 範圍內的方程式 $x^3 - 2x = 0$ 的伽羅瓦群 G 而言，可得到以下式子——

$$G = \{[123],[132]\}$$

用標準的寫法是——

$$G = \left\{ \begin{pmatrix} 1 & 2 & 3 \\ 1 & 2 & 3 \end{pmatrix}, \begin{pmatrix} 1 & 2 & 3 \\ 1 & 3 & 2 \end{pmatrix} \right\}$$

換句話說，由「單位元素」與「α_2 與 α_3 的置換」這兩個元素組成的置換群，是 $\mathbb{Q}$ 範圍內的方程式 $x^3 - 2x = 0$ 的伽羅瓦群。

◎　◎　◎

「這樣啊！」我說：「我稍微明白方程式的伽羅瓦群。G = $\{[123],[132]\}$ 這個置換群，是三個根當中，置換 α_2 與 α_3，值仍不變的置換群！伽羅瓦群 G 了解 $x^3 - 2x = 0$ 這個方程式的形式！」

「原來如此！」蒂蒂說。

「什麼意思？」由梨問。

「意思是……」我說：「用 $\alpha_1, \alpha_2, \alpha_3$ 得出值是有理數的有理式，可以置換 $\alpha_2 = +\sqrt{2}$ 與 $\alpha_3 = -\sqrt{2}$。即使置換 α_2 與 α_3，有理式的值仍不變。置換群 G 所表現的，是『α_2 與 α_3 組成一對』的資訊。」

「雖然有點主觀，但這個構思是正確的。」米爾迦說：「伽羅瓦群可以表現根的對稱性。方程式 $x^3 - 2x = 0$ 雖然只表現出單純的『α_2 與 α_3 的對稱性』，但更複雜的方程式會表現出複雜的對稱性。」

「表現根的對稱性……的伽羅瓦群。」蒂蒂嘀咕。

「表現方程式的形式……的伽羅瓦群。」由梨嘟囔。

「隨著第一論文的進展，我們會進一步學習伽羅瓦群的性質。」米爾迦說：「只要在係數體添加元素，進行體的擴張，既約的 $f_V(x)$ 會變成可約。若 V 的最小多項式變化，伽羅瓦群會隨之變化——定理 2 我們來思考伽羅瓦群的縮小吧。」

「順著路線走。」麗莎引導我們到下個房間──伽羅瓦群的縮小。

10.4.6 定理 2(「伽羅瓦群」的縮小)

引理 1→引理 2→引理 3→引理 4→定理 1→ 定理 2 →定理 3→定理 4→定理 5

我們巡視伽羅瓦 festival 的展覽會場，停在寫著定理 2 的海報前。米爾迦豎起食指。

「在進入定理 2 的內容之前，讓我們回顧第一論文的主題吧。」

「是『能夠以代數方式解方程式的充分必要條件』！」由梨立刻回答。

「沒錯。」米爾迦點頭，「要以代數方式解方程式，卡爾達諾、拉格朗日和尤拉大師──都探索過輔助方程式。他們解開輔助方程式，以求添加到係數體的元素。」

「二次方程式有輔助方程式嗎？」由梨問我。

「有啊。」我回答：「我們解過『某式』$^2 = b^2 - 4ac$。」

「啊，對喔！」由梨說：「那是『包含 x 的式子』$^2 = $『不包含 x 的式子』，是目標形式！(p. 32)」

「為了求 $b^2 - 4ac$ 的平方根，解開輔助方程式，把得到的 $\sqrt{b^2 - 4ac}$ 添加到係數體。」米爾迦說：「這是添加 $\sqrt{判別式}$ 判別式的用意。二次方程式可以用 $K(\sqrt{判別式})$ 這個體的四則運算來表示解，從公式解來看也成立。」

「原來如此……」由梨說。

「如果能以代數方式解開，就存在應該添加的元素。」米爾迦說：「可是，不能以代數方式解開的方程式，不存在那樣的元素，所以『應添加的元素在怎樣的情況下存在？』是重要的問題。」

我們點頭。

「關於這點，伽羅瓦的構思大放異彩。」米爾迦繼續說：「伽羅瓦注意到在係數體添加輔助方程式的解，會產生『伽羅瓦群的變化』。我們接著要讀的定理 2 描述這個變化，亦即在添加輔助方程式的解、擴張係數體時，『伽羅瓦群』會縮小。」

「添加輔助方程式的解、擴張係數體——」我說。

「『伽羅瓦群』會縮小——」由梨說。

「我不懂縮小的意思。」蒂蒂說：「縮小的群是什麼？」

「簡而言之，縮小的群是子群。」米爾迦回答：「如果擴張係數體使體產生變化，已知的值會變化，所以伽羅瓦群也會變化。新的伽羅瓦群成為原伽羅瓦群的子群。」

「啊啊……子群嗎。」蒂蒂說。

「伽羅瓦群將『如果已知是不變』變成『如果不變是已知』的群。」米爾迦說：「有理式的值是否已知，決定於有理式的係數是否屬於係數體，這是『體的世界』概念。有理式的值在置換群的所有置換中，是否不變則是『群的世界』的概念。伽羅瓦在定理 1 提出的兩個性質，顯示『體』與『群』的對應關係。伽羅瓦群把這兩個世界連接起來。」

兩個世界……米爾迦以前好像說過：「兩個世界連接起來，總是很開心。」

「接下來我們要談的定理 2 則顯示『體的擴張』與『群的縮小』的對應關係，令人驚訝的是『體的擴張』與『群的縮小』完全對應。體擴張，群會縮小；群縮小，體會擴張。這種對應關係讓我們可以利用『群縮小』的可能性，來探索『體擴張』的可能性。我們的目標是調查體的擴張範圍，直到體包含所有方程式的解。因此，這種對應關係非常寶貴。」

「原來如此。」我說。

「我們再次確認定理 2 的前提吧。」米爾迦說。

◎　◎　◎

我們再次確認定理 2 的前提吧。

- $f(x)$ 是體 K 範圍內沒有重根的多項式。
- $\alpha_1, \alpha_2, \alpha_3, \cdots, \alpha_m$ 是多項式 $f(x)$ 的根(方程式 $f(x)=0$ 的解)。
- $f_v(x)$ 是 K 範圍內有 V 這個根的最小多項式。

此處,我們重新在體 K 範圍內考慮一個既約的輔助多項式 $g(x)=0$。設 $g(x)$ 的根為 $r_1, r_2, r_3, \cdots, r_p$,特別設 $r=r_1$,然後提問:

<u>比較體 K 範圍內的方程式 $f(x)=0$ 的伽羅瓦群</u>,
<u>體 $K(r)$ 範圍內的方程式 $f(x)=0$ 的伽羅瓦群</u>是如何呢?

體 K 範圍內的多項式 $f(x)$ 可以視為體 $K(r)$ 範圍內的多項式。因為係數體從 K 擴張到 $K(r)$,是指「已知」的值改變,所以伽羅瓦群或許會產生變化。

定理 2 將回答這個問題。

定理 2(「伽羅瓦群」的縮小)

假設對於體 K 範圍內的方程式 $f(x)=0$,伽羅瓦群為 G。
假設對於體 $K(r)$ 範圍內的方程式 $f(x)=0$,伽羅瓦群為 H。
令 r 為體 K 範圍內之既約輔助方程式 $g(x)=0$的一個解,
設 $g(x)$ 的根為 $r_1, r_2, r_3, \cdots, r_p$(特別是 $r=r_1$)。
此時以下的其中一個條件會成立。

- $G=H$。(伽羅瓦群不因 r 的添加而改變)
- $G \supset H$。(伽羅瓦群因為 r 的添加而縮小成子群)

縮小的時候,群 G 會被子群 H 分割成 p 個陪集。

$$G = \sigma_1 H \cup \sigma_2 H \cup \sigma_3 H \cup \cdots \cup \sigma_p H$$

這裡因為 $\sigma_1, \sigma_2, \sigma_3, \cdots, \sigma_p \in G$，所以令 σ_1 等於單位元素 e。

陪集的個數等於 $g(x)$ 根的個數。

其實，伽羅瓦在定理 2 當中寫的是「被分割成 p 個群」。可是，以現代用語來寫，寫成陪集較適當。

$f_v(x)$ 是 K 範圍內有 V 這個根的最小多項式。如果 $K(r)$ 維持既約，$f_v(x)$ 的伽羅瓦群不會變化；如果 $K(r)$ 變成可約，$f_v(x)$ 是同一次數的 p 個因式的積。伽羅瓦並沒有寫出這點的證明。

$$f_V(x) = f'_V(x, r_1) \times f'_V(x, r_2) \times f'_V(x, r_3) \times \cdots \times f'_V(x, r_p)$$

$f'_v(x, r_k)$ 在 $K(r_k)$ 範圍內是既約的因式。這裡我們要注意的是 $f'_v(x, r_1)$。假設 $V_1, V_2, V_3, \cdots, V_q$ 是 $f'_v(x, r_1)$ 的根，亦即 $K(r)$ 範圍內 V 的最小多項式，則寫成——

$$f'_V(x, r_1) = (x - V_1)(x - V_2)(x - V_3) \cdots (x - V_q)$$

只不過，構成 $f'_v(x, r_1)$ 的 V，共軛的下標要重新注上小的號碼。

符號很多，難以理解嗎？

舉例來說，若 $n = 12, p = 3, q = 4$，會變成這樣：

$$f_V(x) = \underbrace{(x - V_1)(x - V_2)(x - V_3)(x - V_4)}_{K(r_1) \text{ 範圍內既約的 } f'_v(x, r_1)}$$

$$\times \underbrace{(x - V_5)(x - V_6)(x - V_7)(x - V_8)}_{K(r_2) \text{ 範圍內既約的 } f'_v(x, r_2)}$$

$$\times \underbrace{(x - V_9)(x - V_{10})(x - V_{11})(x - V_{12})}_{K(r_3) \text{ 範圍內既約的 } f'_v(x, r_3)}$$

體 K 範圍內，伽羅瓦群 G 以 $V_1, V_2, V_3, \cdots, V_n$ 構成(定理 1, p.

374)。添加 r 以後，體 $K(r)$ 範圍內，伽羅瓦群 H 以 $V_1, V_2, V_3, \cdots, V_q$ 構成。

G 的基數是 n；H 的基數是 q。

以上面的例子來說，用 $V_1, V_2, V_3, \cdots, V_{12}$ 構成的伽羅瓦群 G，添加 r 以後會縮小成用 V_1, V_2, V_3, V_4 構成的伽羅瓦群 H，H 是 G 的子群。

10.4.7　伽羅瓦的錯誤

「其實第一論文的定理 2 有個小錯誤。」米爾迦說。

「伽羅瓦的錯誤？」我說。

「伽羅瓦在決鬥前一天，還在修改這篇第一論文。而且他把之前定理 2 寫過的『p 是質數』的記述去掉。這個修正嚴格來說是錯誤的，因為可能出現陪集的個數不是 p，而是 p 的因數。雖然以方程式的可解性為目的，p 維持質數沒關係，但推敲第一論文，伽羅瓦大概發現了放寬『p 是質數』這個條件才能做討論吧。可是，他沒有仔細修正第一論文的時間——畢竟明天要決鬥。孤單的夜晚，他在第一論文的空白處潦草寫下。」

> Il y a quelque chose à compléter dans cette démonstration.
>
> 這個證明似乎不夠完整。
>
> Je n'ai pas le temps.
>
> 我沒有時間。

「『我沒有時間』……」蒂蒂顫抖著聲音。

「伽羅瓦發現自己的證明需要補充。」米爾迦說：「如果有時間他可以做，可是他沒時間。」

「……」

「進一步地說，他的腦中還有很多沒寫出來的數學，然而那些

數學沒有成形的時間。命運不給伽羅瓦時間。我覺得——很遺憾！」

米爾迦狠狠地踢牆壁！

我們屏息。

她馬上恢復冷靜的聲調，繼續說：

「那天晚上，伽羅瓦寫信給好友舍瓦利耶。信中伽羅瓦敘述自己的方程式論可以寫成三本論文，略述自己的研究。可是，接下來只能託付給未來的數學家——」

米爾迦閉眼片刻，繼續說：

「值得慶幸的是，伽羅瓦留下了『能夠以代數方式解方程式的充分必要條件』。第一論文是伽羅瓦理論的第一顆果實。」

我們在沉默中為二十歲的伽羅瓦哀悼片刻。

「回到數學吧。」米爾迦說：「定理 1 定義了方程式的伽羅瓦群；定理 2 則談到添加一個輔助方程式的解 r，伽羅瓦群如何縮小。透過添加擁有 p 個共軛元素的 r，可以得到 $f_v(x)$ 較小的既約因式 $f'_v(x, r)$，將構成伽羅瓦群的 V 的共軛元素個數，減為 p 分之一。伽羅瓦群的基數由 n 變成 $q = \dfrac{n}{p}$……在定理 3，伽羅瓦將討論，若在係數體添加所有輔助方程式的根，伽羅瓦群會如何，而這對添加冪根很有用。」

「順著路線走。」麗莎引導我們到下個房間——添加所有的根。

10.4.8　定理 3(添加輔助方程式的所有的根)

引理 1→引理 2→引理 3→引理 4→定理 1→定理 2→ 定理 3 →定理 4→定理 5

「原來如此。」我說：「我們巡視雙倉圖書館的房間、看展覽的海報，即是走在伽羅瓦的第一論文裡面吧。」

「定理 2。」米爾迦說：「我們已知將既約輔助方程式的一個根添加到係數體，伽羅瓦群會縮小。但若添加所有的根到係數體，會發生什麼事呢——這是定理 3。」

定理 3(添加輔助方程式的所有的根)

假設對於體 K 範圍內的方程式 $f(x)=0$，伽羅瓦群為 G。

假設體 K 範圍內 r 的最小多項式 $g(x)$，根為 $r_1, r_2, r_3, \cdots, r_p$。

當方程式 $f(x)=0$ 視為體 $K(r_1, r_2, r_3, \cdots, r_p)$ 範圍內的方程式，方程式的伽羅瓦群會縮小成 G 的正規子群。

「在這裡體 K 會擴張成體 $K(r_1, r_2, r_3, \cdots, r_p)$。」米爾迦說。

「嗯？」我靈光一閃，「最小多項式所有根的擴張體……是正規擴張？」

「沒錯。」米爾迦點頭，「添加最小多項式所有根的擴張體——是正規擴張。」

「奇怪、奇怪……什麼時候變成體啊，本來不是要談伽羅瓦群嗎？」蒂蒂抱頭。

「蒂德菈。」米爾迦說：「現在我們正位於架設在兩個世界的橋上，所以看得見『體的世界』和『群的世界』。定理 3 主張『正規擴張』與『正規子群』有對應關係。」

$K \quad \subset \quad K(r_1, r_2, r_3, \ldots, r_p)$ $\qquad K(r_1, r_2, r_3, \ldots, r_p)$ 是 K 的正規擴張

$\vdots \qquad\qquad \vdots$

$G \quad \rhd \quad H$ $\qquad\qquad\qquad\qquad H$ 是 G 的正規子群

- 定理 2 的主張——
  添加輔助方程式的一個根，體會擴張，
  對應於此，方程式的伽羅瓦群會縮小成子群。
- 定理 3 的主張——
  添加輔助方程式的所有根，體會正規擴張，
  對應於此，方程式的伽羅瓦群會縮小成正規子群。

「為什麼會有這麼漂亮的對應呢，真不可思議！」

「的確很漂亮，很不可思議。」米爾迦說：「不只有正規擴張對應於正規子群。『正規擴張形成的擴張次數』等於『正規子群形成的群指數』，亦即『體因為正規擴張變大多少』與『除以正規子群後，群會變小多少』是一致的。假設 K 正規擴張後的體是 L，正規擴張 L/K 的擴張次數等於商群 G/H 的基數，則以下式子成立——

$$[L : K] = (G : H)$$

雖然是後來的數學家整理成這種寫法，但多虧這種對應關係，使我們可以研究群和體的性質。」

「米爾迦大小姐……」本來保持沉默的由梨說：「由梨對米爾迦大小姐所說的內容還有很多不懂的地方。但是，妳的意思是『研究群』，會比『研究體』輕鬆嗎喵？」

「嗯。」米爾迦將手指貼在嘴唇上，「未必總是比較輕鬆，但為了研究方程式的可解性，研究群比較輕鬆。」

「為什麼？」

「在『體的世界』思考方程式，要找輔助方程式，從無數個候選的輔助方程式當中，找出適當的方程式，這很困難，而式且適當的輔助方程式或許根本不存在。」米爾迦對由梨說：「另一方面，如果是『群的世界』，只需思考方程式的伽羅瓦群。因為伽羅瓦群是有限基數的置換群，正規子群是有限個。找正規子群比找輔助方

程式，在原理上容易許多。當然，一個不漏地找，會耗費許多時間和精力，所以需要一些竅門。」

10.4.9　縮小的重覆

「來歸納到目前為止的推演過程吧。」米爾迦說。

- 我們想研究體 K 範圍內的方程式 $f(x)=0$ 是否能以代數方式解開。
- 用 $f(x)$ 的根 $\alpha_1, \alpha_2, \alpha_3, \cdots, \alpha_m$ 構成 V。
- 可以用 V 來寫根 $\alpha_1, \alpha_2, \alpha_3, \cdots, \alpha_m$。
- 考慮體 K 範圍內有 V 的根的最小多項式 $f_v(x)$，
  關注 V 的共軛元素 $V_1, V_2, V_3, \cdots, V_n$。
- 考慮輔助方程式 $g(x)=0$。
- 把 $g(x)$ 的根 $r_1, r_2, r_3, \cdots, r_p$ 全添加到體 K 範圍內，
  $f(x)=0$ 的伽羅瓦群 G 會縮小成 G 的正規子群。
- $f_v(x)$ 在體 $K(r_1, r_2, r_3, \cdots, r_p)$ 範圍內，
  因式分解成同次數的 p 個既約因式。

「總算達成因式分解！」蒂蒂說。

「不，還沒到終點。」米爾迦說。

「咦？奇怪？」

「$f_v(x)$ 已經因式分解，但未必能因式分解成一次式的積，我們必須重覆縮小伽羅瓦群。能否重覆縮小群，是方程式的代數可解性的判定條件。」米爾迦說。

「要重覆到什麼程度？」麗莎說，我們對沉默少女的提問很驚訝。

「單位群。」米爾迦回答麗莎，「麗莎很在意重覆到什麼程度嗎？直到伽羅瓦群變成單位群便可停止重覆──單位群是終點。麗莎知道為什麼單位群是終點嗎？」

「解是已知。」麗莎說。

「沒錯。」米爾迦點頭,「方程式的伽羅瓦群是單位群,意思是無論如何置換根,有理式的值,亦即有理式的解都不變,亦即各個 α_k 不變。因為『如果不變是已知』,所以 α_k 是已知。如果所有的解都是已知,被給定的方程式能以代數方式解開;也就是說,如果方程式的伽羅瓦群是單位群,方程式能以代數方式解開。我們為了判定方程式的可解性,求出方程式的伽羅瓦群,再調查伽羅瓦群是否會縮小、縮小後的伽羅瓦群是否可以繼續縮小……重覆下去,直到伽羅瓦群變成單位群。」

「米爾迦大小姐,雖然我不懂,但我想提問……」由梨說:「因式分解成一次式的積並非 $f_v(x)$,這裡的 $f_v(x)$ 應該是 $f(x)$ 才對吧?」

「都一樣。」米爾迦說:「V 可以構成 $f(x)$ 的根(引理 3, p. 368),因為 $\alpha_k = \phi_k(V)$,如果 V 是已知,α_k 也是已知,$f(x)$ 能因式分解成一次式的積。」

「這樣啊……米爾迦大小姐……由梨好累。」

「再撐一下,快到目的地了。」米爾迦說。

「順著路線走。」麗莎引導我們到下個房間。

10.4.10　定理 4(縮小的伽羅瓦群的性質)

引理 1→引理 2→引理 3→引理 4→定理 1→定理 2→定理 3→ 定理 4 →定理 5

定理 4(縮小的伽羅瓦群的性質)

假設體 $K(\alpha_1, \alpha_2, \alpha_3, \cdots, \alpha_m)$ 的任意元為 r。

假設體 K 範圍內的方程式 $f(x) = 0$,伽羅瓦群為 G,

設體 $K(r)$ 範圍內的方程式 $f(x) = 0$,伽羅瓦群為 H,

讓 r 的值不變的置換,才能組成伽羅瓦群 H。

「在定理 4 使用根 $\alpha_1, \alpha_2, \alpha_3, \cdots, \alpha_m$，構成有理式 r。把 r 的根添加到係數體，伽羅瓦群會縮小，縮小後的伽羅瓦群則變成置換的集合，讓有理式 r 的值不變。定理 5 利用定理 4，構成讓伽羅瓦群縮小的添加元素。定理 5 是第一論文的高峰——『能夠以代數方式解方程式的充分必要條件』。」

「終於到了……」蒂蒂說。

「好不容易……」由梨精疲力盡地說。

「順著路線走。」麗莎引導我們到下個房間，到我們的目的地。

10.5　定理 5
　　　（能夠以代數方式解方程式的充分必要條件）

引理 1→引理 2→引理 3→引理 4→定理 1→定理 2→定理 3→定理 4→ 定理 5

10.5.1　伽羅瓦的問題

「我們抵達第一論文的核心。」米爾迦環視我們，「伽羅瓦提出以下問題。」

> 問題：方程式必須是什麼形式才能以代數方式解開？

「其實伽羅瓦在第一論文是寫這樣的問題。」

Dans quels cas une équation est-elle soluble

par de simples radicaux ?

（方程式在什麼情況下可以用單純的冪根解開？）

　　「如果限定為一次方程式到四次方程式，我們可以立刻回答伽羅瓦。」

　　　　問題：一次方程式在什麼情況下可以用代數方式解開？
　　　　解答：恆可解。

　　　　問題：二次方程式在什麼情況下可以用代數方式解開？
　　　　解答：恆可解。

　　　　問題：三次方程式在什麼情況下可以用代數方式解開？
　　　　解答：恆可解。

　　　　問題：四次方程式在什麼情況下可以用代數方式解開？
　　　　解答：恆可解。

　　「為什麼可以斷定『恆可解』呢，由梨？」米爾迦問。
　　「因為有公式解？」由梨回答。
　　「沒錯，一次方程式到四次方程式存在『公式解』，因為存在公式解，所以能立刻回答『恆可解』。可是——」
　　米爾迦繼續說：
　　「可是，如同魯菲尼與阿貝爾的證明，五次方程式的公式解並不存在。給定一五次方程式未必恆可解。雖說如此，也並非都不能解，高斯便證明方程式 $x^p = 1$ 可以用代數方式解開。因此，關於五次方程式，解答會變成——」

　　　　問題：五次方程式在什麼情況下可以用代數方式解開？
　　　　解答：有可以解的情況，也有不能解的情況。

　　「『有可以解的情況，也有不能解的情況』……這種令人著急的答案不能滿足數學家。」米爾迦說：「阿貝爾證明方程式的任意解 α_k，能以一個解 α 的有理式 $\phi_k(\alpha)$ 表示，而且 $\phi_k(\phi_j(\alpha)) = \phi_j(\phi_k(\alpha))$

成立的方程式可以用代數方式解開。順帶一提，這是『方程式的伽
羅瓦群滿足交換法則』的條件，是滿足交換法則的群稱為阿貝爾群
的原因。」

「啊！原來是這樣啊！」蒂蒂大叫。

「無論如何。」米爾迦說：「在伽羅瓦以前的數學家所完成的
是『若為這個形式的方程式，能以代數方式解開』。數學家各別找
出能用代數方式解開的充分條件。」

「充分條件？」由梨說。

「充分條件意指『若為這個形式，便能解開』的條件。但是，
這不代表，不是這種形式就解不開，說不定有其他方程式，不是這
種形式也能解開。」

米爾迦再次指著海報。

問題：方程式在什麼情況下能以代數方式解開？

「在人類的歷史中，第一個完全解答這個問題的人是伽羅瓦。
不管五次方程式還是六次方程式，縱使是一百次方程式也可以。總
之，伽羅瓦找到方程式能夠用代數方式解開的充分必要條件。」

「充分必要條件？」由梨問。

「對，意指『若為這個形式，就能解開；不是這個形式，就不
能解開』的條件。伽羅瓦找到『求方程式能以代數方式解開的充分
必要條件』的完整解答。伽羅瓦學習拉格朗日的方法，關注於根的
置換，架設從體世界通往群世界的橋梁。」

米爾迦臉頰漲紅，滔滔不絕地說：

「伽羅瓦用不完整的體與群當工具，書寫論文，這是第一論文
難以讀懂的理由之一。伽羅瓦之後的許多數學家把體的世界、群的
世界整理完備。現在我們手上所需的工具已經齊全，我們一邊沿著
伽羅瓦的路前進，一邊討論體與群的辭彙，朝著『能夠以代數方式

解方程式的充分必要條件」前進吧。」

10.5.2　何謂「能夠以代數方式解方程式」

米爾迦繼續「講課」。

◎　◯　◎

「能夠以代數方式解方程式」有各種說法。

- 能夠以代數方式解方程式。
- 方程式能以代數方式解。
- 方程式能以用冪根解開。
- 方程式的解可以只用係數的四則運算與冪根來寫。

用「體的辭彙」來示是這樣：

用「體的辭彙」來表示「能夠以代數方式解方程式」
「能夠以代數方式解方程式」是將輔助方程式的根，一一加入係數體，直到所有的根都變成已知，以添加冪根來擴張體。

如果用「群的辭彙」來說，可以表示成這樣：

用「群的辭彙」來表示「能夠以代數方式解方程式」
「能夠以代數方式解方程式」是重覆縮小方程式的伽羅瓦群，直到伽羅瓦群變成單位群為止，但須滿足某個條件，伽羅瓦群才可以縮成單位群。

我們想知道在怎樣的情況下，能夠以代數方式解方程式。因此我們要思考在怎樣的情況下，方程式的伽羅瓦群能夠縮小為單位群。

不論是體的擴張或體的縮小，請注意階段性進展。

我們建造兩座塔：「體的塔」與「群的塔」。

體的世界是：在係數體添加冪根來擴張體，我們重覆此步驟，想把體擴張到所有方程式的解都屬於這個體。

群的世界是：縮小方程式的伽羅瓦群。讓已縮小的伽羅瓦群再縮小，我們重覆此步驟，希望最終將伽羅瓦群縮小成只擁有單位元素的群——單位群。不過，必須滿足某個條件。

——蒂德菈，妳有問題？

10.5.3　蒂蒂的提問

「蒂德菈，妳有問題？」米爾迦問。

「對，我明白在係數體添加冪根逐步擴張體。」蒂蒂十分謹慎地說：「我想確認的是——擴張體到所有的根都屬於這個體，是因為重覆擴張的體，可以因式分解……對嗎？」

「對。」

「既然這樣，為什麼不一開始即考慮非常大的體，例如複數體 $\mathbb{C}$。用複數體 $\mathbb{C}$ 來考慮，不就能因式分解嗎？」

$$f(x) = (x - \alpha_1)(x - \alpha_2)(x - \alpha_3) \cdots (x - \alpha_m)$$

$$\text{只不過，} \alpha_1, \alpha_2, \alpha_3, \ldots, \alpha_m \in \mathbb{C}$$

「當然。」米爾迦點頭，「一開始便考慮複數體 $\mathbb{C}$，多項式會瞬間變成一次方程式的積。蒂德菈這個主張是正確的，可是，這樣不知道是否能只用冪根解開。」

「啊……」

「高斯已經證明用複數體來思考，方程式一定有解，但他證明的是解的存在。拉格朗日、魯菲尼、阿貝爾、伽羅瓦，以及當時的數學家挑戰的，並非表示解的存在，而是找出用冪根表示解的條件。用冪根表示解——以代數方式解方程式——需要重覆擴張體。」

「我想錯了。」蒂蒂點頭。

「米爾迦大小姐！」由梨大叫，「這和角的三等分問題很像！」

「怎麼說？」米爾迦溫柔地問。

「那個啊——

- 存在三等分的角。
  可是，這個角未必可以有限次使用尺與圓規畫出來。
- 存在五次方程式的解。
- 可是，這個解未必可以有限次使用冪根與係數的四則運算寫出來。

——這兩個非常像啊！」

「這是正確的理解。」米爾迦很高興地說：「由梨相當了解問題的邏輯。角的三等分與方程式的代數可解性之間，有幾個相似點，由梨發現其中一個。」

相似點——我想起米爾迦寫給我的信。

「米爾迦大小姐……」由梨說：「但是『能夠解方程式』的充分必要條件究竟是什麼？縮小伽羅瓦群的某個條件是什麼？」

「這是接下來要探討的，由梨。」米爾迦微笑，「伽羅瓦搭起從體的世界通往群的世界的橋梁。但是，如果在群的世界問題不會解決，搭橋沒用——好的，回到正題吧。」

10.5.4　*p* 次方根的添加

我們在方程式的係數體添加冪根以擴張體。可是，要添加怎樣的冪根呢？二次方根、三次方根、四次方根……

伽羅瓦在第一論文中提到，添加元素只要考慮 *p* 次方根，*p* 是質數。比方說，如果想添加六次方根，只需依序添加二次方根與三次方根，因為 $\sqrt[6]{} = \sqrt[3]{\sqrt[2]{}}$。

假設添加元素叫作 *r*，將滿足 $r^p \in K$ 的 *r* 添加到 *K*，構成擴張體 $K(r)$。

這時方程式的伽羅瓦群可能會因為 *r* 的添加而縮小，但也可能不會縮小。假如不管添加怎樣的 *r*，方程式的伽羅瓦群都不會縮小，那麼這個方程式不能以代數方式解開。

這裡假設 1 的 原始 *p* 次方根 ζ_p 原本就是係數體 *K* 的元素——

$$\zeta_p \in K$$

如此一來，添加一個冪根，會自動添加所有的冪根。添加 $r = \sqrt[3]{2}$ 構成 $K(\sqrt[3]{2})$，1 的原始三次方根 ζ_3 是係數體 *K* 的元素，$\omega \in K$。這樣一來，$\sqrt[3]{2}\omega \in K(\sqrt[3]{2})$ 而 $\sqrt[3]{2}\omega^2 \in K(\sqrt[3]{2})$。只要添加 $\sqrt[3]{2}$，便能同時添加 $\sqrt[3]{2}, \sqrt[3]{2}\omega, \sqrt[3]{2}\omega^2$ 這三個根。

（蒂德菈，什麼事？……嗯，是啊，$\sqrt[3]{2}$ 不再孤零零了。）

ζ_p 可以用比 *p* 還小的冪根得到——這件事高斯先於伽羅瓦證明過。因此 $\zeta_p \in K$ 的前提並無不妥。

我們使用定理 2 與定理 3。

根據定理 2(p. 391)，在係數體添加一個輔助方程式的解(*p* 次方根)，*G* 會被分割成 *p* 個陪集。

這裡考慮的輔助方程式是——

$$x^p - r^p = 0 \qquad (r^p \in K)$$

這是求 r^p 的 p 次方根的輔助方程式。因為 $\zeta_p \in K$，添加此方程式的一個解 r，便能添加所有 p 個根。換句話說，$K(r)/K$ 是正規擴張。而且，伽羅瓦群 G 會縮小成正規子群 H，商群 G/H 的基數是質數 p。

總之，意思是——

> 如果能在方程式的係數體添加冪根，讓伽羅瓦群縮小，
> 能使這個縮小的伽羅瓦群形成基數是質數的商群。

這件事反過來也成立——

> 如果存在讓商群的基數是質數的正規子群，
> 可以在方程式的係數體添加冪根，讓伽羅瓦群縮小。

某個條件是**商群的基數是質數**。

接著，我們只需重覆。

為了讓大家容易明白重覆的運算，幫伽羅瓦群編上號碼吧。

- 設給定方程式的伽羅瓦群 G 為 G_0。
- 找出 G_0 的正規子群 G_1，讓商群 G_0/G_1 的基數是質數。
- 找出 G_1 的正規子群 G_2，讓商群 G_1/G_2 的基數是質數。
- 找出 G_2 的正規子群 G_3，讓商群 G_2/G_3 的基數是質數。
- ……重覆這些動作，直到正規子群等於單位群 E。

換句話說，要找出構成商群 G_k/G_{k+1} 的基數是質數的連鎖正規子群。

$$G = G_0 \triangleright G_1 \triangleright G_2 \triangleright G_3 \triangleright \ldots \triangleright G_n = E$$

　　如果能得到這種連鎖，方程式便能以代數方式解開；如果不能，即不存在應該添加的冪根，不存在應該解的輔助方程式，方程式不能以代數方式解開。

　　上述是伽羅瓦的定理 5 —— **可解性定理**。

定理 5(能夠以代數方式解方程式的充分必要條件)
能夠以代數方式解方程式的充分必要條件，是方程式的伽羅瓦群 G，擁有以下這種正規子群的排列。

$$G = G_0 \triangleright G_1 \triangleright G_2 \triangleright G_3 \triangleright \cdots \triangleright G_n = E$$

這裡假設——

- $G_k \triangleright G_{k+1}$ $\quad \Leftrightarrow \quad$ G_{k+1} 是 G_k 的正規子群
- 商群 G_k/G_{k+1} 的基數是質數
- E 是單位群

而且，此時伽羅瓦群 G 稱為**可解群**。

　　因此，「能夠以代數方式解方程式」的充分必要條件，可以說是「方程式的伽羅瓦群是可解群」。

定理 5(能夠以代數方式解方程式的充分必要條件)
「能夠以代數方式解方程式」⇔「方程式的伽羅瓦群是可解群」

　　終於出現——令人滿意的問答。

> 問題：方程式在什麼情況下可以用代數方式解開？
> 解答：在方程式的伽羅瓦群是可解群的情況下！

「總算抵達目的地！」我說。

10.5.5　伽羅瓦的添加元素

我以為「抵達了」。

由梨與蒂蒂卻同時舉手。

少女們要提問！

「米爾迦大小姐，『這件事反過來也成立』是真的嗎？」由梨問。

「到底要添加怎樣的元素呢？」蒂蒂問。

「伽羅瓦統整妳們的疑問。」米爾迦說：「因為伽羅瓦在第一論文指出，若商群的基數是質數 p，便能具體構成添加的 p 次方根。」

◎　◎　◎

伽羅瓦在第一論文定義給定的方程式 $f(x)=0$ 的解所構成的有理式 θ。設方程式的伽羅瓦群為 G；縮小的正規子群為 H──

- 若置換 σ，$\sigma \in G$ 且 $\sigma \in H$，則有理式 θ 的值，在 σ 置換下不變($\sigma(\theta)=\theta$)。
- 若置換 σ，$\sigma \in G$ 且 $\sigma \notin H$，則有理式 θ 的值，在 σ 置換下改變($\sigma(\theta)\neq\theta$)。

有理式 θ 有這些性質。

如果求得置換後，仍屬於 H 的對稱多項式，便能構成有理式 θ。

　　讓 $\sigma \in G$ 且 $\sigma \notin H$ 的置換 σ 對有理式 θ 起作用，改變根的排列，將新的有理式表示為 $\sigma(\theta)$。接著假設——

$$\theta_0 = \theta, \quad \theta_1 = \sigma(\theta_0), \quad \theta_2 = \sigma(\theta_1), \quad \theta_3 = \sigma(\theta_2), \quad \dots$$

θ_k 是讓 σ 在有理式 θ 上起 k 次作用的意思。

　　此時，$\theta_0, \theta_1, \theta_2, \theta_3, \dots\dots$ 這些排列並不會無限繼續，商群 G/H 的元素數是質數 p 個，因此 σ 只要起 p 次作用，有理式 θ 即恢復原狀。

$$\theta_p = \theta_0 = \theta$$

　　伽羅瓦提出以下的元素 r，作為對體 K 的添加元素。

$$r = \zeta_p^1 \theta_1 + \zeta_p^2 \theta_2 + \zeta_p^3 \theta_3 + \cdots + \zeta_p^{p-1} \theta_{p-1} + \zeta_p^p \theta_p$$

這裡的 ζ_p 表示 1 的原始 p 次方根。

　　你們覺得 r 的定義很唐突嗎？

　　不，你們對這個 r 應該有印象。

　　取 r 與 1 的原始 p 次方根的積和——這是拉格朗日預解式。

　　伽羅瓦學習拉格朗日的研究，在第一論文中把拉格朗日預解式當成添加元素。

　　現在我們為了讓伽羅瓦群從 G 縮小成 H，希望求出應該添加到體 K 的元素 r。這裡有一個令人在意的問題。

　　r^p 真的屬於體 K 嗎？

　　因為我們希望透過添加已知元素的 p 次方根，來建造體的塔，所以若 $r^p \in K$ 不成立會很傷腦筋。

　　伽羅瓦在第一論文中，把 $r^p \in K$ 的原因寫成 il est clair(顯然的)。

　　我也很想說「顯然的」，我們來挑戰伽羅瓦吧。

問題 10-1(伽羅瓦的添加元素)

伽羅瓦的添加元素 r 定義如下：

$$r = \zeta_p^1\theta_1 + \zeta_p^2\theta_2 + \zeta_p^3\theta_3 + \cdots + \zeta_p^{p-1}\theta_{p-1} + \zeta_p^p\theta_p$$

• p 是質數，是商群 G/H 的基數。

• ζ_p 是 1 的原始 p 次方根。

• K 是已經添加 ζ_p 的係數體。

• σ 是滿足 $\sigma \in G$ 且 $\sigma \notin H$ 的置換。

• θ 是根的有理式，在正規子群 H 的值不變，
   但在方程式的伽羅瓦群 G 的其他置換會改變值。

• θ_k 是有理式 θ 中的根，可以用 σ 置換 k 次的有理式
   $(\theta_{k+1}=\sigma(\theta_k), \theta_p=\theta_0=\theta)$。

此時，

$$r^p \in K$$

成立嗎？

　　我們來證明 $r^p \in K$ 成立吧。

　　證明 $r^p \in K$ 成立，即是證明 r^p 的值是「已知」，所以只需證明伽羅瓦群 G 經過置換，r^p 的值仍「不變」！我們只需證明以下式子成立——

$$\sigma(r^p) = r^p \quad r^p \text{ 的值在 } \sigma \text{ 置換下不變}$$

r^p 的值在 σ 不變的證明，從 r 的定義式開始，

$$r = \zeta_p^1\theta_1 + \zeta_p^2\theta_2 + \zeta_p^3\theta_3 + \cdots + \zeta_p^{p-1}\theta_{p-1} + \zeta_p^p\theta_p$$

讓置換 σ 對等號兩邊起作用，

$$\sigma(r) = \sigma\big(\zeta_p^1\theta_1 + \zeta_p^2\theta_2 + \zeta_p^3\theta_3 + \cdots + \zeta_p^{p-1}\theta_{p-1} + \zeta_p^p\theta_p\big)$$

因為 ζ_p 是已知，置換 σ 使 ζ_p 維持不變。因此，以下式子成立——

$$\sigma(r) = \zeta_p^1\sigma(\theta_1) + \zeta_p^2\sigma(\theta_2) + \zeta_p^3\sigma(\theta_3) + \cdots + \zeta_p^{p-1}\sigma(\theta_{p-1}) + \zeta_p^p\sigma(\theta_p)$$

使用 $\theta_{k+1} = \sigma(\theta_k)$，以下式子成立——

$$\sigma(r) = \zeta_p^1\theta_2 + \zeta_p^2\theta_3 + \zeta_p^3\theta_4 + \cdots + \zeta_p^{p-1}\theta_p + \zeta_p^p\theta_{p+1}$$

最後的項 $\zeta_p^p\theta_{p+1} = \theta_1$ 成立，

$$\sigma(r) = \zeta_p^1\theta_2 + \zeta_p^2\theta_3 + \zeta_p^3\theta_4 + \cdots + \zeta_p^{p-1}\theta_p + \underset{\sim}{\theta_1}$$

把最後的項移到最前面(繞圈圈)，

$$\sigma(r) = \underset{\sim}{\theta_1} + \zeta_p^1\theta_2 + \zeta_p^2\theta_3 + \zeta_p^3\theta_4 + \cdots + \zeta_p^{p-1}\theta_p$$

在等號兩邊乘以 ζ_p 使指數一致，

$$\zeta_p^1\sigma(r) = \zeta_p^1\theta_1 + \zeta_p^2\theta_2 + \zeta_p^3\theta_3 + \zeta_p^4\theta_4 + \cdots + \zeta_p^p\theta_p$$

由此可知右邊等於 r！

$$\zeta_p^1\sigma(r) = r$$

等號兩邊除以 ζ_p，得到以下式子——

$$\sigma(r) = \frac{r}{\zeta_p^1}$$

把等號兩邊變成 p 次方，

$$\left(\sigma(r)\right)^p = \frac{r^p}{\zeta_p^p}$$

從 $\zeta_p^p = 1$ 得到以下式子——

$$\left(\sigma(r)\right)^p = r^p$$

從 $(\sigma(r))^p = \sigma(r^p)$ 得到以下式子——

$$\sigma(r^p) = r^p$$

我們在最後的步驟使用 $(\sigma(r))^p = \sigma(r^p)$，因為「置換根以後把 r 變成 p 次方」相等於「把 r 變成 p 次方以後置換根」，所以此式成立。於是我們得到：

$$\sigma(r^p) = r^p$$

這個式子顯示伽羅瓦群經過置換 σ，r^p 的值「不變」。因為「不變」，所以是「已知」。因此，$r^p \in K$ 成立。

這是應該證明的地方。

Quod Erat Demonstrandum——證明結束。

因為 $r^p \in K$，r 是 $x^p - r^p = 0$ 這個體 K 範圍內的輔助方程式的解。只要求得把 r 添加到體 K 的擴張體 $K(r)$，再根據定理 3(p. 395)與定理 4(p. 398)，方程式的伽羅瓦群 G 便會縮小成正規子群 H，而商群 G/H 的基數是質數 p。

這個 r 是伽羅瓦所想的添加元素。

——好的，完成一項工作。

解答 10-1(伽羅瓦的添加元素)

將伽羅瓦的添加元素 r 定義成

$$r = \zeta_p^1 \theta_1 + \zeta_p^2 \theta_2 + \zeta_p^3 \theta_3 + \cdots + \zeta_p^{p-1} \theta_{p-1} + \zeta_p^p \theta_p$$

此時，

$$r^p \in K$$

成立。

10.5.6　由梨的手忙腳亂

「米爾迦大小姐！」由梨手忙腳亂，「我不能理解喵！」

「很困難？」米爾迦問由梨。

「對。」由梨一臉正經，「⋯⋯對不起。」

「妳不需要道歉。」米爾迦說：「我們來詳細證明吧？」

「我不是這個意思，呃。」由梨畏畏縮縮地說：「我不太明白某個條件中出現的『商群的基數是質數』⋯⋯」

「啊，原來是這個啊。麗莎！昨天的凱萊圖在哪裡？」

「在這裡。」麗莎引導我們到下個房間⋯⋯不對，是引導我們往通道走。

10.6　兩座塔

10.6.1　一般三次方程式

在狹窄通道的牆壁上，貼著幾張展覽海報。

「那個！」由梨大叫，「這不是昨天做的海報嗎！」

那是我們昨天做的 S_3 與商群的圖。

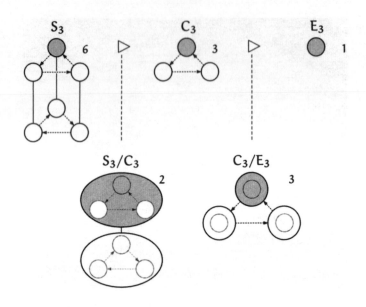

一般三次方程式的伽羅瓦群 S_3 的分解$(S_3 \triangleright C_3 \triangleright E_3)$

米爾迦指著圖說明。

「由左到右是正規子群的排列，在下面的兩個商群是 S_3/C_3 與 C_3/E_3。

$$S_3 \triangleright C_3 \triangleright E_3$$

商群的基數各自為『2』和『3』──都是質數。這是『商群的基數是質數』的例子。」

「這樣啊！」由梨說。

「一般三次方程式的伽羅瓦群是對稱群 S_3，這個群縮小成單位群的過程中會形成正規子群的排列，而商群的基數是質數。因此 S_3 是可解群。」

「伽羅瓦先生也想像過這樣的圖嗎？」蒂蒂說。

「確切來說，比起這張圖，他看穿了更複雜的結構。當然真實情況我們不得而知。」米爾迦說：「這裡登場的『質數列 2 與 3』也會出現於三次方程式的公式解。」米爾迦說：「解開『二』次方程式，求『三』次方根，這是為了添加『二』次方根與『三』次方根。」

「的確是 2 和 3 呢……」蒂蒂說。

「我們來建造一般三次方程式 $ax^3 + bx^2 + cx + d = 0$ 的『體的塔』與『群的塔』吧。$K = \mathbb{Q}(a, b, c, d, \zeta_2, \zeta_3)$ 的情況是這張圖。平方根 $\sqrt{}$ 標成二次方根 $\sqrt[2]{}$。」

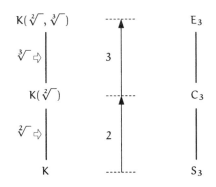

一般三次方程式的「體的塔」與「群的塔」

蒂蒂與由梨看著這張圖說：

「在『體的塔』會擴張體，往上升到最上方的最小分裂體。」

「在『群的塔』會縮小群，往上升到最上方的單位群喵。」

10.6.2　一般四次方程式

「我們用同樣方式思考一般四次方程式吧。」米爾迦說。

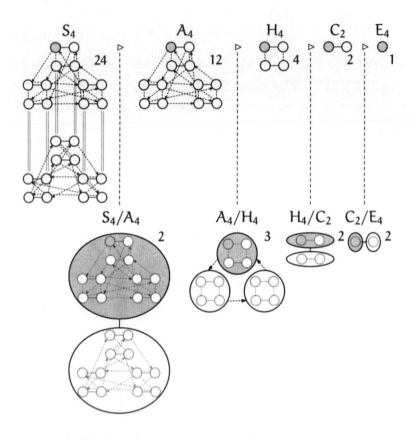

一般四次方程式的伽羅瓦群 S_4 的分解($S_4 \vartriangleright A_4 \vartriangleright H_4 \vartriangleright C_2 \vartriangleright E_4$)

「$S_4/A_4, A_4/H_4, H_4/C_2, C_2/E_4$ 的基數是……」蒂蒂說。

「2, 3, 2, 2 都是質數！」由梨說。

「一般四次方程式的伽羅瓦群是對稱群 S_4。」米爾迦說：「伽羅瓦群的縮小如這張圖所示，為——

$$S_4 \vartriangleright A_4 \vartriangleright H_4 \vartriangleright C_2 \vartriangleright E_4$$

基數的變化則是這樣：

$$24 \xrightarrow{\frac{1}{2}} 12 \xrightarrow{\frac{1}{3}} 4 \xrightarrow{\frac{1}{2}} 2 \xrightarrow{\frac{1}{2}} 1$$

　　解一般四次方程式時，按照二次方根→三次方根→二次方根→二次方根的順序添加冪根，能使人發現添加 p 次方根與基數變化 $\frac{1}{p}$ 的對應關係。」

　　「真的耶……」蒂蒂說。

　　「用這些步驟建造一般四次方程式 $ax^4 + bx^3 + cx^2 + dx + e = 0$ 的『體的塔』與『群的塔』。$K = \mathbb{Q}(a, b, c, d, e, \zeta_2, \zeta_3)$ 的情況是這樣。」

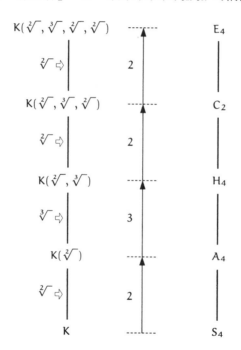

一般四次方程式的「體的塔」與「群的塔」

　　「伽羅瓦在第一論文記述伽羅瓦群縮小的情況。」米爾迦說：「可是他沒有畫塔的圖。伽羅瓦把伽羅瓦群的縮小寫成排列根的表。他在這裡試著把根改為 $\alpha_1, \alpha_2, \alpha_3, \alpha_4$，將 1/2→1/3→1/2→1/2 這種

縮小的情況以淺顯易懂地橫向排列表示。」

S_4		A_4		H_4		C_2		E_4
$\alpha_1\,\alpha_2\,\alpha_3\,\alpha_4$	→	$\alpha_1\,\alpha_2\,\alpha_3\,\alpha_4$	→	$\alpha_1\,\alpha_2\,\alpha_3\,\alpha_4$	→	$\alpha_1\,\alpha_2\,\alpha_3\,\alpha_4$	→	$\alpha_1\,\alpha_2\,\alpha_3\,\alpha_4$
$\alpha_2\,\alpha_1\,\alpha_4\,\alpha_3$		$\alpha_2\,\alpha_1\,\alpha_4\,\alpha_3$		$\alpha_2\,\alpha_1\,\alpha_4\,\alpha_3$		$\alpha_2\,\alpha_1\,\alpha_4\,\alpha_3$		$\alpha_2\,\alpha_1\,\alpha_1\,\alpha_3$
$\alpha_3\,\alpha_4\,\alpha_1\,\alpha_2$		$\alpha_3\,\alpha_4\,\alpha_1\,\alpha_2$		$\alpha_3\,\alpha_4\,\alpha_1\,\alpha_2$		$\alpha_3\,\alpha_4\,\alpha_1\,\alpha_2$		
$\alpha_4\,\alpha_3\,\alpha_2\,\alpha_1$		$\alpha_4\,\alpha_3\,\alpha_2\,\alpha_1$		$\alpha_4\,\alpha_3\,\alpha_2\,\alpha_1$		$\alpha_4\,\alpha_3\,\alpha_2\,\alpha_1$		
$\alpha_1\,\alpha_3\,\alpha_4\,\alpha_2$		$\alpha_1\,\alpha_3\,\alpha_4\,\alpha_2$		$\alpha_1\,\alpha_3\,\alpha_4\,\alpha_2$				
$\alpha_3\,\alpha_1\,\alpha_2\,\alpha_4$		$\alpha_3\,\alpha_1\,\alpha_2\,\alpha_4$		$\alpha_3\,\alpha_1\,\alpha_2\,\alpha_4$				
$\alpha_4\,\alpha_2\,\alpha_1\,\alpha_3$		$\alpha_4\,\alpha_2\,\alpha_1\,\alpha_3$		$\alpha_1\,\alpha_2\,\alpha_1\,\alpha_3$				
$\alpha_2\,\alpha_4\,\alpha_3\,\alpha_1$		$\alpha_2\,\alpha_4\,\alpha_3\,\alpha_1$		$\alpha_2\,\alpha_4\,\alpha_3\,\alpha_1$				
$\alpha_1\,\alpha_4\,\alpha_2\,\alpha_3$		$\alpha_1\,\alpha_4\,\alpha_2\,\alpha_3$		$\alpha_1\,\alpha_4\,\alpha_2\,\alpha_3$				
$\alpha_4\,\alpha_1\,\alpha_3\,\alpha_2$		$\alpha_4\,\alpha_1\,\alpha_3\,\alpha_2$		$\alpha_4\,\alpha_1\,\alpha_3\,\alpha_2$				
$\alpha_2\,\alpha_3\,\alpha_1\,\alpha_4$		$\alpha_2\,\alpha_3\,\alpha_1\,\alpha_4$		$\alpha_2\,\alpha_3\,\alpha_1\,\alpha_4$				
$\alpha_3\,\alpha_2\,\alpha_4\,\alpha_1$		$\alpha_3\,\alpha_2\,\alpha_4\,\alpha_1$		$\alpha_3\,\alpha_2\,\alpha_4\,\alpha_1$				
$\alpha_2\,\alpha_1\,\alpha_3\,\alpha_4$		$\alpha_2\,\alpha_1\,\alpha_3\,\alpha_4$						
$\alpha_1\,\alpha_2\,\alpha_4\,\alpha_3$		$\alpha_1\,\alpha_2\,\alpha_4\,\alpha_3$						
$\alpha_4\,\alpha_3\,\alpha_1\,\alpha_2$		$\alpha_4\,\alpha_3\,\alpha_1\,\alpha_2$						
$\alpha_3\,\alpha_4\,\alpha_2\,\alpha_1$		$\alpha_3\,\alpha_4\,\alpha_2\,\alpha_1$						
$\alpha_3\,\alpha_1\,\alpha_4\,\alpha_2$		$\alpha_3\,\alpha_1\,\alpha_4\,\alpha_2$						
$\alpha_1\,\alpha_3\,\alpha_2\,\alpha_4$		$\alpha_1\,\alpha_3\,\alpha_2\,\alpha_4$						
$\alpha_2\,\alpha_4\,\alpha_1\,\alpha_3$		$\alpha_2\,\alpha_4\,\alpha_1\,\alpha_3$						
$\alpha_4\,\alpha_2\,\alpha_3\,\alpha_1$		$\alpha_4\,\alpha_2\,\alpha_3\,\alpha_1$						
$\alpha_4\,\alpha_1\,\alpha_2\,\alpha_3$		$\alpha_4\,\alpha_1\,\alpha_2\,\alpha_3$						
$\alpha_1\,\alpha_4\,\alpha_3\,\alpha_2$		$\alpha_1\,\alpha_4\,\alpha_3\,\alpha_2$						
$\alpha_3\,\alpha_2\,\alpha_1\,\alpha_4$		$\alpha_3\,\alpha_2\,\alpha_1\,\alpha_4$						
$\alpha_2\,\alpha_3\,\alpha_4\,\alpha_1$		$\alpha_2\,\alpha_3\,\alpha_4\,\alpha_1$						

「這是……排列根吧。」蒂蒂說。

「他收集根的排列來表示置換群。我來說明伽羅瓦的書寫法吧。」米爾迦說。

◎　◎　◎

這是由四個排列組成的集合，代表由四個元素組成的置換群。

$$\begin{array}{cccc}
\alpha_1 & \alpha_2 & \alpha_3 & \alpha_4 \\
\alpha_2 & \alpha_1 & \alpha_4 & \alpha_3 \\
\alpha_3 & \alpha_4 & \alpha_1 & \alpha_2 \\
\alpha_4 & \alpha_3 & \alpha_2 & \alpha_1
\end{array}$$

收集從第一行的排列 $\alpha_1\alpha_2\alpha_3\alpha_4$，構成這四個排列的置換，便可以得到置換群。

從 $\alpha_1\alpha_2\alpha_3\alpha_4$ 得到 $\alpha_1\alpha_2\alpha_3\alpha_4$ 的置換→[1234]

從 $\alpha_1\alpha_2\alpha_3\alpha_4$ 得到 $\alpha_2\alpha_1\alpha_4\alpha_3$ 的置換→[2143]

從 $\alpha_1\alpha_2\alpha_3\alpha_4$ 得到 $\alpha_3\alpha_4\alpha_1\alpha_2$ 的置換→[3412]

從 $\alpha_1\alpha_2\alpha_3\alpha_4$ 得到 $\alpha_4\alpha_3\alpha_2\alpha_1$ 的置換→[4321]

不管從哪行的排列開始，都是相同的置換群。我們只需從第二行的排列 $\alpha_2\alpha_1\alpha_4\alpha_3$ 開始，收集構成這四個排列的置換。即使順序會改變，仍會構成相同的置換群。這是伽羅瓦定義置換群時使用的「不按照最初的排列」的意義(p. 359)。

從 $\alpha_2\alpha_1\alpha_4\alpha_3$ 得到 $\alpha_1\alpha_2\alpha_3\alpha_4$ 的置換→[2143]

從 $\alpha_2\alpha_1\alpha_4\alpha_3$ 得到 $\alpha_2\alpha_1\alpha_4\alpha_3$ 的置換→[1234]

從 $\alpha_2\alpha_1\alpha_4\alpha_3$ 得到 $\alpha_3\alpha_4\alpha_1\alpha_2$ 的置換→[4321]

從 $\alpha_2\alpha_1\alpha_4\alpha_3$ 得到 $\alpha_4\alpha_3\alpha_2\alpha_1$ 的置換→[3412]

如果把根的排列的集合視為置換群，伽羅瓦在定理 2 寫出「被分割成 p 個群」的想法便很清楚(p. 391)，因為被分割成 p 個的商群都可以視為置換群。

10.6.3　一般二次方程式

「一般二次方程式可以畫出『體的塔』與『群的塔』嗎？」由梨問。

「當然可以。」米爾迦說：「雖然是小的塔，但商群的基數的確是質數 2。」

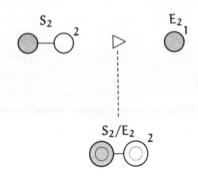

一般二次方程式的伽羅瓦群 S2 的分解$(S_2 \triangleright E_2)$

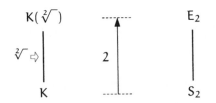

一般二次方程式的「體的塔」與「群的塔」

「好可愛的塔……」蒂蒂說：「兩層樓。」

「由梨來做小測驗。」米爾迦說：「這裡添加的 $\sqrt[2]{}$ 是什麼？」

「呃……」由梨思考，「……啊！剛才說過，是 $\sqrt{判別式}$？」

「沒錯。一般二次方程式的解屬於『將判別式的平方根添加到係數體的體』。」

$$\frac{-b \pm \sqrt{b^2 - 4ac}}{2a} \quad \in \quad \mathbb{Q}(a, b, c, \zeta_2, \sqrt{b^2 - 4ac})$$

「米爾迦大小姐！」由梨發出興奮的聲音，「由梨啊，總覺得

公式解看起來跟以前不一樣！」

「嗯？」米爾迦說。

「以前……

二A分之負B、

加減、

根號、B平方減四AC

……我只會背誦。但是公式解不只是文字與符號的排列，我覺得還有很紮實的意義……雖然我沒辦法表達得很好。」

「妳和公式解變成朋友了。」蒂蒂說：「妳已接收來自數學家的『訊息』！」

聽到這句話，由梨露出非常開心的笑容。

10.6.4 五次方程式不存在公式解

「魯菲尼與阿貝爾證明過的『五次方程式不存在公式解』，可以用伽羅瓦理論來說明。」米爾迦繼續說。

◎　◎　◎

要說明「五次方程式不存在公式解」，只需證明「一般五次方程式的伽羅瓦群不是可解群」成立。一般五次方程式的伽羅瓦群是對稱群 S_5，所以請看下頁表中 S_5 的正規子群那一列吧。為了容易看出群指數，這張表在▷的上面加數字[1]。若群指數是質數，則加圓圈，像②這樣。

---

1 這裡把 p.414 的 C_3 表示為 A_3。

一般二次方程式　$S_2 \overset{②}{\rhd} E_2$

一般三次方程式　$S_3 \overset{②}{\rhd} A_3 \overset{③}{\rhd} E_3$

一般四次方程式　$S_4 \overset{②}{\rhd} A_4 \overset{③}{\rhd} H_4 \overset{②}{\rhd} C_2 \overset{②}{\rhd} E_4$

一般五次方程式　$S_5 \overset{②}{\rhd} A_5 \overset{60}{\rhd} E_5$

一般六次方程式　$S_6 \overset{②}{\rhd} A_6 \overset{360}{\rhd} E_6$

一般七次方程式　$S_7 \overset{②}{\rhd} A_7 \overset{2520}{\rhd} E_7$

一般八次方程式　$S_8 \overset{②}{\rhd} A_8 \overset{20160}{\rhd} E_8$

$$\vdots$$

　　如同這張表，若 $n = 2, 3, 4$，一般 n 次方程式的伽羅瓦群 S_n 是可解群。若 $n \geq 5$，正規子群則是──

$$S_n \overset{②}{\rhd} A_n \overset{\frac{n!}{2}}{\rhd} E_n$$

　　若 $n \geq 5$，群 A_n 除了自己本身與單位群，沒有其他的正規子群，基數不是質數。所以，若 $n \geq 5$，對稱群 S_n 不是可解群。

◎　◎　◎

　　「米爾迦大小姐……」由梨說：「雖然有很多不懂的地方，但我知道有很多有趣的地方！……但是、然後、那個……」

　　「嗯？」米爾迦看由梨。

　　「然後那個……差不多該吃午餐了吧？我肚子餓。」

　　「而且妳正值發育期。」我說。

10.7　夏天的結束

10.7.1　伽羅瓦理論的基本定理

「這個雪酪好好吃！」由梨說。

「這是黑加侖的 sorbet。」麗莎說。

這裡是雙倉圖書館三樓的咖啡餐廳「氧」，現在是午餐後的甜點時間，本來精疲力盡的由梨復活了。

「sorbet 是法語吧。」蒂蒂回答：「英文是 sherbet……啊，為了配合伽羅瓦先生，連菜單都是法式風格？」

麗莎無言地點頭。

蒂蒂問正在吃 Gâteau au chocolat(巧克力蛋糕)的米爾迦：

「對了……伽羅瓦理論是『體的擴張』與『群的縮小』的關係嗎？」

「對。」米爾迦回答：「我們把『伽羅瓦理論的基本定理』整理成以下形式吧——」

伽羅瓦理論的基本定理

假設 K 範圍內沒有重根多項式 $f(x)$ 的最小分裂體為 L。

假設 K 範圍內方程式 $f(x)=0$ 的伽羅瓦群為 G。

映射 ϕ 與 Ψ 的定義如下：

ϕ 是從「L 所有子體的集合」到「G 所有子群的集合」的映射，假設：

$\phi(M)$ =「使 M 的元素不變的 G 的子群」

$= \{\sigma \in G \mid$ 對 M 的所有元素 a 而言，$\sigma(a)=a\}$

(M 是 L 的子體)

此外，

Ψ 是從「G 所有子群的集合」到「L 所有子體的集合」的映射，

假設：

$\Psi(H)$ = 「使 H 不變的 L 的子體」

$= \{a \in L \mid$ 對 H 的所有元素 σ 而言，$\sigma(a) = a\}$

(H 是 G 的子群)

此時 ϕ 與 Ψ 都是對射，是彼此的反映射。

以下式子成立——

$$\Psi(\Phi(M)) = M, \qquad \Phi(\Psi(H)) = H$$

經過 ϕ 與 Ψ 所形成的子體與子群的對應，稱為**伽羅瓦對應**。

「伽羅瓦對應代表『體的塔』與『群的塔』的排列，完全切合。」米爾迦說：「此外，伽羅瓦對應可以說是『讓群不變的體』與『讓體不變的群』的對應。」

「請注意不變性，不變的東西有命名的價值」

「伽羅瓦先生……真是天才。」蒂蒂說。

「伽羅瓦是天才。」米爾迦回答：「可是，伽羅瓦一樣站在巨人的肩膀上。高斯研究的分圓多項式、拉格朗日研究根的置換以及拉格朗日預解式——伽羅瓦學習這些研究。在這層意義上，伽羅瓦與老師理查的邂逅顯得很重要。據說，是理查指導伽羅瓦學習拉格朗日的研究。」

「原來如此……」蒂蒂點頭。

米爾迦歌唱般說：

藉由抽象化，發現變成理論，
藉由語言化，理論變成論文。

受到她的影響，蒂蒂也說：

藉由隱喻，發現變成故事，
藉由旋律，故事變成詩歌。

由梨注視著這樣的兩人。

　「伽羅瓦是天才。」米爾迦繼續說：「而可貴的是，他寫下論文。伽羅瓦把自己的發現留給後世。伽羅瓦寫了幾篇論文，並在決鬥前夕寫一封信給好友舍瓦利耶。這封信在伽羅瓦死後出版，卻沒有引起回響。伽羅瓦死後十四年，包含伽羅瓦第一論文的《伽羅瓦全集》才由劉維爾出版。」

　「竟然過了十四年！」由梨很驚訝。

　「之後伽羅瓦的想法才一點一點地在數學家之間傳開。」米爾迦說：「若爾當出版了計算伽羅瓦群的書籍《置換與方程式論》；戴德金在大學第一次講授伽羅瓦理論的課程；約一百年後，阿廷暫且忘掉方程式，用『體的自同構群』重新定義伽羅瓦群。本來伽羅瓦群是從方程式的可解性問題做定義，但現代，方程式的可解性問題稱為『代數方程式的伽羅瓦理論』，被當作伽羅瓦理論的應用之一。將實際的數學發現抽象化，整理成理論，便能拓展應用範圍。伽羅瓦活用群論的研究方式是非常合理的，這使伽羅瓦理論成為數學家研究數學的通用道具。伽羅瓦理論也和懷爾斯證明的費馬最後定理有關。伽羅瓦完結連綿不絕的方程式論，開啟新的數學領域。這和藉由哥德爾不完備定理展開新的數理邏輯學有點像。」

　「原來如此。」我說。

　　「伽羅瓦盼望自己留下的東西能被解讀——後世的數學家回應了他。思考的人、傳達的人、學習的人、教導的人、頌揚的人——經由大家的努力，數學才能成立。」

　　我們對這些人寄予片刻的思慕之情。

　　「好，我的閒聊結束。」米爾迦說。

　　「咦！請多告訴我一些！」蒂蒂說。

　　「多告訴我一些伽羅瓦君的事情喵。」由梨說。

　　「蒂德菈、由梨，想想吧——」

　　米爾迦張開雙臂說。

　　書為何而存在？

　　「不管是群論、伽羅瓦理論或伽羅瓦的傳記，從簡單的到困難的，有許多書對我們敞開大門。我們的學習已經開始。

　　群與體的定義、線性空間與擴張次數、商群與群指數、體與子體、群與子群、群與體的對應、體的擴張與群的縮小、正規擴張與正規子群、陪集與商群……

　　想讀更多、想學更多，就去看書吧，書正在等著我們。」

　　米爾迦的這番話讓我們的心充滿熱血。

10.7.2　展覽

　　下午，來參加雙倉圖書館伽羅瓦 festival 的一般人士變多。四處的沙發與桌子都有人在興高采烈地討論數學。

　　由梨和我們畫的對稱群 S_4 凱萊圖十分受歡迎。而由梨的男朋友——「那傢伙」所企劃的角三等分問題，展覽室也聚集了很多人。可以實際用尺與圓規作圖的專區，不管大人小孩都熱熱鬧鬧地畫著圖。

「角的三等分問題很容易被誤解呢——」

由梨正在對來房間參觀的人解說「角的三等分問題」。

「『存在』與『可以作圖』不可以混為一談——」

我們的下午時光，轉眼即逝。

10.7.3 夜晚的「氧」

我在雙倉圖書館三樓的「氧」一個人喝著咖啡。

兩個世界。

從這個世界到那個世界——架設通往其他世界的橋。

在這個世界很困難的問題，可能在那個世界很容易解開。

數學真是異世界的故事呢。

伽羅瓦理論把這則故事以最美的形式展現給我們。

我忽然察覺——

天色已不知不覺變暗。

我被米爾迦動員而參加的伽羅瓦 festival，

盡情享受伽羅瓦第一論文的節慶將要結束。

暑假將要結束。

為什麼我們終將面臨「結束」呢？

伽羅瓦。

伽羅瓦面對真正的問題，

十七歲寫下論文。

但是我——

我正在面對真正的問題嗎？

「好痛！」

我的耳朵忽然被往後面拉。

一轉頭發現是米爾迦站在我身後。

「你在這裡啊。」她坐在我旁邊，散發柑橘的香氣。

「嗯。」我搓著耳朵回答：「我在發呆。」

「嗯。」她喝了我剩下的咖啡。

我的身邊有米爾迦。

米爾迦的身邊有我……至少現在是。

但是我──

「你的興趣是一臉憂鬱嗎？」

米爾迦湊近臉龐。

「我才沒有這種興趣。」

我不自覺縮回身體。

「你總是用『但是我』，來打擊自己、自我安慰吧。」米爾迦說。

「我只是覺得──『自己什麼都不會做』。」

「你不是伽羅瓦。」米爾迦小聲地說。

「我又不是天才……好痛！」

我被她的手肘戳了一下。

「你不是任何其他人。」她小聲地說：「你是你自己。」

「即使我什麼都不會？」我小聲說話。

「你不是存在於這裡嗎？」

「但是只有存在……」

這時我閉上嘴巴。

「他還不到二十一歲。」

決鬥前夕。

伽羅瓦大叫著「沒有時間」，仍拚命書寫。

寫給未來的數學家。

沒有時間，但是我——
沒有時間，所以我——

10.7.4 無可替代之物

咚！

窗外突然傳來巨響。
那到底是什麼？
我與米爾迦趕緊走到三樓的開放式陽台。
平常我們可以從陽台看見海濱與海洋——但現在天色很暗。

又是一聲巨響，夜空中綻放一大朵花火。
是煙火！
海濱的方向傳來歡呼聲與掌聲。

另一枚煙火上升，散發藍、白、紅三色。
瞬間擴散放射狀的光芒——一瞬即逝。

「煙火變成那麼大的圓呢。」我說。
「其實是球形吧。」米爾迦回應。
「啊，是嗎。」
「下一枚煙火怎麼還不發射。」
米爾迦盯著夜空。
我盯著她的側臉。
我想起由梨的問題。

哥哥的「無可替代之物」是什麼？

無法與其他東西交換的重要之物是什麼？

無可替代之物──是什麼？

「你在看哪裡？」她轉向我。

我看著她。

米爾迦也看著我。

──一陣漫長的沉默。

「夏、夏天要結束了呢。」我忍受不了沉默。

「無論什麼都有結束的一天。」米爾迦說：「可是──」

米爾迦豎起手指。

1　1　2　3……

「可是？」我張開右手回應她的斐波那契手勢。

……5

「可是──結束是新的開始。」

她如此說，盯著我。

露出無論什麼東西都不能交換的重要之物──

無可替代的，那抹笑容。

> 我期待有人能解開我在這裡書寫的、潦草又難以理解的一切，
> 並出現讓它進一步發展的人。
> ──埃瓦里斯特・伽羅瓦

尾聲

「躲也沒用。」

放學後，我對空蕩蕩的教室叫喚。

幾個男女學生從展覽品的背後現身。

「老師，再一下子！」領頭的少女大聲說。

「時間到，放學時間早過了。」

「再一小時！」少女堅持到底。

其他成員在她的背後異口同聲地請求：

(拜託延長時間)(能準備的時間只剩今天)(明天是正式開幕)

「嗯，但是看起來已經準備完成了啊？」

我環視教室。

教室佈置著明天學園祭的展覽海報與模型。

「還得收尾。」少女回答。

(再一下就完成)(只剩一點點)(沒時間了)

「這次數學同好會的主題是伽羅瓦理論嗎？」

「對，這將是歷屆最棒的展示！」少女挺起胸膛。

「嗯，歷屆最棒的展示啊，那請負責人來做說明吧。」

「我會說明一切的。」少女有自信地說。

(太好了)(突破這個難關就能延長了)(負責人加油)

「這個式子是什麼？」我說著，指向一張展覽海報。

$$\cos\frac{2\pi}{17} = -\frac{1}{16} + \frac{1}{16}\sqrt{17} + \frac{1}{16}\sqrt{2(17-\sqrt{17})}$$
$$+ \frac{2}{16}\sqrt{17 + 3\sqrt{17} - \sqrt{2(17-\sqrt{17})} - 2\sqrt{2(17+\sqrt{17})}}$$

「這個式子表示正十七邊形可以用尺與圓規作圖。」少女立刻回答：「右邊使用的運算只有加減乘除與$\sqrt{\ }$，所以可以用尺與圓規作圖。高斯發現這個作圖法而決心往數學前進。1796 年 3 月 30 日是高斯十八歲的春天。與我們同齡的高斯使此式子誕生，他以 16 與 17 當焦點寫成此式子。」

「嗯，正十七邊形可以作圖，是因為 17 是質數嗎？」

「不是。」少女回答：「正十七邊形可以作圖，

$$17 = 2^{2^2} + 1$$

是因為它是這種形式的質數。」

「喔。」

「要讓正 n 邊形可以作圖，充分必要條件是，n 必須是這種形式──

$$n = 2^r p_1 p_2 p_3 \cdots p_s$$

r 是大於 0 的整數，$p_1, p_2, p_3, \cdots, p_s$ 是相異的、多於一個的費馬質數。費馬質數是把 m 設為大於 0 的整數，

$$2^{2^m} + 1$$

m 須是這種形式的質數。」

「喔喔，那麼這邊的正十二面體是什麼？」

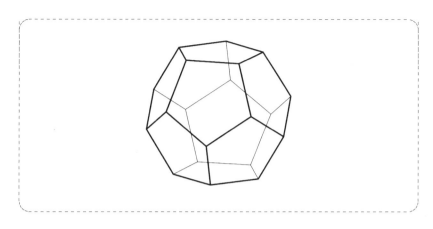

　「正十二面體的放置方式總共有六十種。」少女把教室中央展示的正十二面體模型拿在手上，一圈圈轉動著，「因為底面的選法有十二種，而對應每個面的底面有五種，所以是 12×5 = 60 種。以循環群來算——

- 一開始的放置方法有一種。
- 通過相對面的中心，旋轉軸有六條。
  讓物體在此周圍旋轉的放置法有五種，
  但其中一種是一開始的放置法，所以剩下四種。
  六條旋轉軸各有四種放置法，
  因此是 6×4 = 24 種。
- 通過相對頂點的旋轉軸有十條。
  讓物體在此周圍旋轉的放置法有三種，
  但其中一種是一開始的放置法，所以剩下兩種。
  十條旋轉軸各有兩種放置法，
  因此是 10×2 = 20 種。
- 通過相對兩邊的中點，旋轉軸有十五條。
  讓物體在此周圍旋轉的放置法有兩種，
  但其中一種是一開始的放置法，所以剩下一種。

十五條旋轉軸各有一種放置法，

因此是 $15 \times 1 = 15$ 種。

合計 $1 + 24 + 20 + 15 = 60$ 種。」

「嗯，這和伽羅瓦理論的關係是什麼？」

「正十二面體放置方法的群——正十二面體群與交錯群 A_5 同構。」少女回答：「交錯群 A_5 是五次對稱群 S_5 的正規子群，以偶數個互換而形成的置換群。正十二面體的六十種放置方法，對應 A_5 的六十個元素。A_5 的正規子群只有自己本身與單位群，所以 A_5 不存在正規子群可以求得質數基數的商群，亦即 A_5 並非可解群。用這個事實與伽羅瓦理論，能證明五次方程式的公式解不存在。我們數學同好會對這種程度的問題可以立刻回答喔，老師。」

(幹得好)(負責人太激勵了)(終於結束了)

「喔喔，那麼可以請妳用這裡的足球說明嗎？」

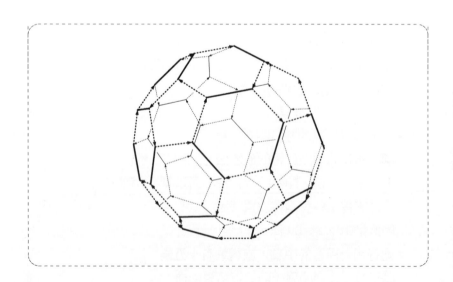

「這是交錯群 A_5 的形式之一，是凱萊圖！」少女很高興地說：「足球的六十個頂點，對應 A_5 的六十個元素。實線對應形成二次循環群元素的作用；虛線的箭頭則是對應形成五次循環群元素的作用。實線與虛線經由兩個元素能形成交錯群 A_5。」

「嗯……」

「老師，怎麼樣？」少女問我。

「好，我特別延長時間吧，一小時後到教職員室報告。」

(太好了)(老師是男子漢)(快點準備吧)(不愧是負責人)

所有成員鼓掌，再次展開佈置工作。

◎　◎　◎

一小時後，少女進入教職員室。

「老師，多虧你讓我們延長時間！佈置工作順利完成！」

「天色已暗，回家沒問題嗎？」

「沒問題，大家會一起回家。」

「你們數學同好會的感情很好呢。」

「我們是愉快的夥伴……老師，怎麼了？」

「沒有，我覺得很懷念。」

「老師也參加過社團活動或同好會嗎？」少女問。

「我曾在放學後的圖書室，和朋友一起做數學。」

「老師！你說的是那張照片裡的女生嗎？那張我看過的照片……」

「妳的記性真好啊……妳剛才的說明很有趣喔。」

「是嗎？」

「希望妳可以再研究、再說有趣的事情給我聽。」

「老師好像學生。」少女呵呵呵地笑。

「是啊，角色調換。」

「角色調換？」

「老師和學生的角色有時會『迅速轉換』、顛倒關係。」

「迅速轉換？」

「好了，大家在等妳吧？」

「對喔！請老師明天來看我們發表吧！」

少女迅速揮動手指，轉頭離去。

我陷入沉思。

最後的夜晚──

他孤零零地寫下訊息。

而現在──

喜愛數學的無數夥伴，通過他的訊息連結在一起。

年輕並創造新數學領域的他。

年紀輕輕便離開人世的他。

他的故事──

我絕對不會忘記。

我們絕對不會忘記。

> 我的命運不允許我活得夠久
> 讓我的國家記得我的名字，
> 所以請你們記住我吧。
> 我會作你們的朋友，用此身分死去。
> ──埃瓦里斯特・伽羅瓦

後記

> 狂亂地哭泣，無法與人分享悲傷，
> 畢竟我們沒辦法要人們敏銳感受悲傷。
> 悲傷時，人們無法追求喜悅，
> 但能調整悲傷。
> 悲傷時，拯救悲傷的竅門是禮節。
> 那是一種歌。
> ──小林秀雄《語言》

我是結城浩，《數學女孩──伽羅瓦理論》來了。

本書是以下書籍的續集：

- 《數學女孩》
- 《數學女孩──費馬最後定理》
- 《數學女孩──哥德爾不完備定理》
- 《數學女孩──隨機演算法》

這是「數學女孩」系列的第五作。登場人物有「我」、米爾迦、蒂蒂、表妹由梨，以及麗莎。以他們五人為中心，展開一如往常的數學青春物語，而上一集缺席的鋼琴少女永永也在本集登場。

本書執筆過程中最令我苦惱的是第 10 章。我希望由米爾迦來介紹伽羅瓦的第一論文，讓她致力於伽羅瓦第一論文省略處的補充證明。可是，這部分會使書增加分量，難度暴漲。因此，我使她集中在第一論文的主張。結果變成一邊巡視伽羅瓦 festival 的展覽會場，一邊沿著伽羅瓦的第一論文前進。

如果讀者能透過本書，大略理解商群、擴張體、群指數、擴張

次數、正規子群、正規擴張、可解群，以及伽羅瓦對應，我會很高興。你們讀完本書，有理解嗎？

本書排版與過去「數學女孩」系列一樣，依照 $LATEX2_\varepsilon$ 與 Euler font(AMS Euler)。在排版上，奧村晴彥老師的《$LATEX2_\varepsilon$ 美文書編寫入門》幫了我大忙，很感謝他。插圖是根據 Microsoft Visio，以及大熊一弘先生(tDB 先生)的初等數學講義寫作 macro emath 編寫而成的，非常感謝。

在本書執筆過程中，日本漫畫版《數學女孩——費馬最後定理》與《數學女孩——哥德爾不完備定理》已由 Media Factory 出版。非常感謝擴展數學女孩世界的春日旬先生與茉崎美由紀小姐，以及編輯部的各位。

此外，英語版《數學女孩》已由 Bento Books 出版。感謝譯者 Tony Gonzalez 先生與編輯部的各位。

很感謝以下的各位與匿名的朋友們，他們閱讀草稿，給我寶貴的意見。當然，本書中留下的錯誤全是筆者造成的，以下所有人並無責任。

赤澤涼、五十嵐龍也、池渕未來、稻葉一浩、上原隆平、岡田健、鏡弘道、川嶋稔哉、木村巖、工藤淳、毛塚和宏、上瀧佳代、花田啟明、林彩、平井洋一、藤田博司、前原正英、三宅喜義、村岡佑輔、山口健史。

很感謝讀者，聚集在我網站的友人，總是為我祈禱的基督教友。

感謝一直為「數學女孩」系列加油，推薦我「一定要寫伽羅瓦理論」的龜書房的龜井哲治郎先生。

感謝直到本書完成，都耐心支持我的野澤喜美男總編輯。此外，感謝為「數學女孩」系列加油的各位，各位的鼓勵是無可替代

的寶物。

　　感謝我最愛的妻子與兩個兒子。

　　謹將此書獻給總是積極給我意見的母親。

　　非常感謝您閱讀本書到最後。

　　相信我們總有一天會在某處重逢。

結城浩

http://www.hyuki.com/girl/

索引

國家圖書館出版品預行編目資料

數學女孩：伽羅瓦理論 / 結城浩作 ; 陳冠貴譯.
-- 初版. -- 新北市：世茂，2014. 09
面 ； 公分. --（數學館 ； 21）

ISBN 978-986-5779-45-0（平裝）

1. 數學　2. 通俗作品

310　　　　　　　　　　　　103013328

數學館 21

數學女孩：伽羅瓦理論

作　　　者／結城浩
譯　　　者／陳冠貴
審　　　訂／洪萬生
主　　　編／陳文君
責任編輯／石文穎
出 版 者／世茂出版有限公司
負 責 人／簡泰雄
地　　　址／（231）新北市新店區民生路 19 號 5 樓
電　　　話／（02）2218-3277
傳　　　真／（02）2218-3239（訂書專線）、（02）2218-7539
劃撥帳號／19911841
戶　　　名／世茂出版有限公司
　　　　　　單次郵購總金額未滿 500 元（含），請加 50 元掛號費
世茂官網／www.coolbooks.com.tw
排版製版／辰皓國際出版製作有限公司
印　　　刷／世和印製企業有限公司
初版一刷／2014 年 9 月
　　三刷／2020 年 2 月

I S B N／978-986-5779-45-0
特　　　價／399 元

Sugaku Girl: Galois Riron
Copyright ©2012 Hiroshi Yuki
Chinese translation rights in complex characters arranged with SB Creative Corp., Tokyo
through Japan UNI Agency, Inc., Tokyo and Future View Technology Ltd., Taipei

讀 者 回 函 卡

感謝您購買本書，為了提供您更好的服務，歡迎填妥以下資料並寄回，
我們將定期寄給您最新書訊、優惠通知及活動消息。當然您也可以E-mail：
Service@coolbooks.com.tw，提供我們寶貴的建議。

您的資料 (請以正楷填寫清楚)

購買書名：＿＿＿＿＿＿＿＿＿＿＿＿＿＿＿＿＿＿＿＿＿＿

姓名：＿＿＿＿＿＿＿＿　生日：＿＿＿年＿＿月＿＿日

性別：□男 □女　　E-mail：＿＿＿＿＿＿＿＿＿＿＿＿＿

住址：□□□＿＿＿＿縣市＿＿＿＿鄉鎮市區＿＿＿＿路街
　　　　　＿＿＿段＿＿＿巷＿＿＿弄＿＿＿號＿＿＿樓

　　　聯絡電話：＿＿＿＿＿＿＿＿＿＿＿＿＿＿＿

職業：□傳播 □資訊 □商 □工 □軍公教 □學生 □其他：＿＿＿

學歷：□碩士以上 □大學 □專科 □高中 □國中以下

購買地點：□書店 □網路書店 □便利商店 □量販店 □其他：＿＿＿

購買此書原因：＿＿＿ ＿＿＿ ＿＿＿ ＿＿＿（請按優先順序填寫）
1封面設計　2價格　3內容　4親友介紹　5廣告宣傳　6其他：＿＿＿＿

本書評價：＿＿＿ 封面設計 1非常滿意 2滿意 3普通 4應改進
　　　　　＿＿＿ 內　容 1非常滿意 2滿意 3普通 4應改進
　　　　　＿＿＿ 編　輯 1非常滿意 2滿意 3普通 4應改進
　　　　　＿＿＿ 校　對 1非常滿意 2滿意 3普通 4應改進
　　　　　＿＿＿ 定　價 1非常滿意 2滿意 3普通 4應改進

給我們的建議：＿＿＿＿＿＿＿＿＿＿＿＿＿＿＿＿＿＿＿＿＿
＿＿＿＿＿＿＿＿＿＿＿＿＿＿＿＿＿＿＿＿＿＿＿＿＿＿＿＿＿＿
＿＿＿＿＿＿＿＿＿＿＿＿＿＿＿＿＿＿＿＿＿＿＿＿＿＿＿＿＿＿

傳真：(02) 22187539

電話：(02) 22183277

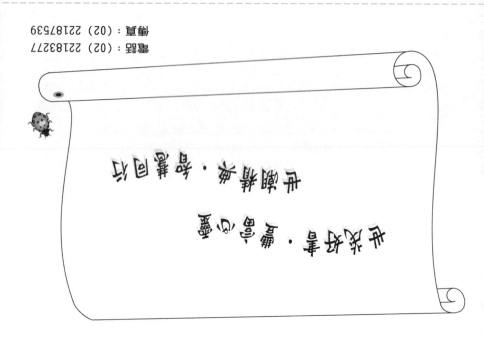

存美妙的書，傳遞最真心的話。

生智慧的書，留傳後回憶。

廣告回函
北區郵政管理局登記證
北台字第 9 7 0 2 號
免貼郵票

231新北市新店區民生路19號5樓

世茂
世潮 出版有限公司 收
智富